西安石油大学优秀学术著作出版基金资助

# 全旋转导向钻井工具测控技术

高　怡　康思民　著

U0254982

中国石化出版社

**图书在版编目(CIP)数据**

全旋转导向钻井工具测控技术 / 高怡，康思民著.
— 北京：中国石化出版社，2021.9
ISBN 978-7-5114-6468-2

Ⅰ.①全… Ⅱ.①高… ②康… Ⅲ.①油气钻井-钻
井工具-研究 Ⅳ.①TE921.07

中国版本图书馆 CIP 数据核字(2021)第 193017 号

**中国石化出版社出版发行**
地址:北京市东城区安定门外大街 58 号
邮编:100011　电话:(010)57512500
发行部电话:(010)57512575
http://www.sinopec-press.com
E-mail:press@sinopec.com
北京科信印刷有限公司印刷
全国各地新华书店经销
＊
710×1000 毫米 16 开本 13.75 印张 252 千字
2021 年 10 月第 1 版　2021 年 10 月第 1 次印刷
定价:62.00 元

# 序

  随着石油工业的快速发展和油气勘探开发难度的增大，国际能源竞争愈演愈烈。全球油气勘探开发正从常规油气藏向低渗透、非常规油气藏发展，从陆地向海洋发展，从浅层向深层、超深层发展。钻井技术是解决石油钻采问题的重要手段之一，当今油气行业对高效、可靠钻井技术有着越来越多的需求，研究全旋转导向钻井测控技术是当前石油钻井领域的一项重要课题。

  钻井技术发展的主要目标是以低成本钻出高质量的井眼。在钻井工程中，对钻井参数进行连续控制，可以使得钻井工具能够沿井眼轨迹钻进。针对稳定控制平台的非线性控制问题，分析平台的动力学和运动学规律，剖析各种扰动作用力矩对平台运动和控制的影响，研究和探索能有效消除扰动影响的控制方法，是导向钻井工具研制的现实要求，也是石油工业提高钻井技术水平和装备水平，降低钻井作业成本和作业风险，高效开采复杂油气藏的迫切需要。

  高怡和康思民同志长期从事导向钻井工具测控技术的应用研究。现将这些研究成果汇总整理并公开出版，希望能为从事全旋转导向钻井工具测控技术的专家与学者提供借鉴和参考。全书致力于分析全旋转导向钻井工具测控技术，是作者及其研究团队近年的最新研究成果，具有较高的学术水平和良好的应用前景。

该书内容及所体现学术思想具有较强的先进性，语言通俗，原理与技术并重，理论与实践结合，具有较高工程应用参考价值。我很高兴并热切期盼本书在"西安石油大学优秀学术著作出版基金"、国家自然科学基金企业创新发展联合基金重点项目"复合式旋转导向钻井工具的理论与方法研究（U20B2029）"和"西安石油大学科研创新团队（2015KYCXTD01）"的资助下得以出版，希望能为从事非线性理论研究和导航计算的广大科技人员提供借鉴和帮助。

# 前　言

　　复杂结构井是开采复杂油气藏的一项重要技术，在复杂井眼轨迹钻井面临的诸多挑战中，全旋转导向钻井技术既是钻成复杂结构井的核心技术，也是亟须研究提高的关键问题。全旋转导向钻井工具是一种在钻柱旋转状态下用近钻头处的自动控制装置(导向工具)控制钻头钻进方向的钻井技术。稳定控制平台是全旋转导向钻井工具的核心，起着导向控制的关键作用。如何实现稳定控制平台在井下复杂工作环境、强扰动作用和钻井液流量大范围变化的条件下在任意角度位置的稳定控制，是全旋转导向钻井技术研究必须解决的技术问题。

　　针对稳定控制平台的非线性控制问题，分析平台的动力学和运动学规律，剖析各种扰动作用力矩对平台运动和控制的影响，研究和探索能有效消除扰动影响的控制方法，是导向钻井工具研制的现实要求，也是石油工业提高钻井技术水平和装备水平、降低钻井作业成本和作业风险、高效开采复杂油气藏的迫切需要。

　　本书共8章。第1章简要介绍旋转导向钻井基本原理、国内外研究现状和关键技术；第2章阐述了全旋转导向钻井工具稳定控制平台的动力学研究；第3章进行了全旋转导向钻井工具的稳定控制平台运动分析；第4章研究了稳定控制平台的电压前馈-反馈控制；第5章阐述了稳定控制平台的反馈线性化控制；第6章分析了稳定控制平台的非线性预测控制；第7章研究了导向钻井工具稳定平台的智能控制技术；第8章分析并研究了导向钻井工具姿态动态测量方法。其中，第1

章及第 6~第 8 章由西安石油大学高怡撰写，第 2~第 5 章由西安石油大学康思民撰写。全书由高怡统稿，西安石油大学汪跃龙教授和长江大学程为彬教授在本书的撰写过程中也提出了许多宝贵的修改意见。

本书的出版获"西安石油大学优秀学术著作出版基金"资助，获"西安石油大学科研创新团队（2015KYCXTD01）基金"资助，并得到国家自然科学基金企业创新发展联合基金重点项目"复合式旋转导向钻井工具的理论与方法研究（U20B2029）"的资助。

在本书的编写过程中，参考了国内外多位专家的相关著作、论文及研究报告，得到了西安石油大学领导和同仁的大力支持。同时，感谢西安石油大学郭超、谢军喜、郭飘、景阳等研究生对本书所做的贡献。中国石化出版社领导和编辑对本书出版给予了大力支持，在此表示诚挚的谢意。

由于著者水平有限，书中难免存在错误和不足之处，恳请读者批评指正。

# 目　　录

# 第1章 绪 论

随着时代的推进，科技发展愈发迅速，现代化社会对石油能源的需求越来越大。石油是一种从地层深处开采出来的黄褐色乃至黑色的可燃性黏稠液体矿物，它们在社会生产和人们日常生活中具有不可取代的重要作用。为开采石油，必须采用钻井设备钻透岩层形成从地面到储油地层的孔眼通道。在钻井的过程中，如果能让钻头"闻着油味走"，就像导弹奔着目标去一样，实现井眼轨迹的导向控制，无疑是最理想的。

石油能源历经数百年的开采，世界各大油田开发大多已进入后期，可提供的油气资源有限，尤其是地表浅层开发的油气井。油气田开采逐渐由地表、海洋浅层转向深度大于6000m的超深地层、水深超过3000m的深海层及储油层孔喉小于1μm等的新型油气层。这些位于特殊区域的新型油气田开采难度大、开发成本高。油气层钻采设备不仅仅要经受超高温、高压等复杂油气层环境的考验，还需要达到钻采效率及效益的要求，这些均对钻井技术有了新的要求。所以大位移井、丛式井、超深井、水平井、高难度定向井等复杂钻井技术应运而生，逐渐被研究开发及应用。这些高难度钻井技术虽可在一定程度上提高钻采效率，但施工难度大，且很难同时满足以上复杂环境的要求。

旋转导向钻井技术于20世纪80年代在国外被提出，因其具有低成本、高转速、井眼轨迹平滑、净化效果佳、易于实时控制等优点，被定义为世界顶级自动化钻井技术。旋转导向钻井系统可根据需要自动改变底部钻具组合的井斜角以及方位角，在保证钻头不停转的同时稳定可靠的保持钻具按照预定轨迹钻进，具有很高的井眼轨迹控制精度。旋转导向钻井技术的诞生标志着定向钻井技术取得革命性进步。国内外钻井实践证明，旋转导向钻井技术在水平井、大位移井、大斜度井、三维多目标分支井等复杂井眼轨迹钻井工程中，可以提高钻井速度，降低钻井成本，减少环境污染和生产事故。该技术是实现钻井自动化、智能化的重要手段，也是钻复杂井眼轨迹井的主要工具。

全旋转导向钻井中，导向工具与钻柱同步旋转的情况下，在导向工具中必须设置一个不受外钻柱旋转影响的、可以自动保持在某给定方位的井下惯导控制装置，从而使工具中的导向机构能在特定方位产生导向驱动力，以实现导向钻进。

可自由旋转的对作用力矩非常敏感的非线性的圆柱形控制装置(称为稳定控制平台,或称为惯导控制平台,简称平台),受到井下工作环境下的多种影响因素的强扰动,如何实现平台的力矩平衡,如何实现平台在各种扰动下在特定角度的稳定控制,是一个异常困难的问题。

围绕稳定控制平台的稳定控制问题展开研究,分析平台的运动规律,探索消除各种扰动的有效方法,解决平台自动控制中的理论问题和工程技术问题,对于形成具有我国自主知识产权的导向钻井技术,具有重要意义。

# 第1节　复杂井眼轨迹钻井面临的挑战

低廉而又充足的石油支撑了现代工业的大发展,使人类取得了前所未有的成就,对 20 世纪的世界经济和社会产生了极大的影响。进入 21 世纪后,石油需求越来越大。尤其是随着我国经济的快速发展,导致石油消费逐年增长,2020 年,我国原油净进口量突破 5 亿吨,对外依存度高达 70%。

但石油这种不可再生的化石资源在日益减少。目前,中国陆上主力油田多处于高含水后期开发阶段,产量已明显呈递减趋势,已探明可供开发的整装优质储量甚少,新增和未动用储量多为岩性复杂的低渗透和稠油储量,且低渗、特低渗储量比例越来越大。全国油气资源评价表明,中国的低渗透、稠油以及复杂断块等特殊类型的难采油气资源量约占总资源量的一半。为此,石油界转向海滩、湖泊、沙漠、海洋及复杂构造地层的油藏索取油气资源,同时积极革新钻井开发技术,以期提高难采油气资源的开发效率。

钻井是一项为石油天然气"增储上产"而开辟油气通道和采集地下信息的入地工程。钻井技术主要包括钻井装备和工具、井筒技术、测量和控制技术等,其特点是高投入、高产出、高风险和高技术。钻井费用占整个石油天然气勘探和开发投资总费用的 50% 以上,是影响石油天然气勘探开发整体效益最敏感的因素。因此,钻井技术的进步对石油天然气工业的发展有着举足轻重的作用。

复杂结构井包括水平井、大位移井、多分支井和原井再钻、油藏最大接触位移(MRC)井等新型油井,是用钻井手段提高产量和采收率的有效措施,并能对油气藏实行高效的立体式开发。

水平井是指井眼进入目的层时井斜角大于 85°并在目的层中延伸一定长度的井,其结构示意如图 1-1 所示。水平井在开发复式油藏、礁岩底部油藏、薄的油气层和垂直裂缝油藏及控制水锥、气锥等方面效果好,其目的在于增大油气层的裸露面积,提高地下油气的有效渗流面积,有效提高油气的采出效率。因此,水平井是油气勘探开发的重要技术支撑,近年来,水平井数量在迅速增多,并呈现出由陆域向海域发展，由陆相向海相发展的应用趋势。

我国滩海面积分布广泛，环渤海湾几乎全是浅水滩涂，但集中了胜利油田、吉林油田、大港油田、辽河油田等主力油田。这些沿海滩涂道路修不到、稍大一点的运输船只进不去，采用建设人工岛的方式开发，成本非常高。

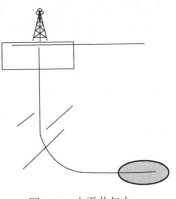

图 1-1　水平井与大位移井示意图

大位移井一般是指井的水平总位移与井的垂直深度之比不小于 2 的定向井。它能够大范围地控制含油面积和提高油气采收率，降低油田开发成本，具有显著的经济效益和社会效益。大位移井钻井已在美国、澳大利亚、欧洲和我国海上实施，目前已形成钻大位移井的成熟配套技术。旋转导向钻井系统、地质导向钻井技术、新型钻井液等钻井高新技术普遍得到推广应用，大位移井的水平位移已达到 10000m 以上。大位移钻井技术代表了目前世界上最先进的钻井技术，在实现"海油陆采"方面有巨大潜力，它比修建海堤和人工岛更为经济有效，已成为海上和滩海油田勘探开发最有效的手段。

对于复杂构造地层的油藏，如隐蔽油藏、断块油藏、边际油藏以及一井多层、单井多靶等油气藏，采用三维多目标分支井技术实行立体开发具有优越性。

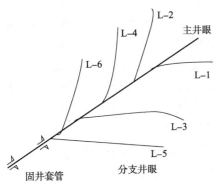

图 1-2　鱼骨状分支井结构示意图

多分支井钻井技术是在单一井眼里钻出若干个分支井，并且回到单个主井筒的钻井新技术，即在一个主井眼的下段侧钻分支出多个分支，鱼骨状的分支井在 $Oxy$ 平面(水平面)的投影示意如图 1-2 所示。

多分支井有利于增大井眼在油藏中的长度，扩大泄油面积，提高采收率；有利于改善油流动态剖面，减缓锥进速度，提供重力泄油途径，提高单井产量、实现少井高产；有利于提高油气层纵向动用程度，提高裂缝油气藏裂缝钻遇率，实现对边际油气藏和重质原油的有效开采；可重复利用上部井段，减少地面井口或海上井口数量，有利于降低平台建造、油井管理和环境保护等的费用，提高经济效益。

分支井的连接技术是其所特有的，支井眼与主井眼的密封连接问题是关键技术难题。原井再钻是指对已开采油气的井采用重新加深、侧钻或钻多分支井等方式，以开采地下剩余油气，提高油气采收率。现在的原井再钻已不再是几十年前用于挽救报废井的侧钻技术，它是一种能从老井和新井（包括直井、定向井、水平井、多分支井）中增加目标靶位扩大开发范围、利用已有管网、井场、设施的有效经济手段。

MRC井，即油藏最大接触位移井，是指在一口主井眼（直井、定向井或水平井）中钻出若干进入油气藏的分支井眼，因此，MRC技术也就是多分支井技术，但其目标是可以从一个井眼中获得最大的总油藏接触位移，在相同或不同方向上钻穿不同深度的多套油气层（总接触位移）。MRC井在 $Oxy$ 平面的结构示意如图1-3所示。

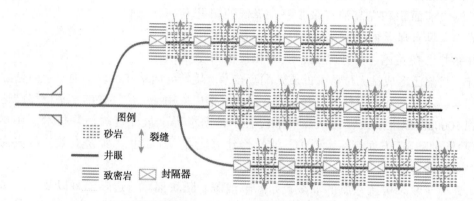

图例
砂岩 ↕ 裂缝
井眼
致密岩 ⊠ 封隔器

图1-3　MRC井的水平面投影结构示意

虽然国际上一致认为复杂结构井是当今石油工业上游领域的重大成就和关键技术之一，对油气藏实行高效的立体式开发成绩斐然，但要通过钻井活动在地球上钻出那样复杂的结构井眼，尤其是复杂结构井的产业化过程中，仍然面临着诸多技术难题和现实挑战，这些难题和挑战，概括起来大致有如下10个方面：

（1）对钻井作业安全的挑战。

在上述关于复杂结构井的说明中，可以注意到这些类型的井有一个共同的特点：井身结构不是直的，都存在一个以上的弯折，钻井术语称之为造斜。在进行井身结构设计时，造斜段一般会设计为有一定角度的光滑井眼，如图1-4中的圆弧形线条所示。

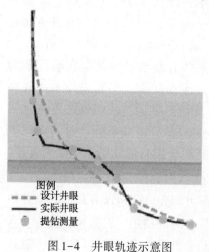

图例
- - - 设计井眼
—— 实际井眼
⬤ 提钻测量

图1-4　井眼轨迹示意图

但在实际钻井过程中，尤其是在采用螺

杆钻具钻造斜段、又缺少井下实测信息的情况下，一般只好钻一段、提出钻具测井，然后纠偏并再钻进一段。这样实际钻成的井眼常常呈现为弯折曲线。如图1-5中的折线所示，弯折的地方形成所谓的"狗腿"，衡量弯折程度的指标称为全角变化率，俗称"狗腿度"。全角变化率是指单位井段长度井眼轴线在三维空间的角度变化，它既包含了井斜角的变化也包含方位角的变化，工程上的常用单位为(°)/100m 或(°)/30m。

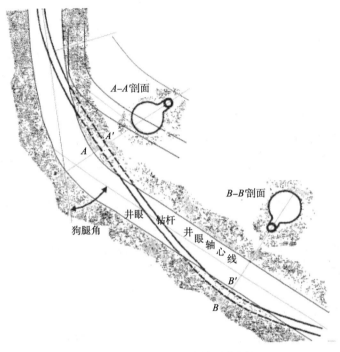

图 1-5  键槽卡钻事故示意图

折线状井眼在钻井过程中带来的一个复杂问题是容易产生键槽卡钻。

金属制成的一节一节连起来的钻柱，在外力作用下，可以产生变形和弯曲，其弯曲度能达到甚至超过 15°/30m。由于井眼尺寸要大于钻杆的外径，在拐弯的井眼中，钻杆会对井壁产生偏磨，长时间的偏磨会在井壁上造成凹槽，如图 1-5 中的 A-A′ 剖面和 B-B′ 剖面所示。造斜率越大，钻具与井壁摩擦越剧烈，键槽越容易形成。当钻杆被"嵌进"这样的凹槽后，上提的钻柱就会被卡住，导致所谓的键槽卡钻事故。

将复杂结构井的造斜井段钻成光滑的小"狗腿度"形状，多增斜，少减斜，保持井眼轨迹平滑，是防止出现键槽卡钻事故的主要技术手段之一。这就要求在造斜钻进时，应该实现对钻井作业的连续测量和实时控制。

复杂结构井的钻井带来的第二个主要安全问题是沉屑卡钻。

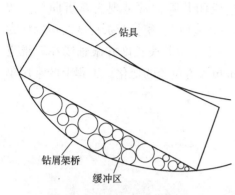

在造斜点处，由于钻具与造斜段孔壁之间持续而剧烈的摩擦，导致该点处井径扩大，使井壁与钻柱之间的环空面积增大，导致钻井液上返的流速变缓，钻屑易在该缓冲区淤积而逐渐"架桥"，卡住钻具，导致沉屑卡钻，其原理示意如图1-6所示。

图1-6　沉屑卡钻原因示意图

预防沉屑卡钻也要求小的"狗腿度"和光滑井眼，减少摩擦，防止井径局部扩大。

复杂结构井的钻井带来的第三个主要安全问题是钻杆疲劳折断。

在造斜点处，井眼变形导致钻柱的扭转应力、拉应力与交变应力的复合应力大，易出现钻具疲劳，且全角变化率越大则弯曲交变应力越大，从而导致钻具疲劳折断。

复杂结构井钻井带来的第四个主要安全问题是井控要求高，易出现各种井下复杂情况。

面对这些安全挑战，在复杂结构井的钻井中就需要实现随钻连续测量和井下实时控制，钻成光滑轨迹井眼，有效降低安全风险。

（2）对钻井设备的挑战。

要实现复杂结构井的钻井工程，必须要有与之相适应的钻机和井下钻具。

国外的深井超深井钻机分为6000m、7000m、8000m、9000m、10000m和15000m等多种型号，钻机装备先进精良。美国是目前拥有深井钻机最多的国家，目前世界上钻9000m以上的钻机有90多台，而美国就占80多台。至20世纪90年代末，深井钻机基本采用AC-SCR-DC电驱动钻机和顶部驱动装置，井口机械化、井下自动化和整机智能化水平大幅度提高。深井钻机配套设备水平进一步提高，地面设备多元化、集成化，各种新型井下工具不断涌现。深井钻井装备还呈现出向小型化、智能化方向发展的趋势，以满足深井全井小眼钻进（取心）和用连续油管负压钻进部分井段的要求。

近年来，在塔里木却勒和迪那、玉门窟窿山（大青山西）、四川川东、新疆霍尔果斯等地的复杂井钻井过程中遭遇了世界性的难题。突出表现在山前高陡构造和逆掩推覆体防斜打快问题，塔里木却勒地层卡层不准引起的缩径卡钻和迪那窄密度窗口压差卡钻问题，四川恶性井漏的防治问题，新疆南缘地区的地应力复杂、地层破碎、异常高压问题，等等。

为应对复杂井、深井、超深井钻井的要求，我国的钻井装备近年来发展很快，电动钻机比例不断增大，全数字交流变频电驱动钻机实现了全天候、全地貌、全井深陆地市场的无缝覆盖，并成功从陆地迈向海洋高端领域。其中，宝鸡石油机械厂产的 ZJ50D 型、ZJ70D 型电驱动钻机均采用 AC-SCR-DC 驱动。高移动性拖挂钻机实现了钻深能力 3000~9000 米的系列化；F 系列钻井泵的大功率、轻型化技术达到国际领先水平。宝石相继研制成功了大功率交流变频电驱动 9000m、12000m 深井钻机，图 1-7 所示为 12000m 深井电驱动钻机。

图 1-7    12000m 深井电驱动钻机

定向井、水平井、多分支井等复杂结构井的钻井工程要求也推动了井下动力钻具的发展应用。按照驱动井下动力钻具的能量类型，目前采用的井下动力钻具主要有螺杆钻具、涡轮钻具、电动钻具和气动钻具 4 种类型。

电动钻具和气动钻具较少用于复杂结构井钻井，螺杆钻具和涡轮钻具是复杂结构井钻井的主要装备。它们都是以大功率的钻井泵提供的钻井液来驱动井底的钻头旋转切削岩层，钻杆不旋转，具有比较高的机械钻速，可以大斜度造斜。

但采用螺杆钻具或涡轮钻具钻复杂结构井时存在两个主要问题：一是井身轨迹不光滑，局部易产生大的全角变化率；二是由于上部钻柱不旋转，在钻大位移井时，长段的钻柱"躺"在裸井眼上，形成大的阻力，使钻头没有足够的钻压来推动钻头前进，因此，其最大水平位移只能到 4000m 上下，不能满足大位移水平段的钻井要求。

（3）对井下随钻测量技术的挑战。

测量是控制的基础和前提。钻复杂结构井时，必须及时获得井的方位角度、工具面角度和井斜角度等井身参数，以便调整钻井参数，使钻头能向着目标准确钻进。

目前，无线随钻测量（MWD）已经成为井眼轨迹监测与控制中的一项关键技术，也是一项相对成熟的技术。但是，国内外的随钻测量系统普遍采用钻井液脉冲来传送测量数据，其数据传输速率非常低，最快每秒钟也只有几个比特（bit），难以满足钻井工程对井下测量和控制的实时性要求。

（4）对井眼轨迹控制技术的挑战。

复杂结构井钻井的井眼轨迹控制涉及地面和井下两个方面。地面因素主要是钻压、转速、泵压等钻井工艺参数与钻井操纵方法(如三维可视化技术);井下因素主要有地质特性(地层可钻性、各向异性、地层的自然倾斜、岩石类型与强度等)、钻具组合结构(钻头类型、稳定器的位置、数量、尺寸、钻具的刚性、倾斜和弯曲等)、井眼轨迹几何形状(井斜角、井斜方位角、井眼直径等),井眼轨迹是上述诸因素互相作用的结果。

在采用滑动导向工具钻复杂结构井时,滑动导向底部钻具组合主要由 MWD、高性能螺杆钻具/涡轮钻具(导向马达)、稳定器、与地层匹配的高效 PDC 钻头 4 个核心部分所组成。

钻井实践表明,滑动导向钻具组合连续导向技术是大位移井在小位移井段的井眼轨迹控制的最优选择。

但是,随着位移和井深的不断增加,使用钻柱不旋转的滑动导向钻井系统,必然导致摩阻、扭矩过大,方位漂移严重乃至失控,井眼净化较差等问题,使大位移井的钻井作业易于发生井下复杂情况和不安全事故。从理论和实践上足以证明,在一定的井深极限范围内滑动导向系统能很好控制井眼轨迹,且有较经济的优点,但超出这一极限井深和水平位移则必须采用旋转导向钻井系统。

(5)对井下控制技术的挑战。

在采用滑动导向工具钻复杂结构井时,其井眼轨迹的井下控制是通过井下钻具的不同组合来实现的,并不能实现实时的控制和及时调整。

当采用全旋转导向工具钻复杂结构井时,其井下控制是通过井下测控系统来实现对井眼轨迹的实时测量和实时控制的。

但因为井下的环境复杂,井下控制系统面临一系列必须解决的关键技术问题。这些问题包括近钻头强震动、钻柱旋转条件下的井下工具姿态(井斜角、工具面角、工具旋转角速度)的准确测量问题,井下惯性导向控制系统的稳定性问题,井下控制系统的电源与执行器动力源可靠供给问题,在井下空间约束下的控制系统电子电路实现问题,在高温地层环境下的测控系统耐高温性能问题,地面与井下的通信问题,井下导向控制工具与 MWD 的短程通信问题,井下测控系统的可靠性问题,等等。这些问题导致了井下测控系统的复杂性和难以实现性。

(6)对井控技术与钻井液技术的挑战。

在钻复杂结构井时,常常需要钻开多层位、多目标井眼,窄密度安全钻井窗口问题越来越突出。所谓的钻井安全窗口是指钻井过程中不造成喷、漏、塌、卡等钻井事故,能维持井壁稳定的钻井液密度变化范围,窄密度安全钻井窗口即指允许的钻井液密度变化范围很窄小。

在钻复杂结构井时,窄密度安全钻井窗口问题在许多地区(如塔里木山前构造、新疆南缘、玉门青西、西南油气田川东与川西北、柴达木地区、南海莺琼盆地等)。已成为影响和制约石油勘探开发进程与钻井施工的技术瓶颈，该问题是造成海上、陆上和深井、高温高压井等钻井周期长、事故频繁、井下复杂的主要原因。

（7）对完井技术的挑战。

钻复杂结构井的目的是对油气藏实行高效的立体式开发，因此，必须有与之配套的完井技术与井下装置，其核心技术包括油藏工程技术、油气开采的井下控制与井下工具、生产优化技术等。复杂结构井对完井技术提出了新的要求，目前较新的研究进展是智能完井。

根据国外的成功经验，智能完井技术广泛适应于各种油气藏，特别是海上油气田和低渗透油气田。通过对水平井（H）、长水平井（LH，即大位移井）、多分枝水平井（ML）、最大油藏接触面积井（MRC）等复杂结构井进行智能完井，配合生产优化控制可实现大幅度提高单井产量与生产周期，高效注水开发和大幅度提高油气采收率，甚至对老井改造（侧钻成水平井、分支井等）智能完井，能使低产井、停产井、躺倒井、高含水井等产能得到有效恢复和提高。

（8）对井身结构设计技术的挑战。

井身结构设计是为满足钻井工程的要求，依据被钻井地层的地层压力、井壁稳定性、地层流体性质等，设计技术套管的结构和下入深度。传统的井身结构设计方法是自下而上、自内而外逐层确定每层套管的下入深度。

但对于复杂结构井，在钻达目的层之前常常要钻穿多套压力及岩性不同的地层，经常遇到井漏、井喷、缩径等复杂情况，此时往往需要下入套管封固，而增加套管层次必然会导致下部井眼过小，给后期施工带来困难，有可能钻不到目的层就造成井眼报废；即使钻至目的层，倘若井眼太小，也满足不了开采及后续修井、增产等重大作业的要求。

（9）对直井段钻直的挑战。

在钻复杂结构井时，为保障井身下部的造斜和分支的实现，要求井身上部的直井段必须钻直，即必须解决复杂结构井的垂直钻井技术问题。但对于高陡构造、大倾角地层和逆掩推覆体等易斜地层，要把井钻直，其难度不亚于、甚至要超过井下造斜与轨迹控制的要求。

传统的垂直钻井技术，如采用塔式钻具、钟摆钻具、满眼钻具、偏轴钻具、压不弯钻铤、铰接钻具和旋冲钻具等技术，基本属于被动防斜技术，可以作为浅井和中深井的常规性防斜纠斜技术，但不能满足钻垂直井的要求，也不太适用于深井、超深井和复杂结构井直井段的钻探要求。目前的发展方向是自动垂直钻井技术，也是旋转导向钻井技术应用的一个特殊方面。

自动垂直钻井系统（VDS）源于德国的 KTB 计划，其原理是利用可伸缩的近钻头稳定器控制井斜，采用井下闭环自动控制，可以在地层倾角很大的情况下把井眼控制在几乎垂直的状态。

目前，关于自动垂直钻井技术的研究，国内也仍然处于攻关阶段。2012 年，西部钻探历时 7 年自主研发的垂直钻井系统，打破了国外技术垄断，成为直井防斜打快利器，具有独立自主知识产权、机电液一体化的直径 311mm 高效钻井垂直系统研发成功。首个样机在新疆油田 T82066 井进行现场试验，井斜控制在设计范围内，实现了防斜打快、解放钻压、提高机械钻速的目的。

（10）对地面控制与信息处理的挑战。

要钻成复杂结构井，地面控制系统需要实现地面设备状态检测与控制、钻井过程自动操作与控制、顶驱及其自动控制、地面-井下数据传输、井下信息检测与随钻测量分析、随钻地震与地质评价、井下导向工具控制、钻井过程优化等功能，实现钻井过程的自动化。但目前的条件限制和技术水平制约，只能部分实现这些功能要求。

图 1-8 所示为电驱动钻机自动化司钻房，是一个由嵌入式计算机和触摸屏、PLC 等为主体所构成的数据采集与操作控制系统，可以基本实现对地面设备参数和主要钻井参数的实时监测和部分自动操纵。

图 1-8　电驱动钻机的自动化司钻房

综上所述，为开采难以开采的复杂油气藏，必然要采用复杂结构井钻井技术，为此，解决复杂结构井钻井过程中的井下测量和控制问题，保证直井段钻直，保证钻成所要求的井眼轨迹，就必然要采用导向钻井技术。因此，研究旋转导向钻井技术，是提高钻井速度，降低钻井成本，减少环境污染和生产事故，实现钻井自动化、智能化，解决复杂结构井钻井所面临技术挑战的非常迫切需要，且具有重要战略意义。

# 第 2 节　旋转导向钻井原理

为现代油气勘探开发而快速发展的复杂结构井技术是 21 世纪国际石油工业的前沿与关键性技术。现代导向钻井技术正是为适应复杂结构井的需要而在近 20 年有了很大进展，被誉为"钻井导弹与制导技术"的旋转导向钻井工具与技术，是一项涉及钻井、机械、电子、通信、自动化等多学科的综合性技术。

## 一、现代导向钻井技术的发展历程

国际石油钻井界普遍认为，近 200 余年来钻井技术的发展经历了 4 个阶段，即经验钻井阶段（1920 年以前）、钻井发展阶段（1920～1948 年）、科学钻井阶段（1948 年至今）和智能钻井阶段（1990 年至今）。其中，导向钻井技术经历了转盘定向钻井、井底动力定向钻井、滑动导向钻井和旋转导向钻井等几个阶段。

钻井技术发展的主要目标之一是以低成本钻出高质量井眼。图 1-9 详细地展示了国外钻井技术发展历程和趋势。目前，国外科研人员已开始开展对自动化、智能化和无人化钻井技术的研究。而我国目前相对于国外技术还存在 5～10 年的差距。自动化钻井主要包括地面钻机自动化和钻井系统自动化。由于井下和地面设备间通讯带宽的限制，所以，井下钻井系统自动化得以实现的必要装置为井下闭环自动控制系统。井下钻井系统主要由旋转导向装置、钻头、录井测试仪及随钻测量仪等组成。将井下测量系统、井下导向钻井系统和智能钻头与地面计算机集成控制系统构成井下闭环钻井系统，基于姿态测量深度、井斜角、方位角的测量，控制井下钻井系统导向输出强度，从而实现井下导航自动化控制。井下系统自动化使地面钻井设备、井下钻井系统和地面远程决策中心联系起来，形成地面、井下两个闭环钻井系统的互联、互通。因此，井下钻井系统的定位和导航是未来自动化发展亟需的关键技术，只需从地面系统发送高级命令和控制，井下系统即可进行自动化轨迹控制，达到"智能井下"闭环控制，使井身轨道的准确性与精确度大大提高，从而可以有效穿越油藏并提高油井质量。

1. 转盘钻井的经验预测定向钻井法（20 世纪 20～40 年代）

20 世纪 20 年代末，钻井工作人员开始用转盘钻井经验预测定向钻井法钻出救灾灭火定向井。钻井者利用地层自然造斜选择恰当的地面井位、依靠钻井者的经验和下部钻具组合（BHA）的结构及控制钻压、转速等钻井作业参数，来实现造斜钻进，然后每钻进一段后，再改变 BHA 结构和变更钻压、转速；再钻进一段，再起钻测斜，乃至多次凭经验来预测和改变造斜定向效果。

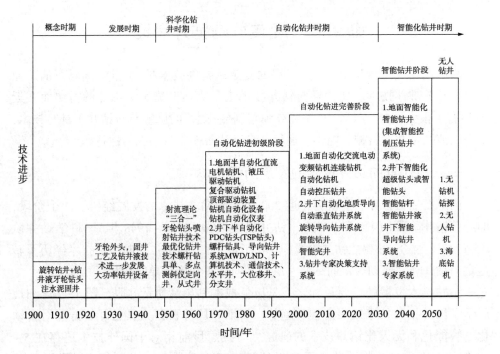

图 1-9　国外钻井技术发展历程和趋势

**2. 井底动力钻井的经验预测定向钻井法(20世纪40~80年代)**

井底动力钻井是用由钻井液驱动的井下涡轮钻具或螺杆钻具进行造斜、稳斜,每钻进一段之后,起钻测斜,再改变 BHA 结构和钻井参数,凭经验来预测造斜定向的效果。

早在1873年,就有了关于涡轮钻具的第一个专利,到20世纪40~50年代,随着磁性单(多)点测斜仪和有线陀螺测斜仪的发展及定向下钻技术的进步,应用涡轮钻具钻定向井水平有了很大提高。但是,由于井身轨迹的信息仍然是钻后的信息,所以仍属于经验预测定向钻井。

**3. 滑动导向钻井法(20世纪80年代至今)**

随钻测量系统(MWD)能够随钻将描述井身几何轨迹的井斜角、方位角等重要参数信息在不起钻的条件下传送到地面,因而能供钻井人员调控钻头方向和钻井参数,因此,产生并形成了导向钻井这一概念,并随着导向马达调控导向能力的不断提高,发展并形成了滑动导向钻井法。它从20世纪80年代以来一直是导向钻井的主力技术。

但是,滑动导向钻井技术本身的缺点限制了其功能的发挥,主要表现在:

(1)在进行滑动导向钻井时,钻柱不旋转,部分钻柱贴靠井壁,摩阻较大。

尤其在大角度斜井或大位移井中，井眼底边有岩屑床存在，既增大了钻柱与井壁的摩阻，又导致井眼净化不良；且导向钻具弯角越大，摩阻越大。

（2）钻进时，整个钻柱向下滑动。由于摩阻大而减小了实际施加在钻头上的有效钻压，并减小了导向马达可用于旋转钻头的有效功率，从而导致钻速较低、钻井成本增高。当井深超过临界井深（4000m）时，就不能或很难均匀连续滑动，甚至无法滑动钻进。虽然可用水力推动器以提高滑动能力，但其作用也是有限的。

（3）在滑动钻井过程中，往往因摩阻与扭阻过大、井眼净化不良、黏滑卡阻严重、钻速过低、成本过高以及由于方位左旋右旋漂移难以控制井身轨迹等原因，而被迫交替使用导向马达和转盘法钻进。这种交替钻进，既增加起下钻次数、降低钻井效率，又必然使井眼方位不稳定，井身轨迹不平滑，形成螺旋状井眼，井身质量不好，容易发生卡阻、黏滑和涡动等井下动态故障。

（4）近年来，复合钻进（即在使用导向马达的同时，启动转盘旋转钻柱）方法在提高钻速、降低进尺成本的同时，也在一定程度上导致发生导向马达严重磨损乃至断脱等恶性事故。其实，复合钻进只是由于当前国内尚没有旋转导向钻井技术的一种权宜之计，只能有条件地和有限度地谨慎使用。

4. 旋转导向钻井法（21 世纪初至今）

旋转导向钻井法是在用转盘旋转钻柱钻进时，随钻实时完成导向功能，钻进时的摩阻与扭阻小、钻速高、钻头进尺多、钻井时效高、建井周期短、井身轨迹平滑易调控。极限井深可达 15km、钻进成本低，是现代导向钻井的发展方向。旋转导向钻井技术的核心是井下自动导向钻井工具。

## 二、旋转导向钻井技术的理论基础

旋转导向钻井技术是在水平井、大位移井、多分支井等复杂结构井的钻井技术要求的推动下，在以井下动力钻具滑动导向钻井技术的基础上发展起来的，建立在井下控制工程学理论基础上的一种先进的导向钻井技术。

1987 年 5 月，导向钻井专家 Monti 提出了自动闭环钻井的概念。按照 Monti 所提出的闭环钻井的构想，自动闭环钻井是一个由井下随钻测量、地面数据采集与分析、地面调整控制与井下操作控制等环节所构成的综合系统，闭环钻井系统原理如图 1-10 所示。

这一构想，随着自动化技术、井下—地面通信技术、井下控制技术的发展，尤其是 MWD 技术的出现和成熟，于 20 世纪 90 年代末成为现实。

国内，石油勘探开发科学研究院的苏义脑院士于 1993 年提出"井下控制工程

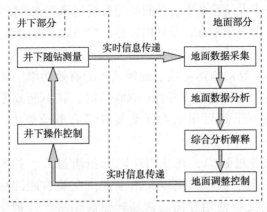

图 1-10　Monti 的闭环钻井图

学"的概念，认为井下控制工程学的研究对象应该涵盖各种油气井井下作业过程的控制问题，除钻井外，还包括完井、采油、测试、修井等。在钻井井下控制工程中，建立在随钻测量(MWD)、随钻测井(LWD)等井下信息测量和传输基础上的地质导向钻井系统、旋转导向钻井系统、自动垂直钻井系统等钻井重大高新技术应该涵盖在井下控制工程学的范畴内。这些技术将使"给钻头装上眼睛""使钻头闻着油味儿走"的梦想变为现实，使钻头能自如地钻穿底下几千米的岩石并准确地进入油气层。

### 三、旋转导向钻井井眼轨迹控制原理

旋转导向钻井按照工作原理分为指向式(Point-the-Bit)和推靠式(Push-the-Bit)两种。

指向式旋转导向钻井利用杆柱受力弯曲变形原理，在近钻头与钻头相连的钻柱上形成3个着力点[图1-11(a)]，其中，上、下顶点顶靠在钻铤壁上，控制和调整中心环的偏置位移和方位，使得钻柱在受控方位产生弯曲，使钻头指向钻进方向，从而实现井眼轨迹的精确导向，钻柱的受控弯曲原理如图1-11(b)所示。采用这种导向方法时，钻头工作面完全指向钻进方向，钻头的侧向力很小。

推靠式旋转导向钻井利用侧向力改变运动方向的原理，在近钻头与钻头相连的钻柱上有一个受控的推靠肋板，该肋板推靠井壁，则钻头将向与之相反的方向偏移钻进。

推靠肋板在井眼中的推出方位是由导向控制系统控制的，推靠肋板持续不断地在同一个方位伸出，不断向钻头施加相同方向的侧向力，使得钻头从侧向切入地层而钻出弯曲井眼，从而实现井眼轨迹的精确导向。

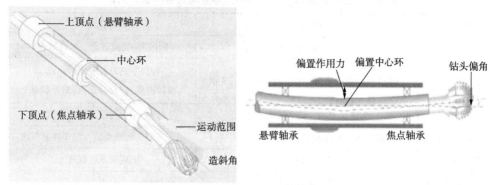

(a)指向式旋转导向钻井原理三维示意图　　　　(b)指向式旋转导向钻井钻柱受控弯曲二维示意图

图 1-11　指向式旋转导向钻井原理示意图

推靠式旋转导向钻井又分为旋转推靠式(推靠肋板与外筒全旋转)和静止推靠式(推靠肋板与外筒不旋转)两种,旋转推靠式旋转导向钻井原理示意如图 1-12所示,静止推靠式(可控偏心器)旋转导向钻井原理示意如图 1-13 所示。指向式旋转导向钻井与推靠式旋转导向钻井的简单对比如表 1-1 所示。

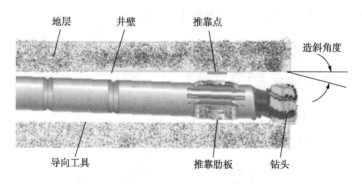

图 1-12　旋转推靠式旋转导向钻井原理示意图

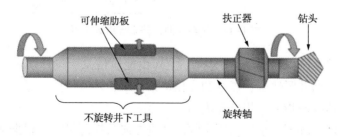

图 1-13　静止推靠式(可控偏心器)旋转导向钻井原理示意图

表 1-1　指向式旋转导向钻井与推靠式旋转导向钻井对比

| 工具类型 | 指向式 | 推靠式 |
|---|---|---|
| 作用原理 | 弯曲变形(位移)改变钻头方向 | 侧向力-侧向运动,推靠钻头 |
| 工作方式 | 由柔性可弯曲轴来控制钻头,井眼可较光滑 | 导向工具对井壁无静止点(旋转推靠)或有静止点(静止推靠) |
| 效果 | 弯曲度可调、钻头侧向力小 | 造斜率大、钻头侧向力大 |
| 关键技术 | 旋转弯轴、特殊轴承、偏心环、动密封 | 稳定控制、液压系统,闭环控制系统 |
| 惯导安装方式 | 多为固联式 | 固联式或捷联式 |
| 钻井应用情况 | 少,逐渐增多 | 多 |

## 四、旋转导向钻井系统

无论推靠式还是指向式旋转导向钻井,都需要由地面确定钻进方向,也需要地面的钻井工作者掌握井下的井眼轨迹,即既需要实现地面—井下的大闭环控制,也需要实现井下的井眼轨迹自动控制(小闭环控制),因此,旋转导向钻井控制系统可以分为地面控制系统、井下自动闭环测控系统和随钻测量系统 3 个相对独立的子系统,系统组成原理如图 1-14 所示。

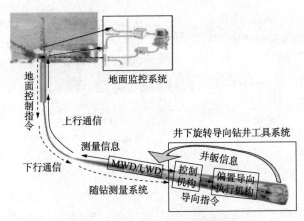

图 1-14　旋转导向钻井系统组成示意

地面监控系统以需要钻达的目的地层(由地质信息所设计规定)为控制目标,依据井下的实钻井眼轨迹,规划和优化待钻井眼轨迹,然后通过向井下自动闭环测控系统下达控制指令,规定钻进的方向。

井下自动闭环测控系统以所接收的钻进方向为控制目标,根据实测的当前井眼轨迹和井下工具空间姿态参数,控制推靠肋板或控制中心偏置环在对应的方向动作，从而实现井下闭环自动控制。

　　MWD 系统用于测量当前的实钻井眼轨迹，并将量测信息传输到地面监控系统。旋转导向钻井系统的信息传递与信息处理闭环流程如图 1-15 所示。旋转导向钻井工具是旋转导向钻井系统的核心。由旋转导向钻井工具中的井眼姿态测量元件(井眼几何参数传感器)测得旋转钻井条件下近钻头处的井斜角、方位角和工具面角等参数，并通过短程通讯元件将上述参数传输到 MWD，再继续由 MWD 的上传通道将数据传输到地面，在地面根据上传的实钻井眼与设计井眼的相对姿态的偏差，通过信息智能处理综合决策系统来决策调整钻头走向，即改变工具面角等参数，并将决策代码通过泥浆泵排量载波下传到井下信息处理中心进行指令接收、识别、解释和处理，从而通过井下控制器调整稳定控制平台的控制轴，实施工具面角的调整，改变导向执行机构推靠井壁的方向，实现钻柱在连续旋转状态下的三维导向。

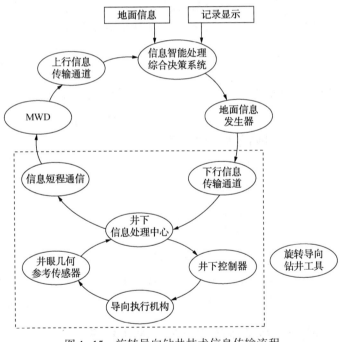

图 1-15　旋转导向钻井技术信息传输流程

## 五、井眼轨迹和井下导向工具的姿态测量

　　旋转导向钻井系统中，需要随钻测量的姿态参数有工具面角 $\theta$、井斜角 $\alpha$ 和工具旋转速度 $\omega$ 共 3 个参数，且有 $\omega = d\theta/dt$。

　　设在地理坐系(北东天 $O_1NES$ 坐系)中建立钻具坐标系($O_1xyz$ 坐标系)，

N轴沿当地子午线指北，E轴沿当地纬线指东，S轴沿当地地垂线指天，NE面为当地水平面，NS面为当地子午面，两个坐标系初始重合，但z轴与S轴方向相反。设沿xyz三轴分别安装三支重力加速度计。随着钻井过程井眼不断延伸，形成井眼轨迹。

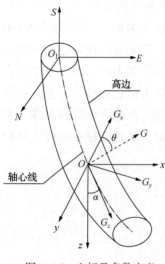

图1-16　坐标及参数定义

定义井眼轨迹横切面最高点的连线为井眼高边，定义过井眼轴线某点O的横切面与井眼高边的交点G的连线为重力高边OG，定义工具轴心与上盘阀水眼中心的连线为工具高边，初始时与Ox轴重合。

定义井斜角α为井眼轴线（切线）与重力矢量之间的夹角（锐角）；定义工具面角θ，也称为工具相对方位角，为重力高边OG与工具高边的夹角，坐标及参数定义如图1-16所示。

将地球重力加速度矢量g向钻具坐标系上投影，分别记为$G_x$、$G_y$、$G_z$，则有：

$$\begin{cases} G_x = g\sin\alpha\cos\theta \\ G_y = g\sin\alpha\sin\theta \\ G_z = g\cos\alpha \end{cases} \qquad (1-1)$$

由式（1-1）可解得井斜角和工具面角为：

$$\begin{cases} \theta = \operatorname{arctg}(G_y/G_x) \\ \alpha = \arccos G_z/g = 90° - \arcsin G_z/g \\ \alpha = \arcsin\left(\sqrt{G_y^2 + G_x^2}/g\right) \end{cases} \qquad (1-2)$$

且有：

$$G_y^2 + G_x^2 + G_z^2 = g^2 \qquad (1-3)$$

由式（1-2）可知，采用x、y两轴重力加计即可完全确定井斜角和工具面角，但实际应用中常采用三轴重力加计来测量，以利用式（1-3）来确定加计的好坏。

## 六、旋转导向钻井系统的下传通信和上行通信

旋转导向钻井系统中，需要将导向方位（工具相对方位角）等参数通过通信信道下传到井下自动闭环测控系统，该信号传输称为下传通信，或下行通信。在钻井工程及其研究领域中，常用的地面向井下的数据传输有钻井液脉冲、电缆、声波和电磁波4种方式。

充分考虑到指令传输时间、钻井工艺的可行性和井下识别准确性的要求，李

琪等设计了一种简单易行的以钻井液排量及压力三降三升为核心的钻井液负脉冲指令编码传输方案，并在井下工具的控制电路中开发了相应的信息接收软硬件系统。

在该下行通信传输方案中，信息下行通信系统由与地面监控装置相连的负脉冲控制器、安装在井下测控系统中的数据接收装置(涡轮发电机)和作为传输通道的钻杆等部分组成，系统结构如图1-17所示。负脉冲发生器通过对钻井立管分流脉冲阀的控制，在钻柱中产生约20%的钻井液排量降低及相应的压力脉冲。下行传输数据以脉宽时间为编码基础，每条指令由3个下降沿和3个上升沿所组成的流量变化过程构成，3进制编码，如图1-18所示为传输指令字"11222"时通过量测涡轮发电机的电压信号所得到的波形。

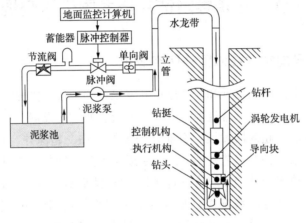

图1-17　钻井液流量脉冲信号下传通信系统

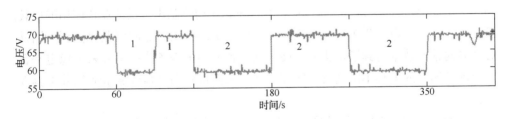

图1-18　钻井液流量脉冲信号下传指令字"11222"的接收波形

通过采集井下涡轮电机的输出电压信号，井下测控单元可以检测到钻井液排量的变化，得到电压信号波形，然后对脉宽进行计时处理，则可解码得出下传的指令字。

这种下行通信方式可以在不改变现有钻井工艺和不影响实际钻井导向操作的前提下，正确地为井下工具传输地面监控命令。

旋转导向钻井系统的上行通信一般由 MWD 实现，目前采用的较成熟的技术为压力脉冲波方法，在研的有电磁脉冲波方法、声波传输方法和智能钻杆传输方法。

其中，声波传输方法具有传输速率较高、实现较为简便的优势，是一个主要研究方向。但声波在沿钻柱传输过程中，在钻杆的连接处易产生衰减并引入噪声干扰，故需要解决声波产生、传输中继处理、接收滤波与解码处理等关键问题，难度不小。

智能钻杆是在钻杆内部埋设电缆实现电力传输和数字通信，关键在于加工制造工艺，成本高，使用维护困难。

# 第3节　旋转导向钻井技术国外研究现状

## 一、旋转导向钻井技术国外研究概况

随着石油工业的不断发展和油气勘探开发难度的增大，国际能源竞争愈演愈烈。全球油气勘探开发正从常规油气藏向低渗透、非常规发展，从陆地向海洋发展，从浅层向深层、超深层发展。石油开采度的增加，超深井、高难度定向井、高温高压井等复杂结构及工艺井的开采数量逐年上升。国外从 20 世纪 80 年代便开始对导向钻井技术的基础性理论进行研讨。20 世纪 90 年代，国外多家公司成功研制出各自的旋转导向系统样机并且着手于实验与现场应用，包括：ENIAgip 公司联合 Baker Hughes 公司的项目研究组、日本国家石油公司（JNOC）和英国的 Cambridge Drilling Automation 公司等。截至 20 世纪末，三大油气技术服务公司——Baker Hughes、Schlumberger 和 Halliburton 均研制出可供商业化应用的旋转导向钻井系统。数十年来，从理论研究到样机研制再到成品的商业化应用，国外旋转导向钻井技术得到了快速的发展。国外各大油田服务公司主要采用稳定平台以保证被测量的工具不随钻具旋转和振动，从而得到满足精度需求的钻井工具姿态信息。

20 世纪 80 年代末，旋转导向钻井技术在国外开始进行理论研讨。

1987 年，在第十二届世界石油大会上，Schlumberger 旗下公司 Anadrill 发表《Optimized Drilling-Closing the Loop》一文，系统地介绍了自动化闭环优化钻井技术。

1988 年，德国实施了一项 KTB 工程（德国大陆超深井钻井计划），其中包括钻一口 10000 米的超深井。在项目实施过程中，为了解决在结晶岩石中钻进井斜难以控制的问题，KTB 项目组与 Eastman Teleco 公司联合研究开发了自动垂直钻井(VDS)系统，这是旋转导向技术的初次应用，而且很成功，保证了KTB项目的完成。

20世纪90年代初期有多家公司开始形成商业化旋转导向钻井技术。目前已有多家石油公司有商业化旋转导向钻井产品，其中Baker Hughes的AutoTrak，Schlumberger的PowerDrive，Halliburton的Geo-Pilot形成了较为成熟的现场应用技术。近年来，威德福(Weatherford)公司的Revolution RSS系统、能源服务公司的Pathfinder 3D RSS系统，德国Smart Drilling公司的ZBE垂直钻井系统，APS公司的RSM系统等也进入了市场。

20世纪90年代，国外具有先进技术的多家公司已研制出其旋转导向系统样机，并进行井下实验及应用。

20世纪90年代以来，国际上研究旋转导向钻井技术的先后有几十家，依时间顺序主要有：

1900年，以德国大陆超深井(KTB)计划为依托，自动垂直钻井系统(VDS)被首次提出。KTB研究组与Eastman Teleco公司共同协作，携手研制出了VDS。

1991年，美国能源部开发出自动定向钻井系统(ADD)，该系统成功进行了商业化应用，并取得了一定成绩。

1992年，Schlumberger与Camco公司共同协作，携手对旋转导向钻井系统(SRD)进行研发，仅历时两年，SRD样机便开始井下实验并取得成功。1997年，该系统在Wytch Farm油田的M-11井中成功下井应用，M-11井是当时世界上水平段井长度超过10km的第一口井，这一成功应用使得SRD系统首次获得石油行业的认可。1999年，Schlumberger旗下公司Anadrill与Camco公司兼并，将SRD系统重新注册并更名为Power Drive。

1993年，德国KTP项目结束后，基于VDS系统，Baker Hughes Inteq和Agip公司联合研制出垂直钻井装置(SDD)。

1993年，隶属于Halliburton的Sperry Sun公司开发出自动导向系统(AGS)，仅时隔六年，该公司又研制出新型旋转导向自动钻井系统Geo Pilot，且Geo Pilot象征着当时世界钻井系统的最高水平。

1993年，Baker Hughes Inteq公司与Agip公司共同协作研制旋转闭环自动钻井系统(RCLS)，历时3年研究，于1996年成功进行下井实验。时隔一年，RCLS被注册命名为Auto Trak，从此该系统正式走向市场，且取得了令人瞩目的商业效果。

1994年，美国能源部DOE SBIR自动定向钻井(ADD)系统；1995年，英国CAMCO公司旋转导向钻井(SRD)系统；1996年，美国Baker Hughes公司旋转闭环钻井Autotrak系统。

2000 至今，Schlumberger 公司相继推出了 PowerDrive Xceed 全旋转式导向系统、PowerDrive X5 综合测量旋转导向系统等。随后推出了 PowerDrive Archer 高造斜率旋转导向系统，它是一种利用推靠式偏置原理来进行导向钻井的系统，能够提供先前仅用马达才能实现的高造斜率井眼轨迹，同时又能够获得较高机械钻速和全程旋转的旋转导向钻出的优质井眼质量。主要由 Power Drive 导向工具、随钻测量系统（MWD）和现场信息系统组成，可以实现井下钻具姿态的实时动态测量，以及 360°全方位的导向控制。

2014 年，Baker Hughes 公司收购了开发油田数据传输和分析软件的 Perfomix 公司，增强了其在工具集成、数据实时监控及分析的现代化、可视化、标准化平台方面的竞争力。

2019 年，Halliburton 公司的 EarthStar 三维反演技术（EarthStar 3D Inversions）获得最佳钻井技术奖。新一代旋转导向钻井工具 GeoOpilot Dirigo 系统可在夹层中提供持续稳定的造斜率，在大位移井中有更理想的表现。

Weather Ford 公司的 Revolution Rotary Steerable 旋转导向系统适用于垂直井和大位移井。它的指向型导向系统提供精确的方向控制并且可以进行实时姿态的修正。同样，捷联式设计能改善井眼的清洁度，提高渗透率，从而可以获得更好的测井质量和更快的套管、完井工作。

Weather Ford 公司下属的 ForeSite 公司，于 2019 年 5 月公布新一代"抽油井"自动控制系统，Edge 系统。这一系统基于物联网 CygNet 以及 SCADA 平台。这项技术属于油田智能油气开采的 4.0 技术。Edge 系统是世界上第一个将油气开采人工举升、生产优化与物联网基础设施相结合的油田技术。这项新技术已经监测和优化全球 460000 口井。

在旋转导向钻井技术的发展过程中，针对直井段钻直的需要，同步发展了垂直导向钻井技术，两者的原理和方法相似，在直井段称为垂直导向，在造斜/稳斜段则称为旋转导向。有些工具既可以垂直导向也可以旋转导向，如 Geo-pilot；由于测量和控制的原因，大部分工具的功能有针对性，只能垂直导向或只能旋转导向。

## 二、Baker Hughes 公司的 Autotrak

Baker Hughes 公司的旋转导向钻井系统研究在 1990 年前后起步，其井下导向工具部分称作 RCLS，1994~1995 年间进行了水力（液压）组件、主电子控制模块、井下—地面通信等单元测试，1995 年底在苏格兰的 Montrose 油田进行了实钻井测试，1996 年基本完成研制，命名为 Autotrak，以后又有针对性地做了一些改进，2001 年起较广泛地应用于导向钻井，在现场实钻井的基础上，又研制了适用于 4.75 英寸小井眼的 RCLS, 与智能钻杆结合, 进一步提高井下—地面的通信速率, 提高控制的实时性, 更好地利用 LWD 的信息实现对井下的实时监控。

Auto Trak 是具有代表性的旋转导向钻井系统, 其导向机理源于推靠钻头的偏置原理, 其偏置导向工具由两部分组成, 分别为不旋转导向套和旋转中心轴。这两部分通过上下轴承相互连接, 从而形成可相对转动的结构。旋转中心轴上部分与钻柱相互连接, 下部分与钻头相互连接, 以便于流畅的传送钻井液及顺利的传递扭矩和压力。在不旋转导向套上固定有井下 CPU、偏置导向部分和控制部分。该系统偏置导向机构的导向力来源于安装在不旋转外套上与液压装置连接的 3 个支撑翼肋, 支撑翼肋通过不同的液压力分别作用于井壁, 不旋转外套与钻柱保持相对静止, 在此过程中, 井壁产生的反作用力作用于井下偏置导向工具, 并在井下偏置导向工具上产生偏置合力。所以该系统的导向钻井技术是通过对支撑翼肋与井壁的作用力大小及方向的控制来实现的。

Auto Trak 系统的主要组成部分包括井下系统、地面系统和井下与地面间的双向通信系统。Auto Trak 系统兼备随钻测量与定向钻井功能, 可在钻头旋转过程中实现定向造斜, 同时可将井下地质信息实时传输到地面监控系统。Auto Trak 系统内含有一个可调节扶正器滑套, 该滑套不跟随钻头的旋转而转动, 且在该滑套中安装有近钻头姿态测量传感器、压力控制阀及电子控制单元等导向器件, 在钻头钻进过程中滑套可保证相对静止, 进而来确保钻头可按照预先规定的方向钻进。

该系统具有以下特点:

(1) 具有导向、斜稳等多种控制模式, 同时具有高造斜率。

(2) 近钻头安装有方位伽马传感器, 具备方位伽马射线成像功能, 可应用于储层地质导向。

(3) 系统减少了定向部件数量, 同时增强了部件质量及强度, 使用可承受更高温度及压力的混合型电力系统。因而, 该系统具有高稳定性, 高温度及压力承受性。

(4) 系统采用闭环控制, 可精准控制井眼钻进方向, 同时钻头的钻进方式为旋转钻进, 一定程度上减少了摩擦阻力, 适用于大位移井。

(5) 系统可提高井眼质量及定向钻进能力, 可适用于最为复杂的三维钻井作业环境。同时建井时间短、完井效率高。

Auto Trak 的关键是其井下的 RCLS。RCLS 为一个由不旋转外套和旋转心轴两部分通过上、下轴承连接形成的可相对转动的结构, 其典型结构如图 1-19 所示, 由近钻头推靠巴掌(不旋转推靠翼肋)、液压泵、涡轮电机、电子存储器、振动测量单元、电池组单元等所组成。

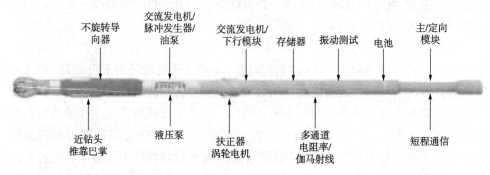

图 1-19    AutoTrak RCLS 的典型结构(配置)

RCLS 的工作原理是静止推靠式(可控偏心器)旋转导向。井下偏置导向工具的导向原理示意如图 1-20 所示。当周向均布的 3 个推靠翼肋(巴掌)分别以不同液压力支撑于井壁时，将产生一个偏置合力，使得钻头朝向合力的方向钻进。通过井下微控制器来控制该 3 个支撑翼肋的液压力大小，即可控制偏置合力的大小和方向，以控制钻井的方向，实现导向钻进的目的。

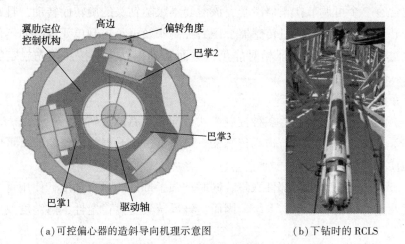

(a)可控偏心器的造斜导向机理示意图                (b)下钻时的 RCLS

图 1-20    RCLS 工作原理

## 三、Schlumberger 公司的 Power Drive 和 Power V

Schlumberger 公司有 3 种旋转导向钻井工具，分别是整合英国 CAMCO 公司的 SRD 系统后形成的动态水力推靠式 Power Drive Xtra(SRD)，静态偏置指向式 Power Drive Xceed 和垂直导向钻井工具 Power V，目前已经形成旋转导向钻井系列产品(表 1-2)。

表 1-2　Schlumberger 公司的旋转导向钻井系统系列产品

| 型号 | 类型 | 工具外径/in | 通信方式 | 造斜率/稳斜率/[ (°)/30m] |
|------|------|-----------|---------|----------------------|
| Power Drive Xtra 475 | 动态推靠式 | 4.75 | 泥浆流量变化 | 0~8 |
| Power Drive Xtra 675 | 动态推靠式 | 6.75 | 泥浆流量变化 | 0~8 |
| Power Drive Xtra 900 | 动态推靠式 | 9 | 泥浆流量变化 | 0~5 |
| Power Drive Xceed | 静态偏置指向式 | 6.75 | 声波/泥浆流量 | 8 |
| Power Drive X5 | 动态推靠式 | 4.75~9 | 声波/泥浆流量 | 0~8 |
| Power V | 垂直导向-指向式 | 4~9 | 泥浆流量变化 | 0.5 |
| Power Drive vorteX | 垂直导向-推靠式 | 9.63 | 泥浆流量 | 0.4 |

注：1in＝2.54cm。

Schlumberger 公司的动态推靠式旋转导向钻井井下工具由上涡轮发电机、测量与控制单元(稳定控制平台)、下涡轮力矩电机、偏置执行单元(导向执行器)等所组成[图 1-21(a)]。

Power Drive 动态推靠式导向工具的导向工作原理是控制下涡轮电机的逆时针方向的作用力矩的大小，使得由工具上、下两端的支撑轴承所支撑的圆柱体稳定在空间的某一个指定角度，则执行单元的泥浆通道在该角度时导通，钻井液推动巴掌(Pad)伸出，拍打井壁，产生一个偏向力，使得钻头向与该力相反的方向钻进，从而实现三维导向控制。

Power Drive Xceed 和 Power V 静态偏置指向式的导向钻井原理如图 1-21(b)所示，结构原理如图 1-21(c)所示。Power Drive Xceed 的井下工具由旋转外筒和不旋转内筒组成，内筒中有测控系统和驱动电机，电机驱动偏置环转动，改变偏置环的位置，使得由悬臂轴承和球轴承支靠的旋转轴产生弯曲，从而改变(控制)钻头的钻进方向，实现导向钻进。

Power Drive 是具有代表性的调制式全旋转导向钻井系统，其导向机理同样基于推靠钻头的偏置原理。与 Auto Trak 有所不同的是，该系统依靠钻进过程中存在于钻柱内及钻柱外的钻井液压力差来提供支撑翼肋的动力。Power Drive 工具将旋转钻进状态下包括钻具姿态传感器等所测得的钻具姿态角、井下温度、压力等参数传输至地面计算机监控系统，地面计算机监控系统以钻具实钻井眼轨迹与预先设计的井眼轨迹之间的偏差为依据实时更新井下姿态角等参数的下传指令，下传指令经钻井液传输至井下仪器，钻井液的脉冲信号信息经微处理器识别，再与预置在井下仪器中的指令作对比解释，最后由导向钻井工具将指令执行，进而完成钻柱旋转条件下导向钻井工具的三维导向。

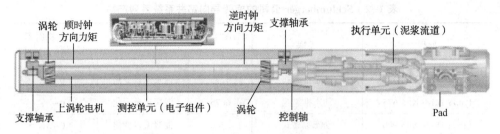

（a）Power Drive 动态推靠式导向工具结构示意图

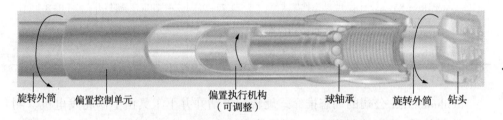

（b）Power Drive Xceed 静态偏置指向式导向工具原理示意图

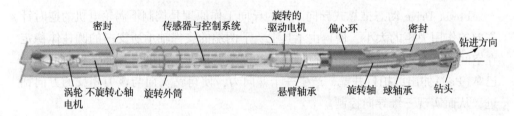

（c）Power Drive Xceed 静态偏置指向式导向工具结构示意图

图 1-21　两种导向工具示意图

该系统具有以下特点：

（1）具有近钻头测量技术，进而实现控制井眼轨迹准确度的提高。

（2）配套使用的特制聚晶金刚石复合片（PDC）钻头，使得机械转动速率得到大幅度提高。可结合地质导向、随钻测量等工具，实现多种参数的测量，包括：地层孔隙度、密度、双电阻率及定向参数等。

（3）工具的密封性与耐磨损性能较好，可不受环境及空间的限制。

（4）计算机监控系统有利于控制钻压、钻井泵压，实现信息的即时传输与存储，提高钻井效率。

（5）内部故障诊断与工具维护系统有效降低了井下故障发生概率。

## 四、Halliburton 公司的 Geo-pilot

日本 JNOC（Japan National Oil Corporation）1989 年开始研制它的 RCDOS 系

统（Remote Controlled Dynamic Orientating System），该系统是指向式原理，靠控制轴的弯曲程度和弯曲方向来改变钻头的钻进方向。旋转的控制轴是复杂的三维动力学难题，工程上又有旋转外筒和不旋转内筒，内筒还开有大的钻井液过流孔，其密封和加工也有不少难题。1995 年，JNOC 与 Halliburton 合作；2000 年，Halliburton Sperry-Sun 和 JNOC 合作开发的第一代 Geo-Piolt 面世。在第二代 Geo-Pilot7600、Geo-9600 的基础上，2005 年 Halliburton 的第三代产品 Geo-Pilot5200 系列完成许多关键技术及测试后逐渐商业化；为满足不同工况并提高可靠性，近年又推出了 Geo-Pilot GXT System 和 Geo-Pilot XL System。前后历经 15 年，这从一个侧面说明导向钻井系统的研制需要经过多次改进提高才能逐步成熟。

Geo-Pilot 的导向原理为静态偏心环指向式导向原理，原理如图 1-22（a）所示，BHA 典型组合如图 1-22（b）所示，Geo-Pilot 井下导向工具的结构如图 1-22（c）所示，由上旋转密封、不旋转支靠装置及其支承轴承、压力补偿器、传感器与测控单元、偏心环执行机构、传感器、球轴承、下旋转密封等主要部件所组成。上、下旋转密封环之间的外筒不旋转，与钻头相连的心轴旋转并被偏心环执行机构压弯，使得钻头偏向钻进方向。

Geo-Pilot 系统是静态推靠式旋转导向钻井工具系统，即不旋转外筒式导向钻井工具系统。Geo-Pilot 系统的工具偏置导向原理不在于偏置钻头，其偏置原理来源于不旋转外套与旋转中心轴所构成的偏置机构。Geo-Pilot 偏置机构与 Auto Trak 系统和 Power Driver 系统有很大区别。其导向偏置机构是由两个可控偏心圆环构成，通过调节双偏心圆环控制导向偏角，使得钻头的轴心偏离钻具的轴心，进而使钻头与井眼线之间产生不同的倾角，从而实现钻井工具的导向。

该系统具有以下特点：

（1）近钻头安装有方位及井斜传感器，实现精准地质导向控制，可应用于高水平要求的地质导向作业中。

（2）实时传输信号，通过随钻测量系统/随钻钻井系统与指令传输系统实现双向实时通信，不占用钻机工作时间。

（3）井眼质量较好，井眼具有良好的清洁效果，可降低短起钻频率，进而提高钻机的工作效率，在大角度井眼中效果最为显著。

（4）可以实现多种造斜率，包括垂直钻井等，且井眼轨迹控制精准度高。

（5）系统与泥浆之间隔离工作，有效避免了泥浆对于系统中的密封件、轴承与其他机械部件的干扰。

（6）使用加长钻头，增长了钻头的使用寿命，同时减少起下钻频率，提高单井钻进效率。加长的保径钻头使得钻具震动幅度及频率降低，减小井下故障率。

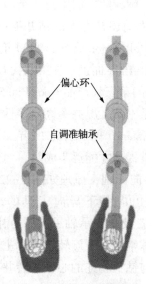

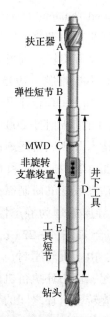

扶正器 A

弹性短节 B

MWD C
非旋转
支靠装置 D

工具短节 E

钻头

井下工具

（a）Geo-Pilot 导向原理　　　　（b）Geo-Pilot 的 BHA 典型组合

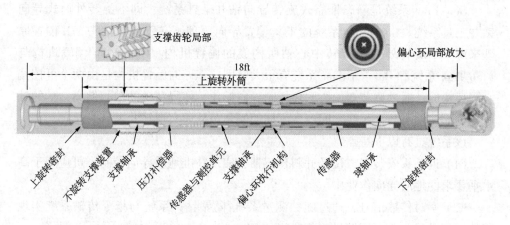

支撑齿轮局部

18ft

上旋转外筒

偏心环局部放大

上旋转密封　不旋转支撑装置　支撑轴承　压力补偿器　传感器与测控单元　支撑轴承　偏心环执行机构　传感器　球轴承　下旋转密封

（c）Geo-Pilot 导向工具结构原理图

图 1-22　Geo-Pilot 工作原理、组合及结构

## 五、其他旋转导向工具

### 1. Smart Drilling 公司的 ZBE 和 Scout 旋转导向工具

德国 Smart Drilling GmbH 公司的前身（1980~1991 年）是德国煤矿研究开发研究院的一个部门，1991~2004 年为 DMT（德国矿业和其他工业技术研究机构）的一个研究室，2004 年建立该智能钻井公司，主要有 ZBE 垂直钻井和 Scout 旋转导

向钻井两种导向钻井工具。

Smart Drilling GmbH 于 1999 年开发出地质导向钻井系统 ezyPilot-Generation，2000 年研制出 Scout 2000 旋转导向钻井，2002 年研制出 ZBE 5000 垂直导向钻井工具。其导向原理为可控偏心器静止推靠式旋转导向。

2. APS 公司的 RSM

APS 公司成立于 1993 年，目前的主要产品有 MWD、LWD，旋转导向螺杆工具等。

APS 的 RSM 旋转导向螺杆的导向原理为推靠钻头式。工具上部通过万向节与螺杆相连，一个相对大地不动的导向控制部分集成在泥浆螺杆的壳体内，一台螺杆—齿轮变速的单发电机为导向控制系统和液压泵提供动力电源，受控的液压推靠肋板(伸缩导向块)推靠井壁，推靠的力量、距离固定不变，但导向块与井壁接触的角度位置、持续时间及弧长可由控制部分(控制转盘)来调整，从而推靠钻头，实现全旋转定向增斜、稳斜或垂直钻进(图1-23)。其导向原理结合了螺杆的强动力、旋转偏心器的液压伸缩导向块和推靠式的巴掌推靠等特点。

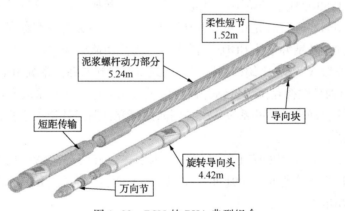

图 1-23  RSM 的 BHA 典型组合

# 第 4 节　旋转导向钻井技术国内研究现状

## 一、旋转导向钻井技术国内研究概况

面对国际大公司垄断着并相互竞争于旋转导向井工具及其关键配套技术，我国的相关技术人员也一直进行着技术跟踪和自主研究工作。

旋转导向钻井技术是复杂井眼轨迹钻井工程的"利器"。国内旋转导向钻井技术起步晚于国外，且因国内技术受限及国外技术封锁，国内旋转导向钻井技术与国外相比有较大差距。较复杂钻井任务均需国外公司设备来提供技术服务，耗资巨大。且国外公司仅提供技术服务概不出售相关产品，市场份额均被国外几家大型石油公司垄断，关键技术受国外牵制。

"十三五"以来，中国石化针对深层特深层油气勘探开发中存在的钻井风险大、钻井周期长，致密气藏单井产量低、难动用储量动用率低，页岩气储层单井产量低、综合成本高，超高温高压随钻测量仪器和旋转导向钻井系统受国外制约等关键难题，持续加大科技攻关力度，创立了地质环境因素精细描述技术、研制了 175/185℃高温随钻测量系统、近钻头伽马成像系统、高效钻井提速工具和井下流体，形成了特深层、页岩气和低渗致密气藏钻井完井、高温高精度随钻测控、精细录井和高效储层改造等关键技术，为顺北特深油气勘探发现及产能建设、涪陵百亿方页岩气田、威荣深层页岩气和华北致密气开发等提供了技术保障。国内多家企事业单位(中国海油、中国石化、中科院等等)都在大力研发导向钻井工具，但效果不太理想，不能达到国外工具同样的性能，最大造斜率远远无法到达 17°/100ft(1ft=30.48cm)。这既是机遇也是挑战。

国内从 1980 年代末开始跟踪研究，近年来不断加大自主研发的力度，先后有几个研究团队在进行研究开发，主要的研究单位和研究重点有苏义脑团队的近钻头地质导向旋转钻井系统 CGDS，傅鑫生、周静团队的泥浆动力可控偏心器旋转导向钻井系统 XTCS，张绍槐团队的调制式全旋转导向钻井系统 MRSS，以及中石油(CNPC)西部钻探克拉玛依钻井研究院的 $\Phi$311 垂直钻井系统和胜利钻井研究院的捷联式自动垂直钻井系统等。各团队的研究目前尚处于工程样机试验和可靠性提高阶段。

1989 年，中国工程院院士苏义脑向国内引进了旋转导向钻井技术，国内开始对该技术进行理论研究。1991 年，实现了对自动井斜角控制器的理论性设计，且该设计成功申请专利。

1993 年，西安石油大学傅鑫生教授与其研究团队，对井下闭环旋转导向钻井技术着手进行研究。仅历时一年，便完成了系统总体方案的设计。

1997 年，中海石油研究中心与西安石油大学、渤海石油公司共同合作，研制出"井下闭环可变径稳定器"样机，并获取一定成果。该成果对于"可控三维轨迹钻井技术"的研究提供了一定基础。2001 年，以中海石油研究中心为主，西安石油大学参与研究的"可控三维轨迹钻井技术"，历时四年科技攻关，于 2005 年完成海上试验。且于 2006 年达到国家 863 计划项目的验收标准。此技术是国内在旋转导向钻井技术研究领域中获得的第一个具有标志性的成果。

2001 年，中石化胜利钻井院与西安石油大学共同协作，承担了有关旋转导向钻井技术的国家 863 预研课题。参考国外 Power Drive 旋转导向钻井系统，研制出样机并进行了井下实验。

2008年，中海油服参考国外 Auto Trak 系统，对旋转导向钻井技术着手研究。

2009年，中海油、西南石油大学及西安石油大学联合研制了静态推靠式旋转导向钻井系统。

2013年，中石油川庆钻探经科技攻关、难题克服，自主研发了 CGSTEER-01 旋转导向钻井系统样机，并成功进行了井下实验。该样机的成功研制表明我国在旋转导向钻井技术上有了很大突破，是我国在石油油气田开发研究中的一座里程碑。

2015年，中海油服成功研制出"贪吃蛇"旋转导向钻井系统 Welleader，并联合随钻测井系统 Drilog，首次完成海上钻井作业，证明了这两套系统完全具有海上作业能力。油气田测井、钻井技术代表着世界测井、钻井的最高水平。该系统的成功研制及作业代表着我国打破了国外在油气田测井、钻井技术上的垄断，跃居为世界上第二个同时具有测井、钻井技术的国家。

2016年，中石油辽河油田经8年艰苦研究、多次井下实验，研制出 D-Guider 型旋转导向钻井系统，且该系统通过了产品鉴定。该系统将随钻测量技术与井下控制技术集成一体，可实时反馈井下测量信息，实现导向钻井工具的实时调节。该系统很大程度上降低了钻井行业服务价格，具有较高的经济效益，开阔的市场应用前景。

2017年，大庆钻探历时8年科技攻关，研制出 DQXZ-01 型旋转导向钻井系统，并成功进行了5口水平井的下井试验，验证了该系统在井下高温、高压、强震动等多种严苛条件下的作业能力。该系统可进行泥浆发电，同时具备参数测量、井眼轨迹自主控制、无线通信等功能，且具有功能模块化、性能可提升的特性。该型导向钻井系统的成功研制表明我国在钻井技术领域取得了突出进步。

2021年，国内首台9000米同升式高钻台钻机在中国石油宝鸡石油机械有限公司新区井场顺利起升，并通过出厂验收，这标志着该型钻机研制成功。9000米同升式高钻台钻机起升系统安装便捷，解决了常规钻机井架底座分次起升，安拆起升大绳费时费力的问题，满足了一次穿绳、井架和底座同时起升的市场需求，为用户降本增效、降低劳动强度等提供了支撑。钻机的研制成功也是宝石机械在超深井装备便捷化、创新性方面迈出的又一实质步伐。7000米自动化钻机以产品技术先进、质量安全可靠、品牌推广价值高等特点，被陕西省工信厅认定为首批"陕西工业精品"。7000米自动化钻机，具有配套标准化、操作机械化、控制信息化、动力集成化、维保修专业化的先进技术特点，以及省人、省心、省力、省时、省钱的"五省"应用效果，并满足国内深井、水平井、复杂井等钻井工况要求。钻机整体技术水平达到国内领先、国际先进。钻机已实现规模化应用50余台。

## 二、CGDS 近钻头地质导向旋转钻井系统的研究情况

地质导向旋转钻井系统由中国石油勘探开发研究院钻井工艺研究所的苏义脑团队研制。该团队从 1994 年开始调研并跟踪地质导向钻井技术，在"井眼轨道制导控制理论与技术研究"（"863"计划）支持的基础上，于 1999 年开始进行攻关研究，目标是研制出一套带近钻头传感器电阻率、伽马、井斜及其他辅助参数的地质导向钻井系统——CGDS（China Geosteering Drilling System），形成地质导向钻井配套技术，总体上达到国外 20 世纪 90 年代的水平。

在单元试验和样机应用试验的基础上，进一步吸收北京石油机械厂和中国石油测井有限公司进行联合攻关（国家重大技术装备研制项目"'石油天然气勘探、钻采和三次采油成套设备研制'专题'CGDS-1 地质导向钻井系统研制 ZZ01-08-01-02'"，中国石油天然气集团公司重大专项支持），经过多年努力，自 2006 年 1 月起，该系统在冀东、辽河油田的 15 口井中进行了应用试验，累计水平段进尺 4845m，取得了良好效果。试验所采用的 CGDS-1 型地质导向钻井系统的外观如图 1-24 所示。

图 1-24　CGDS-1 型地质导向钻井系统外观图

该系统于 2010 年应用于江汉油田浩平 2 井的钻井过程中，采用 CGDS-172NB 近钻头地质导向钻井系统进行钻井作业，共测得 260 米的地质参数，至完钻共进尺 95 米。实时电阻率和伽马曲线图与邻井测井曲线基本一致，与地质捞砂地层解析图匹配良好。2016 年 2 月，CGDS172NB 近钻头地质导向钻井系统在重庆页岩气焦页 68-2HF 井，成功应用。仪器共下井 348.5 小时，累计进尺 1094 米。重庆焦石坝页岩气的施工特点之一是全部采用纯油基泥浆。通过对 CGDS 的持续改进，系统已经适用于包括油基泥浆在内的多种钻井介质。

图 1-25 为 CGDS-1 型地质导向钻井系统的外观图。CGDS 近钻头地质导向钻井系统已经在大庆油田、吉林油田、江汉油田、浙江油田、胜利油田、加拿大等 14 个油田获得成功应用,已经累计使用 208 口井。充分体现了 CGDS 的技术特点及优势,暨测点离钻头近,能及时发现油层变化,并能在钻具出层前及时探测到,方便了地质人员

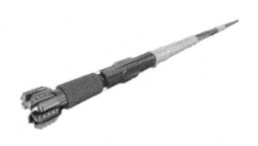

图 1-25　CGDS 地质导向钻井系统

更准确的判断地层并对轨迹做出及时调整,有效提高油层钻遇率,获得了用户的一致好评。

## 三、其他导向钻井项目研究情况

由于国内的 3 家主要的旋转导向钻井系统研究尚未达到商业化应用,而油田急切需要导向工具,除了租借几家外国商业公司的导向钻井系统,有几家油田也在进行自己的研究。

MRSS(Modulated Rotary Steerable System)调制式全旋转导向钻井系统是西安石油大学张绍槐课题组研究的全旋转调制式动态推靠型旋转导向钻井系统,其井下导向钻进工具称为 MRST(Modulated Rotary Steerable Tool)。

1993 年,开始研究"井下闭环旋转导向智能钻井系统"项目(CNPC 预研项目),1995~1997 年,开展"井下旋转自动导向钻井系统 RCLD"项目的理论研究(国家自然科学基金项目"井身轨迹制导的智能钻井系统理论与实验研究"支持)。2001 年,开始与胜利油田钻井研究院合作,在"863"计划"旋转导向钻井系统整体方案设计及关键技术研究"项目(2001~2002 年,项目编号 2001AA602013)和"旋转导向钻井系统关键技术研究"项目(2003~2006 年,项目编号 2003AA602013)支持下,完成了原理样机和工程样机的试制、改进,其水力驱动测试试验如图 1-26 所示。

为解决高陡高斜地质条件下的垂直钻井问题,中石油西部钻探克拉玛依钻井研究院研制了 $\Phi$311 垂直钻井系统,其原理为静止推靠式,其外观如图 1-27 所示。其导向原理是在外筒上按 120° 均匀分布有 3 个液压柱塞,在钻进过程中,系统的测斜模块将实时监测到的井斜参数传递给控制模块,当井斜角达到一定范围时,纠斜指令通过控制模块控制液压执行机构,使液压柱塞在液压力的作用下沿井眼高边方向伸出,在井壁的反方向力作用下,工具沿纠斜方向钻进,从而达到纠斜防斜的目的。

图 1-26　MRST 在大港钻井
研究院的水力驱动试验

图 1-27　克拉玛依钻井研究院的
Φ311 垂直钻井系统

胜利钻井研究院与 APS 公司合作，正在研制机械重力式自动垂直钻井工具。胜利钻井研究院在"自动垂直钻井系统研制"项目的支持下，研制了"捷联式自动垂直钻井系统"样机，其导向原理可能类似于 MRST。该系统在坨 181 井、分 2 井、宁深 1 井等试验见效，该系统的电子仓部分如图 1-28 所示。

图 1-28　捷联式自动垂直钻井系统电子仓部分

另外，中国地质大学(北京)承担的国家科技部国际合作项目"井下闭环高精度导向钻井技术研究"，取得一些成果，其导向原理为指向式。西南石油大学在电子钻杆研究领域，也在结合研究导向钻井技术，取得一定成果。

川庆钻探开展自主知识产权的 CGSTEER-01 旋转导向钻井系统的研发工作。历时 3 年的攻坚后，系统地面监控、双向通信、随钻测量和井下旋转导向工具四大子系统研制工作均获得突破性进展，2013 年 11 月，川庆钻探旋转导向钻井进入现场试验。现场数据显示，这套系统结构设计合理，强度满足要求，能够实现旋转导向，迈出了实质性应用的关键一步。

总体来说，国内的旋转导向钻井技术研究尚处于解决工程化的可靠性、稳定性的"瓶颈"阶段。因此，解决系统研究中存在的关键技术难题，加快系统开发研制的步伐，尽快推出可应用的产品。

## 四、导向钻井工具井下测控技术研究现状

对于旋转导向钻井井下测控系统的控制问题，汤楠等学者对井下工具系统的结构、系统的描述模型、控制原理和控制系统结构做了初步研究，采用 PID 控制方法进行了控制仿真研究，但水力驱动试验效果不佳。霍爱清等采用状态空间法对工具系统进行了描述，建立了系统的状态方程，给出了初步的系统参数（估计和理论计算结果），基于全状态反馈控制方法给出了极点配置设计，进行了控制仿真，测试试验结果表明只能基本实现控制。汤楠等研究了稳定平台的模糊 PID 控制方法和基于间接专家智能的依偏差、偏差梯度改变控制参数的智能 PID 控制方法，对于克服强扰动、强非线性和参数大范围变化等干扰因素的影响，改善系统动态响应速度和稳态性能有所助益。针对稳定控制平台的系统参数较大范围变化、参数扰动及负载扰动的特点，汤楠等引入前馈模糊控制方法，使控制系统的稳定性、自适应性、鲁棒性和抗干扰性能有所提高。

由于稳定控制平台具有与一般过程控制对象完全不同的特殊结构和工作方式，汤楠等进一步研究了钻铤内无固定支撑点的圆周旋转运动状态角的控制问题，采用试验方法对稳定平台对象的动态特性进行了深入研究，对试验所采集到的动态数据应用最小二乘法对对象模型参数进行了辨识，并研究了对象特性中的一些非线性问题，改进了对象的描述模型。

稳定控制平台的角度位置姿态控制有一个特殊问题：角度误差在 $-179.9° \sim 179.9°$ 存在不连续的跳变。对此，汤楠等提出了一种在极坐标系中描述动态响应曲线的方法，改善了控制效果。

稳定平台控制的另一个特殊问题是执行器的控制转矩存在脉动，这是交流电机转矩 PWM 控制的固有现象，程为彬等对此进行了深入研究，探讨了参数动态共振的原因，提出了转矩控制器稳定控制的理论方法。

电机转矩控制方法问题，研究过直接转矩控制技术和矢量转矩控制技术，但由于井下的环境制约，难以实现这两种方法所要求的高速测量和实时控制问题，电路上暂时无法实现。

针对稳定控制平台的摩擦所导致的不确定性问题，霍爱清建立了考虑摩擦的稳定平台模型，利用模糊控制理论与滑模变结构控制相结合的控制方法，设计了自适应模糊逐步逼近的变结构控制器，改善了系统对外界扰动和参数不确定性的鲁棒性能，提高了控制系统的控制精度和系统的稳定性。

## 五、导向钻井井下工具姿态测量研究现状

目前实现钻具姿态测量主要是借鉴惯性测量技术，采用三轴加速度计和三轴

磁强计来完成。苏毅和王瑞等基于加速度计和磁强计根据坐标变换给出了姿态角的计算公式，并针对测量过程中存在的干扰磁场提出了补偿算法，但该方法在钻具具有动态加速度时适应性差，姿态测量存在误差。刘自理等提出了一种非正交四轴重力加速度计的姿态测量方法，实现了调制式导向钻井工具井下姿态的实时测量，但是该方法没有考虑钻柱旋转和钻具振动对姿态测量参数的影响。汪跃龙等通过对旋转导向钻具惯导平台分析，建立一个更符合实际情况的非线性模型，以尽可能准确描述非线性影响因素，解决惯导平台稳定控制问题。孙峰和薛启龙等在旋转导向钻井工具的捷联惯导系统中采用三轴加速度计和三轴磁通门进行姿态测量，对轴不正交、不对中等安装误差进行数字拟合校正，以满足工程需求。杨全进等提出的重力工具面向磁工具面投影方法，虽然解决了方位角求解中振动加速度的干扰，但并未解决动态条件下井斜实时测量问题。程为彬等提出了一种基于预置欧拉旋转的垂直姿态测量的方法，提高了姿态测量的原始信号幅值，减小解算误差。杨全进等提出了旋转导向钻具姿态的无迹卡尔曼滤波方法，有效去除姿态传感器中的干扰噪声，提高姿态测量的准确性。薛启龙等提出了一种新的卡尔曼滤波状态空间模型对钻井轨迹进行连续实时测量的方法，减少了系统误差。

另一种姿态测量技术——陀螺测量也是一个很有前途的方向，陀螺仪在导航领域虽已普遍应用，但是要把它用于地下钻进并达到实用化，仍有相当长的路要走。一是体积上要小型、微型化；二是需解决井下钻进过程中如何提供大的防护减振平台以保证其正常工作。Mahmoud 等采用加速度计和光纤陀螺实现了井下钻具的连续测量，研究了钻井工具的冲击和振动对测量传感器的影响，并提出了相应的滤波算法。薛启龙等提出捷联式旋转导向井斜方位动态解算方法，在钻柱不旋转的情况下，同时采用三轴实时滤波信号计算井斜方位，在钻柱旋转情况下，采用滤波后的实时 Z 轴信号，从而减少钻柱旋转对井斜方位解算结果的影响。任春华等提出了采用小口径精密三轴一体化光纤陀螺和 3 个石英加速度计作为传感器，给出了轨迹测量算法和误差估计与补偿算法。但是，在强磁场情况下，使用陀螺仪和磁性传感装置均不能有效测量导向钻井工具的姿态参数。

# 第 5 节　旋转导向钻井的关键技术

旋转导向钻井系统需要实现地面—井下的大闭环控制和井下自动闭环控制，故可以分为地面系统、井下闭环测控系统和 MWD 随钻测量系统等 3 个相对独立的子系统，其中，井下闭环测控系统必须具有井斜测量、井下工具空间姿态测量(工具面角与工具旋转速率)、地面—井下数字通信(下传通信信号接收与解码）、工具面角自动闭环控制、力矩发生器控制驱动、井下测控系统与 MWD 的短程通信、数据存储等功能，旋转导向钻井大闭环控制系统的原理结构如图 1-29 所示。

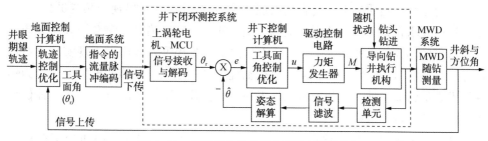

图 1-29　旋转导向钻井控制系统结构框图

因此，旋转导向钻井系统的关键技术包括地面监测控制技术、地面—井下通信技术、井下短程通信技术、井下自动测控技术、MWD 随钻测量技术等几个方面。

## 一、旋转导向钻井地面监测控制关键技术

地面监控和可视化子系统是旋转导向钻井不可或缺的组成部分，是整个系统的指挥中心。其功能包括随钻监测旋转导向钻井工具的工作状况，看其是否正常工作，即使正常工作，还要计算分析是否满足轨迹控制的要求，是否按设计要求的井眼轨迹钻进，是否达到要求的造斜率或扭方位能力等；当实钻井眼轨迹偏离了设计轨迹，或由于地层等因素的变化需要修正井眼轨迹时，能够及时分析和计算出轨迹的偏离程度，设计出新的待钻井眼轨迹，并能产生使旋转导向钻井井下工具按新的井眼轨迹钻进的控制指令。因此，地面监控关键技术可概括为以下 5 个方面。

1. 井眼轨迹预测技术

由于 MWD 距离钻头一般在 6 米以上，以及地面—井下通信的滞后性质，地面监控系统并不能实时地得到被钻地层和井下导向工具的情况，因此，需要依据实测井眼轨迹数据，计算实钻井眼轨迹的当前偏差矢量，并预测井眼轨迹的变化，以提前给出纠偏指令。

2. 井眼轨迹控制优化技术

需要由实测井眼轨迹的偏差矢量，以减小偏差、井眼曲线光滑、拐角小为目标，进行待钻井眼设计优化。轨迹控制则以优化设计轨迹为基准，使实钻轨迹的走向与设计一致，以钻出光滑井眼。

### 3. 井眼轨迹的三维可视化监控技术

在钻井过程中，需要了解钻井的井眼实钻轨迹、设计轨迹，以及深度、标尺、半透明柱面图、地层剖面等辅助描述信息，以从各个角度"观察"井眼轨迹是否符合工程、地质要求，是否会出现轨迹间的碰撞(井眼出现交叉或贯穿)。

这就要求在整理分析地震、电测、随钻测量、随钻测井、综合录井、地质录井等提供的钻井信息的基础上，基于对信息的解释模型，运用虚拟现实技术对地质分层、储层、井眼轨迹、靶区等进行临境式可视化三维立体的模拟显示，为钻井技术人员营造一种可直观地看到地下地层及钻井井眼轨迹的真实场景，提供全景式的钻井分析、解释。

这一技术包含了钻井信息采集、数据综合、井场数据库、地质分层描述模型、井眼轨迹描述模型、三维可视化实现等的关键技术。

### 4. 临境监测与远程决策技术

在导向钻井过程中，由于地质条件复杂多变，井身穿越的地层地质和油藏参数、井身工程和井眼参数等随钻信息通常是不精确或模糊的，因此要根据上述信息实现实时随钻控制，必须先进行实时分析、处理、解释与展示，并由多方专家协同决策，以达到优质、快速、安全、准确中靶的钻井目的。

临境监测与远程决策以计算机支持协同技术、计算机网络技术、数字通信技术、钻井信息三维可视化技术为基础，通过网络将不同地域、不同学科的技术人员、专家组织在一起，突破时空的界限，充分发挥各自的优势进行协同决策，实现随钻控制。

该技术可从根本上改变传统的工作组织模式，提高工作效率，还可大大提高对地层构造、储层特性等判断的准确性和钻头在储层内轨迹的控制能力，从而提高油层钻遇率、钻井成功率，实现增储上产，节约钻井成本，提高经济效益的目的。

### 5. 地面数据传输网络与钻井数据库技术

地面数据网络和数据库技术是智能导向钻井的基础，其关键是钻井数据库的建设和易反复构网的(满足钻井设备需要经常搬迁要求的)地面数据通信网络建设。

## 二、旋转导向钻井地面—井下通信关键技术

旋转导向钻井必须建立地面监测控制系统和井下闭环控制系统之间的闭合信息回路，才能构成大闭环实时控制。地面—井下通信的包括地面控制指令信息编码与信息发送、井下信息接收与解码、旋转导向钻井井下控制系统至 MWD 的短程通信、MWD 的井下信息编码与传送、地面信息检测与解码等通信环节，目前

需要解决的关键技术问题是井下短程通信、地面—井下数据传输。

1. 地面—井下的数据传输

由于钻井液的存在和钻柱旋转，地面—井下的数据传输不能采用无线电磁通信和有缆通信方式，目前比较成熟的技术是利用钻井液作为传输媒介，以钻井液流量脉冲或压力脉冲形式编码实现地面—井下的数据传输，但其传输速率非常低，最高也只能达到几 bit/s。

新一代的传输技术利用钻柱传声的特性采用声波传输。但由于钻柱是由一根一根钻杆通过螺纹连接起来的，在螺纹连接处，声波传输受阻，因此其传输距离受限，目前的最远距离为 4000m，且井下各种噪声对传输声波的干扰非常强，误码率高。

2. 井下短程通信

旋转导向钻井系统中，由于井下测控系统存在旋转，而且它与 MWD 之间常常会被其他钻具隔开，故二者无法用线缆连接，只好通过无线通信的方法将信息传至 MWD。由于两者距离较短，故称之为"井下短程通信"。

因为井下控制系统所处的近钻头的位置振动和冲击都非常强，因此声波传输方法实现异常困难，误码率高。试验表明，采用低频电磁波脉冲通信，在充满导电液体(钻井液)的短距离通信中，是一个可行选择。

### 三、井下自动闭环测控关键技术

井下自动闭环测控系统工作在井下高温、强振动和冲击、高压、空间限制的环境之下，系统状态的测量、非线性强扰动下的系统稳定控制、系统的可靠性等问题是关键因素。

### 四、MWD 随钻测量关键技术

MWD 的关键技术包括井下电源、近钻头测量信号处理、井下至地面的数据传输等。经过前几年的努力，已经基本实现国产化，但数据传输速率低仍然制约着它的应用。

# 第6节 导向钻井工具测控关键问题

全旋转调制式导向钻井系统的核心是井下导向钻井工具。在导向工具与钻柱同步旋转的情况下，在工具中必须设置一个不受外钻柱旋转影响的、可以自动保持或调整工具面角度的井下稳定控制平台，从而使工具中的导向块在给定方位产生导向所需的矢量力，达到稳斜或增斜的导向钻井目的。

导向钻井工具的核心是井下自动闭环测控系统。井下测控系统由测量传感器、控制器、电源及被控对象等所组成。被控参数为工具的工具面角度或旋转速率，被控对象为稳定控制平台。但与一般控制系统不同，导向钻井井下测控系统与被控对象是合而为一的同一个物理实体，故从控制角度，稳定控制平台就是旋转导向钻井井下测控系统本身。

## 一、导向钻井井下测控系统研究中存在的技术难题

旋转导向钻井工具的研发中，井下测控系统研究的难点问题主要集中在测量、控制和可靠性3个方面。

### 1. 测量的难题

井下测控系统需要测量上、下电机电压、电流，工具倾角（井眼倾角）、工具面角、工具角速率、工具主轴扭矩，钻井液压力，环境温度等参数，参数的测量传感器必须满足井下工作条件和电子仓安装条件的要求，传感器必须特制或自制，这是很困难的。

在钻井工程中，由于井下钻柱旋转，钻具振动，以及高温、高压和强磁场等因素的影响，特别是在近垂直状态时（近垂直一般指井斜角 $\theta < 1°$ 的情况），单一采用磁通门或重力加速度计，或者简单地将这两种传感器机械组合，导向钻井工具姿态参数测量仍存在测不准或不可测的问题。在旋转的管柱中安装的惯导和扭矩等传感器，其量测信号对温度、转速和振动都非常敏感；上下两个永磁体涡轮电机离传感器很近，其强磁场对量测有很大干扰，因此必须研究解决测量误差的理论分析、信号滤波处理、量测误差的消除等问题。另外，在近垂直状态下重力加速度在水平面的分量 $G_x$、$G_y$ 都非常小，解算不出井斜和工具面角度，也必须研究其解决方法。

### 2. 控制的难题

井下测控系统的物理设备是一个可以自由旋转的圆筒形结构，只有在力矩平衡时才能保持在相对大地不旋转的某一个指定角度。但是，振动、水力冲击、水力黏滞摩擦、机械摩擦、钻井液中的固体颗粒、温度等因素，或是直接产生干扰力矩，或是会使得系统机械特性或电磁特性产生变化、漂移，要将这个圆筒"悬停"在某个指定角度并保持稳定，异常困难。

### 3. 可靠性难题

井下测控系统相对独立工作，与其外部没有任何直接的电气连接，也不存在与其他机械部分的刚性连接。当其随钻具下井后，如果系统发生故障而停止工作，则只有提出地面才能更换或维修，因此必须保证系统能稳定可靠工作，即要求系统能满足井下高温（125℃）、高压（100MPa）、强振动（±10g）的环境

要求，同时应该保证系统在从下钻到起钻的钻井作业过程中能不间断地稳定工作。因此恶劣工况下系统工作的可靠性是系统工程化过程中必须解决的一个关键问题。

制约系统可靠性提高的关键因素主要有以下 8 个方面。

1）传感器的可靠性问题

由于环境条件和安装条件的限制，井下测量用的传感器需要特制或自制，都是少量生产，其性能很难有稳定的质量保证，也不可能全部进行性能筛选测试。在井下恶劣工作环境下，其可靠性还要打点"折扣"。

2）井下高温环境对电子电路的影响

井下温度随井深增加呈现温度升高的特性，大致可按照井深每增加40m 温度升高 1℃估计（不同的地质条件其温度分布是不相同的）。半导体材料的现代电子元器件，其工作温度一般只有 75℃，军品级的元件其工作温度可达 125℃，因此，井下工作温度对电子电路的设计、元器件的高温筛选、电路的散热设计等都提出了更高的要求，也限制了元件的选择范围。过高的井下工作温度易导致器件失效，也易因信号的温度漂移而产生大的量测误差。

3）强电磁干扰对测控电路的影响

在离核心电路很近距离的密闭金属圆筒内存在上、下两个永磁交流电机，其强磁场对电路及其元器件构成强大的电磁干扰，感应电势的存在极易导致电子器件的击穿失效。故电子电路部分的屏蔽设计、信号隔离和滤波处理，以及软件运行的抗电磁干扰处理等，是必须关注的重要问题。

4）冲击和振动的影响

近钻头的强冲击和强振动，对 PCB 板、电气接口、元器件的外封装、传感器的内部机械结构等，凡是有质量和连接的部位，都将因持续的强振动和冲击交变载荷而导致磨损、松动、疲劳失效等可靠性问题。

5）井下高压力对密封和电气绝缘的影响

因为有密封外筒的作用，井下的高压力对于电子部分没有直接影响。但电子电路板与上、下电机之间存在电气接口，该接口在高压力下的密封失效将使得接口直接暴露在导电的钻井液介质中，导致电气绝缘失效，电机短路，电子系统因失去电源而不能正常工作；或者，作为执行器的力矩发生器（下涡轮电机）将不受控制，使控制失效。

6）执行器的可靠性问题

井下测控系统执行器的核心是力矩发生器，该涡轮力矩电机直接暴露在钻井液之中，钻井液中不可避免的含有固体颗粒、铁屑等杂物，极易进入电机的轴承部分，摩擦加剧导致电机卡死或电机故障失效。

7）电源的可靠性问题

井下测控系统的电源由上涡轮电机供给，与执行器相似，该电机也存在相同的问题，测控系统缺失电源后就不可能继续工作。

8）故障检测与诊断困难

井下测控系统的故障状态难以检测，一方面是受井下环境的制约，有些参数缺失必要的测量手段，即"没法测"，例如磁方位角度；另一方面是有些参数的量测误差大，不能准确反映实际状态，即"测不准"，例如控制中的关键参数—稳定控制平台主轴的旋转扭矩，由于振动、冲击、旋转加速度等影响，再加上电磁干扰，很难准确测量。"没法测"和"测不准"导致了系统故障状态难以诊断，增加了稳定控制的难度。

## 二、导向钻井井下测控系统研究中存在的困难

在井下测控系统的研究过程中，遇到的主要困难有如下 3 个方面。

1. 研究周期长

导向工具本质上是一个综合了水力、机械、电子、电气、计算机、通信、控制等的复杂的井下计算机控制系统，从系统的理论设计、机械设计、零部件加工、单元测试、系统调试、台架试验、水力驱动试验到最后的实钻井试验，一个研制周期最快也需要 1.5 年。

2. 测试试验困难

井下测控系统的测试试验项目主要有井下涡轮—电机拖动特性测试、涡轮—电机水力驱动特性测试、惯导测量单元性能测试、工具倾斜角与工具面角度测量标定、执行机构性能测试、电子电路温度性能测试、控制方法仿真实验与控制参数优化、系统调试、控制系统特性台架驱动试验、系统水力驱动试验、系统实钻井试验等。

图 1-30　导向钻井井下工具的
台架驱动试验装置

系统的台架驱动试验是为了缩短研发周期所设计的地面实物仿真系统，采用电机—齿轮机构拖动井下电机的方式工作如图 1-30 所示。该装置可以验证系统的整体性能、控制算法。

水力驱动试验国内只有大港油田钻井研究院有一套投资 1 亿多元建成的钻井系统（工具）地面水力试验装置；在役钻机也可用来做地面水力试

验，但条件差。由于距离较远，试验参与人员多，而且试验中心工作负荷较重，因此试验花费时间长。

测试试验项目多、内容复杂、测试试验所需要的时间长、需要投入的人力、物力、财力大，增加了研究的困难，加大了研究的周期。

3. 技术资料欠缺

旋转导向钻井技术是世界性的前沿技术，即使已经商业应用的几家公司，目前也仍然处于持续改进之中，技术上保密。目前能查到的资料，一般只有应用情况的介绍或导向原理的说明。系统的内部结构、各部分的具体细节、控制系统的结构、控制方法等核心内容，能查到的有参考价值的资料极少。技术资料欠缺，研究工作只有在边探索边测试试验中艰难前行。

## 三、导向钻井测控系统研究亟须解决的关键问题

综合上述研究进展，稳定控制平台的控制还需要进一步研究和解决下述核心问题。

1. 稳定控制平台的数学描述问题

稳定控制平台的数学模型仍然是一个未彻底解决的问题，试验研究表明稳定控制平台工作特性与温度、强振动（冲击）、旋转向心加速度、水力冲击、摩擦、安装误差、结构部件运动变形等非线性因素密切相关，因此需要建立一个更符合实际情况的非线性模型，以尽可能准确地描述出这些非线性因素对控制的影响。

2. 强扰动作用下旋转圆周体的角度位置稳定控制问题

稳定控制平台的角位置姿态控制问题，既需要解决角度误差在 $-179.9° \sim 179.9°$ 之间的跳变和执行器力矩的脉动问题，更需要解决水力冲击、振动和摩擦非线性等强扰动问题和对象参数的不确定性的适应性问题。这些问题的解决，需要一种非线性的系统设计方法和一个非线性的控制器。

3. 鲁棒性与稳定性问题

已经研究的稳定控制平台的控制方法，从试验结果来看，存在的最大问题是控制系统的稳定性。在一定条件下，有些方法是很有效的，控制系统的过渡过程性能和稳态误差性能都不错，但一旦系统略有变化，例如系统机械部分重新装配，改变扰动等，系统可能就是不稳定的。必须研究新的控制方法，以提高系统的鲁棒性和系统控制的稳定性。

## 四、技术攻关的必要性

石油钻井普遍要求防斜打快和安全低成本，而常规防斜钻井技术（如塔式钻具、钟摆钻具、满眼钻具和旋冲钻井等）无法实现在复杂地质条件下防斜打直；

偏轴钻具、铰接钻具、压不弯钻挺和预弯曲钻具等防斜打直技术都还不够成熟，具有一定的局限性；滑动导向钻井技术在复杂易斜地层钻深井、超深井不是完全有把握，而且防斜效果不佳。近年来发展起来的新型防斜打快技术虽取得一定进展，但仍难以释放钻压，限制了机械钻速的提高。由于上部井段的井眼扭曲程度必会增大钻下部定向井段时，钻柱扭矩、阻力与动载以及钻柱、套管的额外磨损，这不仅增加了钻井作业的时间、成本，还增大了钻井风险，使得在复杂构造带钻井已成为世界性难题。

我国的复杂地质条件下，常规和新型的被动防斜技术均不能满足高陡构造、大倾角地层和逆掩推覆体等地层钻井的要求，也不太适合于深井、超深井和复杂结构井的钻探要求。特别是在井下近钻头强振动的工作环境下，不同的运动状态，导致导向钻井工具测量数据的可靠性和准确性得不到保证。为了进一步提高导向钻井工具姿态动态测量时，姿态参数的可靠性和精度，必须对近钻头导向钻井工具的运动状态进行准确判断。

由前期项目研制和大量实验结果发现，当前针对强振动条件下导向钻井工具姿态测量的研究主要存在以下问题：

（1）目前普遍采用加速度计或磁通门传感器，或者是两者的简单组合进行姿态测量，无法实现动态测量。

（2）尚未建立专门针对近钻头导向钻井工具动态姿态测量的非线性数学模型。

（3）准确判断导向钻井工具近钻头运动状态的方法还没有建立。

（4）近钻头强振动对动态测量时的影响尚未削弱或消除，导致姿态参数测量测不准甚至不可测。

以上问题制约了国内导向钻井工具姿态参数动态测量技术的发展，特别是井下近钻头强振动信号特性的未知性，阻碍了动态测量深入研究，使得导向钻井工具状态参数的准确性、可靠性等均得不到保证。

因此，从研究井下振动信号着手，根据近钻头参数的敏感特性，将三轴加速度计、三轴磁通门和角速率陀螺仪等多类型传感器构成测量系统，采用多源信息融合技术，对姿态传感器输出特性进行分析，针对测量过程中存在的系统误差，建立误差模型。以传感器各轴为基准轴，分别进行欧拉旋转，得到包含系统误差的误差旋转矩阵，将系统误差统一考虑、融合处理，深入分析传感器输出特性及校正矩阵精度，最终消除近钻头振动对动态测量的影响。这一理论和技术方法的研究，有助于该领域的研究走向成熟、完善，逐步推动理论研究向实际应用转化，促进具有自主知识产权的导向钻井工具动态测量系统的进一步发展，保障其在石油勘探领域的重要地位。

## 五、导向钻井井下测控技术存在问题

随着石气工业的不断发展和油气勘探开发难度的增大，国际能源竞争愈演愈烈。我国石油供需矛盾尤其突出，石油开采形势异常严峻。国内石油开采不得不走两条路，一方面提高采收率、开采难采/难动用储量，开发石油剩余资源和低渗、超薄、稠油和超稠油等特殊经济边际油藏，以及页岩气、煤层气等稀缺资源，这需要大力发展水平、定向钻井技术；另一方面国内石油资源越来越集中于深部地层和深水海域，必须靠深井/超深井垂直钻井进行勘探开发。而导向钻井是解决这两方面问题的重要手段之一，也是当今世界石油钻井技术发展的最高水平。

在导向钻井工具系统中，由于近钻头井下钻具直接承受钻头破岩所产生的强烈振动及钻柱的横向振动，传感器的输出信号不可避免地混杂大量的干扰信号，导致姿态参数(方位角、井斜角和工具面角)测量不准确甚至不可测的问题。目前普遍采用随钻测量(MWD)技术，虽然能得到准确的姿态参数，但要求姿态测量时必须停止钻进，存在时效低、成本高等问题。国外各大油田服务公司主要采用稳定平台，以保证被测量的工具不随钻具旋转和振动，从而得到满足精度需求的钻井工具姿态信息，但这类稳定平台井下钻具结构复杂、故障率高、误差大、制约了其在井下的有效工作时间。

旋转导向钻井技术对钻成复杂结构井、开发边际油藏具有重要意义。目前，国外已有较为成熟的商业应用，但由于导向控制技术的复杂性和井下工程条件的复杂性，国外几大公司也仅提供技术服务，并不提供导向钻井工具产品。

国内的导向钻井技术研究目前已完成原理性研究，尚需要解决工程化问题，下一步的研究重点和需要解决的主要问题有如下 9 个方面。

1. 近钻头强振动作用下的平台振荡问题

平台的运动分析表明在随机扰动作用下，平台易产生振荡和控制失稳，而近钻头的轴向和径向振动冲击非常强，可以达到数 10g，因此，需要以实钻井过程中实测的井下振动冲击测量数据为基础，研究振动冲击与扰动作用力矩之间的规律，从设计减震措施、采取能消除或减轻振动影响的控制方法等方面探索解决办法，提高系统在强振动环境下的控制性能。

2. 井下高温力矩电机的砂卡问题

水力测试试验表明要流过钻井液的电机转子和定子之间的支承轴承内易进入砂粒和铁屑，出现砂卡现象，易导致平台振荡失稳甚至失控。因此，需要改进电机结构设计，研究和采用全密封的机械结构和耐高压高温强振动的动密封方法与技术，是解决该问题努力方向。

### 3. 近钻头强振动作用下的测控系统可靠性问题

在近钻头的强振动作用下，超大的振动加速度使惯性传感器易产生"测不准"现象，需要研究传感器测量信号与钻头振动冲击的关系，研究合适的滤波处理方法，解决测不准问题。

同样是因为近钻头的强振动原因，井下传感器和电子电路易产生接口松动、焊线脱落等问题，需要研究传感器与电子电路安装固定的减震措施、电子元器件抗震焊接工艺措施，提高系统可靠性。

### 4. 强电磁干扰下的电子系统可靠性问题

在平台的上下两端各有1台涡轮永磁电机，它们产生的强磁场易对电子电路和电子传感器信号产生强扰动，需要从软硬件两方面入手研究解决办法。

### 5. 电气绝缘与密封的可靠性问题

稳定控制平台的上下电机与电子舱之间存在电气绝缘与水力密封问题，在井下高温环境和在近钻头的强振动冲击作用下，该问题尤其突出。绝缘和密封失效时，钻井液进入电子舱，整个井下测控系统就不能正常工作。这个小细节，易导致大问题，在工程化过程中尤其需要引起足够重视。

### 6. 地面-井下通信问题

需要研究钻井液流量脉冲在钻柱和井眼中的传导规律，以井下测试试验数据为基础，探索误码率低、传输速率高的检测与解码方法，实现钻井工程条件下的地面-井下通信。

### 7. 近垂直状态下平台工具面角和井斜角的测量问题

在近垂直状态下(井斜角<1.5°)，井眼的高边不明显，基于惯性传感器的工具面角度测量误差大，甚至测不出。需要研究基于多传感器(冗余传感器)的数据融合和信号处理技术，在不采用磁传感器(磁通门)的情况下，单纯采用惯性传感器的小井斜角平台姿态测量方法，解决垂直导向钻井过程的关键测量问题。研究在强电磁干扰条件下弱磁传感器信号的提取与滤波处理技术，研究在涡轮永磁电机的强电磁场中采用磁通门测量井下工具的姿态和方位的方法，也是一个可能的解决办法。

### 8. 平台综合控制方法的完善

提出的平台综合控制方法基本解决了稳定控制平台的稳定控制问题，但囿于水力驱动测试试验条件和试验时间(次数)的限制，只测试了有限几个角度位置的控制性能，尚需要经过反复的水力驱动或井下实钻井过程的检验，以测试试验系统在任意给定角度位置的控制性能。需要结合实钻井试验，在适应各种钻井工程条件和提高控制性能方面对控制方法作进一步的完善，实现平台在任意给定角度位置的稳定控制。

9. 自动化智能化工程技术研究仍处于起步阶段

大数据、人工智能、纳米材料、智能材料等高新技术快速发展，正在催生新一轮科技及产业革命，据国际能源署（IEA）预测，到 2030 年数字技术可将全球油气技术可采资源量增加 $750 \times 10^8$ t 油当量、勘探开发成本降低 16%。因此，依靠技术创新，推动石油工程技术数字化、智能化转型，对于实现勘探开发突破至关重要。目前，中国石化基于大数据、云计算、物联网等信息技术的石油工程技术研究正处于初级阶段，信息化程度较低，自动化钻井完井技术装备能力有限，还未形成高效协同工作机制和信息共享平台，智能化钻井系统、智能导向系统、智能流体和智能精准压裂等还处于概念阶段。石油工程技术在信息化、数字化、自动化和智能化方面远低于其他行业。

总之，导向钻井井下测控技术是一个包含了机械、力学、电子、计算机、通信与钻井工程技术的复杂领域，尚需要进行艰苦探索，力争尽快解决工程化过程中的主要技术问题，实现旋转导向钻井技术的商业化应用，使我国的导向钻井技术进入世界的前沿行列。

# 第7节　导向钻井测控技术展望

"十四五"时期是我国转变发展方式、优化经济结构、转变增长动力的关键期，中国石化确立了以能源资源为基础，以洁净能源和合成材料为两翼，以新能源、新经济、新领域为重要增长点的"一基两翼三新"发展格局，努力实现更高质量、更有效益的发展。为此，必须大力实施创新驱动战略，大力提升自主创新能力，实现石油工程核心技术的突破，全面提升石油工程技术装备水平，为中国石化稳油增气降本提供强力的技术支撑。

## 一、加大重点基础前瞻技术攻关

（1）围绕顺北顺南特深层油气高效勘探开发，开展高温高压特深硬地层失稳规律与岩石破碎机理研究，解决井筒强化和钻井提速的基础问题。

（2）以深层页岩油气、致密油气为对象，研究流固热多重耦合下岩石微观力学特征及裂缝延伸规律，解决高效钻井、缝网压裂难题。

（3）深化人工智能、微电子、新材料（量子、纳米、石墨烯、智能）等与石油工程技术的融合研究，开发随钻智能油气识别、智能监测、智能流体和智能压裂技术，培育自动化智能化石油工程技术。

（4）突破高造斜率/低成本旋转导向技术瓶颈，提高 175/185℃ 高温随钻测量、近钻头成像伽马和成像电阻率系统的性能，研制 240℃高温随钻测量系统、随钻远探测/前探测系统，研究多维油藏评价随钻测井技术和高速传输技术，形成中国石化智能精准测控技术产品系列，满足高效、低成本油气开发及智能化发展的需要。

## 二、培育自动化智能化石油工程技术

（1）研制 9000m 全自动钻机、自动控压系统、自动送钻系统、钻井液自动连续循环系统和自动固井装备，开发智能化控制软件和一体化操控系统，实现钻井控制的自动化、智能化。

（2）研发近钻头高精度成像测量系统、自适应钻头、井下电动工具和高速无线传输技术，实现井眼轨迹的精准控制和井下工具的自适应电动化。

（3）开发钻井智能分析与决策系统、钻井工程参数智能分析及优化系统、井筒稳定性风险智能诊断系统、随钻智能地层评价与导向系统、全自动钻井一体化决策分析平台，形成自动化智能化石油工程技术系列，推进智能化技术发展。

## 三、发展低成本石油工程技术

（1）以物联网、大数据、数据链为基础，融合地质、油藏、地震、钻井、测井、录井、压裂和注采等信息，开发基于数据驱动、模型驱动的"学习曲线、知识库、措施评估、智能分析决策"等工程地质一体化信息平台，优化钻井、测井、录井、压裂和注采等技术方案。

（2）发展井筒模拟技术，提升钻井、压裂等专业软件和随钻远程监控及智能决策技术水平，实现油气勘探开发全过程整体技术的最优化，最大限度地降低油气勘探开发成本。

（3）就当前研究成果而言，MWD 以及地面遥控钻井工具的研发和应用还处于闭环发展阶段，自主导向及全闭环自动导向技术也是国内外的重要研究方向。在未来，像航海航天领域的自主导弹一样，旋转导向工具也将发展成为"自主钻井导弹"，还将不断完善在地面、井下的大闭环与钻井工具、测量的井下小闭环间的系统。随着技术水平的不断升级及全自动钻机的应用，可以逐渐解放人力，实现全闭环的钻井，提高生产质量及效率，促进行业发展。

# 第2章　稳定控制平台动力学研究

稳定控制平台既是全旋转导向钻井系统中井下自动闭环控制系统的被控对象，也是控制系统自身。稳定控制平台的数学模型是控制系统设计和控制参数优化的基础，也是系统仿真分析的基础。试验研究表明平台的工作特性与钻井液流量、摩擦、水力冲击、旋转向心加速度、安装误差、受力变形、温度、强振动(冲击)等非线性因素密切相关，因此，需要以平台动力学研究为基础，建立一个更符合实际情况的非线性模型，以尽可能准确的描述出这些非线性因素对控制系统的影响。

本章针对稳定控制平台控制研究中缺乏准确的数学描述模型问题，采用理论分析与测试试验相结合的方法，剖析了作用于平台对象的摩擦、水力冲击、偏心作用等力矩的一般规律，分析了控制系统执行器(力矩电机)的作用力矩与钻井液流量的动态关系，得出了稳定控制平台是一个受到上下盘阀摩擦交变力矩(余弦扰动)、水力冲击力矩(正负脉冲扰动)、安装误差与质量分布偏心作用力矩(与被控变量成非线性的正弦函数关系)、钻头振动和冲击导致的平台横向挠曲变形附加作用力矩与附加摩擦力矩(随机扰动)等力矩作用的非线性动力学系统的结论。利用设计数据和试验数据，得出了钻井过程中各作用力矩的大小范围估计，建立了稳定控制平台的非线性动力学模型。

## 第1节　稳定控制平台的机械结构分析

稳定控制平台是一个通过轴承支撑在导向钻井井下工具内部的可以自由转动的圆柱体，其结构如图2-1所示，钻铤以内、上盘阀以左的全部部件所组成的系统。

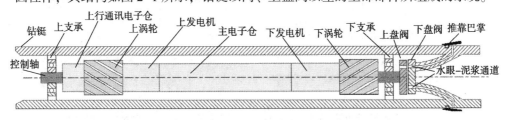

图2-1　稳定控制平台结构示意图

平台两端各有一台涡轮发电机。其中上涡轮发电机为井下测控系统的电能发生器，由钻井泥浆推动电机转子旋转产生电能，经整流、稳压后为井下的电子设备提供电源，同时也是下传通信的信号检测器。下涡轮发电机为平台稳定所必需的力矩发生器，它可以产生一个和外钻铤转向相反的力矩，通过控制该力矩的大小实现平台的力矩平衡时，可使得平台控制轴圆柱体稳定悬停在某指定角度，使执行机构的推靠巴掌在该角度推靠井壁，从而实现对井斜和方位的控制。因此，从测控系统组成的角度来看，下涡轮电机是井下测控系统的执行器。在系统冗余设计中，也将其作为冗余(后备)电源。

平台中部为电子舱，装有重力加速度计、速率陀螺仪、温度传感器、信号处理电路、电源模块及微控制器(MCU，Micro Control Unit)等设备，实现井下自动闭环控制和通信、数据存储等功能。所有这些电子设备封装在一个外径约60mm的金属圆筒内，故称为电子舱。

平台下部为上盘阀，盘阀上开有水眼，当随外钻铤旋转的下盘阀(工作液分配单元)的液力水眼与之相通时，钻井液经由水眼——泥浆通道推动偏置执行机构的推靠巴掌动作。平台总长约2m，外径约60mm，质量约50kg。

工具外筒为钻铤，在钻铤的适当位置有上、下两个螺栓支撑固定的稳定平台支撑连接器，分别安装一个有轴承保护器的滚珠轴承，轴承的中心即为稳定控制平台的控制主轴。因此，稳定控制平台可以在导向钻井井下工具内部自由转动。

当稳定控制平台与外钻铤、下盘阀、偏置执行机构等组装在一起时，即构成导向钻井井下工具(MRST，Modulated Rotary Steerable Tool)，其三维CAD结构如图2-2所示。钻井工作时，工具上端通过螺纹丝扣与MWD或柔性短节相连，工具下端(偏置执行机构下端)通过螺纹丝扣与钻头相连。

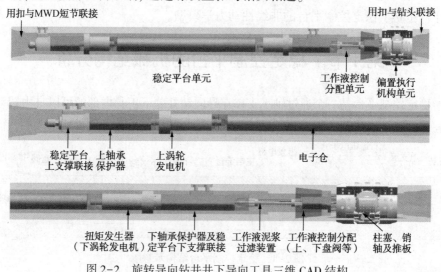

图2-2　旋转导向钻井井下导向工具三维CAD结构

从稳定控制平台的结构分析可见：井下测控系统的测量传感器、控制器、电源等均被封装在平台之中，测控系统的执行器也是平台的一部分，测控系统的各构成要素就组成了稳定控制平台的物理结构，因此，物理上稳定控制平台(被控对象)和井下测控系统是合二为一的同一个实体，本质上是一个综合了机械、电子、电气、计算机、通信、控制等的井下计算机控制系统。故从控制角度，稳定控制平台就是旋转导向钻井井下测控系统，也常被称为稳定平台，伺服控制平台，井下控制单元，惯导控制平台等，简称平台。

# 第2节　稳定控制平台的摩擦力矩分析

稳定控制平台在工作中受到的主要力矩包括盘阀摩擦力矩、工具和外钻铤相对旋转带来的机械摩擦阻力矩和作为电能发生器的涡轮发电机本身的电磁力矩等。下涡轮电机产生一个电磁驱动力矩，它克服其他力矩以实现可控调节与力矩平衡，实现工具面角的稳定控制。

摩擦力矩对系统性能的影响较大，不仅直接影响到定位精度，还常常导致平台振荡旋转。平台的摩擦力矩主要有上、下主支撑轴承摩擦副力矩，上、下涡轮发电机支撑轴承摩擦副力矩，钻井液对电子舱壳体旋转运动的黏滞摩擦力矩和盘阀摩擦力矩。约定力矩和运动的正方向为外钻铤旋转(顺时针)方向。

## 一、上、下主支撑轴承摩擦副力矩

上、下主支撑固定于钻铤并随之作旋转运动，平台相对大地旋转或不动，因此，平台与支撑轴承处于相对旋转状态，故上下主支撑对平台的机械摩擦(滚动摩擦)力矩方向相同。

因为上、下主支撑轴承密封在保护套中，如果忽略温度影响，则轴承的润滑条件基本恒定。主支撑轴承的负载主要是平台体的重量，当平台处于某井段时(井斜相对恒定时)，对动态的平台控制而言，其大小可认为为常量。因此，主支撑轴承对平台的摩擦力矩($M_1$)可作为常量处理，其大小可按下式估算：

$$M_1 = f_1 \cdot p_1 \cdot r \tag{2-1}$$

式中，$f_1$ 为摩擦阻力常系数，$f_1 \approx 0.005$(滚动轴承)，或 $f_1 \approx 0.015$(滑动轴承)；$p_1$ 为主支撑轴承摩擦负载，$p_1 = mg\cos\alpha$，平台质量 $m = 50\text{kg}$，$\alpha$ 为井斜角；$r$ 为平台主轴半径，$r = 30\text{mm}$。

上、下主支撑摩擦力矩的非线性有两方面：

(1) 当且仅当平台与钻铤以完全相同的角速度旋转时(该状态为极低概率事件)，平台与钻铤才相对静止，此时，如果出现相对旋转，则会出现死区摩擦。

（2）径向（横向）振动可使得摩擦负载变化，即有 $p_1 = m(g + g_r)\cos\alpha$，$g_r$ 为径向振动加速度。

钻柱水平时，由式（2-1）可以求出 $M_1 \approx 0.075\text{N} \cdot \text{m}$；当横向振动为 10g 时，$M_1 \approx 0.825\text{N} \cdot \text{m}$。

## 二、上、下涡轮发电机支撑轴承摩擦副力矩

上、下涡轮发电机具有相同的机械结构，均由主轴、支撑轴承及外壳 3 个部分组成，电机的机械结构如图 2-3 所示。电机主轴上有定子绕组，电机主轴通过紧固螺钉与平台主轴固联，构成电机的定子。电机的永磁磁极对固定在外壳内部，由钻井液驱动的水力涡轮与电机的外壳固联，磁极对、涡轮及外壳构成电机的转子。

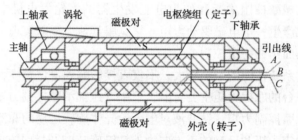

图 2-3　涡轮发电机结构图

涡轮带动磁极对旋转，使定子线圈切割磁力线而工作。上、下涡轮发电机的转子与定子间各有一对支撑轴承。因为转子一直处于旋转状态，故存在动摩擦力矩，上、下涡轮发电机轴承对电机主轴(亦即平台主轴)的摩擦力矩 $M_2$、$M_3$ 为：

$$M_2 = -f_2 \cdot p_2 \cdot r_2 \tag{2-2}$$

$$M_3 = f_3 \cdot p_3 \cdot r_3 \tag{2-3}$$

式中，$f_2$、$f_3$ 分别为上、下电机滚动轴承的摩擦阻力系数（因没有充分润滑，故按金属接触面摩擦考虑，取 $f_2 \approx f_3 = 0.1$）；$p_2$、$p_3$ 分别为上、下电机轴承的摩擦负载，为涡轮受力的径向分量合力与涡轮、电机外壳的重力之和，$p_2 \approx p_3$；涡轮、电机外壳的重力只有数 10N，可忽略；作用在涡轮叶片上的旋转力矩为 12N·m，其径向分量合力约为 0.4kN；$r_2$、$r_3$ 分别为上、下电机主轴半径，$r_2 = r_3$。

故摩擦力矩 $M_2$、$M_3$ 大小相近，均约为 1.1N·m，方向相反，对平台的作用可以相互抵消。

但控制中需要注意，上、下电机轴承需要流过钻井液，其润滑状况是动态的，尤其是当钻井液中含固体颗粒时，易出现较大动态扰动，甚至卡死。

卡死时涡轮对平台的最大扭矩可达 12N·m，此时稳定控制平台将失去控制，平台将随涡轮而高速旋转。

### 三、钻井液对电子舱壳体的黏滞摩擦力矩

记稳定控制平台旋转角速度为 $\dot{\theta}\,\mathrm{rad/s}$。设电子舱壳体与钻铤间的环空中钻井液均匀分布，忽略钻井液受涡轮扰动后的紊流，即设钻井液为从上至下的平流，由牛顿内摩擦定律可知平面层流时流层间的内摩擦力（$F$）等于表面积（$S$）、黏滞系数（$\nu$）和速度梯度 $\left(\dfrac{\mathrm{d}\nu}{\mathrm{d}l}\right)$ 的乘积，即 $F=S\cdot\nu\cdot\dfrac{\mathrm{d}\nu}{\mathrm{d}l}$，则电子舱壳体的黏滞摩擦力矩 $M_4$ 为：

$$
\begin{cases}
M_4 \leqslant -M_{04}, & \dot{\theta}=0，\text{且有正向旋转趋势时} \\
M_4 = -\nu_4\cdot s\cdot r_4\cdot\dot{\theta}=-k_1\cdot\dot{\theta}, & |\dot{\theta}|>0\text{ 时} \\
M_4 \leqslant M_{04}, & \dot{\theta}=0，\text{且有反向旋转趋势时}
\end{cases}
\tag{2-4}
$$

式中，$s=2\pi\cdot r_4\cdot L$，$L=2\mathrm{m}$，为电子舱壳体的长度；$\nu_4$ 为钻井液动黏滞摩擦系数，对于常规水基钻井液，取值为 $0.01\sim0.1\mathrm{Pa\cdot s}$；$r_4=30\mathrm{mm}$，为电子舱壳体半径；$M_{04}$ 为电子舱壳体对钻井液的死区摩擦力矩，实验测得约为 $0.2\mathrm{N\cdot m}$。

不考虑摩擦死区，则钻井液黏滞摩擦力矩可简单表述为：

$$
M_4 = -k_1\cdot\dot{\theta}
\tag{2-5}
$$

代入数值，可以求得钻井液对平台的黏滞摩擦系数（$k_1$）约为 $1.31\times10^{-4}\sim1.31\times10^{-3}(\mathrm{l/s})$。

在平台系统中，虽然存在较多的摩擦和摩擦作用力矩，但其他摩擦作用力矩的方向是固定的，都与平台的运动方向无关，只有黏滞摩擦力矩的方向与平台的运动方向相反。因此，黏滞摩擦力矩虽然很小，但对于平台的稳定有重要作用。

### 四、上、下盘阀摩擦副动态摩擦力矩

上、下盘阀是稳定控制平台与导向执行机构（推靠巴掌）之间的联系"通道"。上、下盘阀的结构及其尺寸如图 2-4 和图 2-5 所示。

上盘阀的连接轴通过一个活套式套筒与稳定控制平台的主轴连接，由平台的主轴带动而旋转或静止不动。忽略连接套筒的间隙，则可认为上盘阀的运动与平台主轴的运动是完全相同的。上盘阀上开有一个弧形孔（称为高压孔），作为钻井液通道。下盘阀固定在偏置机构单元本体内，随外钻铤旋转，其上开有 3 个圆孔（称为导流孔，或过流孔），分别与偏置执行机构的 3 个柱塞形孔眼相通。

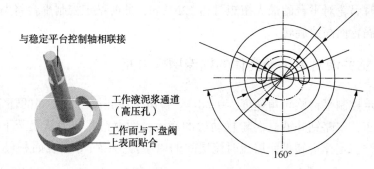

图 2-4　上盘阀结构

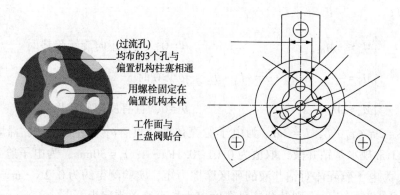

图 2-5　下盘阀结构

　　上、下盘阀的工作面相互贴合，一般处于相对旋转状态。当上盘阀的高压孔与下盘阀的某 1 个或者 2 个导流孔相通时，钻铤内的高压钻井液经上盘阀高压孔—下盘阀导流孔—偏置执行机构的柱塞形钻井液泥浆通道而形成钻井液流通通道，高压钻井液推动偏置执行单元的相应柱塞动作，并由柱塞推动推靠巴掌将力作用在井壁上，进入孔眼的钻井液则由柱塞间隙进入钻铤外的井眼环空。

　　旋转导向钻井工具在井下工作时的导向（即造斜、或纠斜）功能或不导向（即稳斜、稳方位）功能，是由稳定控制平台通过控制上盘阀高压孔的中心位置保持在某特定角度（或保持匀速旋转状态），使偏置机构的高压钻井液通道在某特定（或任意）角度导通，使推靠巴掌在某特定（或任意）角度与井壁接触，其综合作用是对钻头产生（或不产生）侧向力，推动钻头离开（或保持）原方向，实现改变（或保持）井斜和方位的目的。

　　在上盘阀的连接轴外边、上盘阀的上端面与控制轴之间设有压紧弹簧，以保证上、下盘阀始终接触。压紧弹簧的压紧压力可在安装时进行调整，井下不可调，故在控制过程中可视为常数 $F_0$。相互贴合的上、下盘阀的工作面的摩擦力矩可根据轴端摩擦力矩公式计算：

$$M_f = 2\pi \cdot f_p \cdot \int_{r_0}^{R} p_f \cdot r^2 dr \qquad (2-6)$$

式中，$f_p$ 为上、下盘阀之间的摩擦系数，采用钢质材料时，可取 $f_p = 0.08$；$p_f$ 为接触面作用压力，$p_f = F_0/A$，其范围为 $(0.66 \sim 2.82) \times 10^6 Pa$。

上、下盘阀之间总有 1 个或 2 个导流孔导通。当 2 个孔导通时，求得 $M_f(2) = 0.27 N \cdot m$；当 1 个孔导通时，上、下盘阀的摩擦接触面积为 $A_0 = 2.296 \times 10^{-4}$ $m^2$，接触面作用压力为 $p_f = 592.7/(2.296 \times 10^{-4}) = 2.581 \times 10^6 Pa$，计算得 $M_f(1) = 0.31 N \cdot m$。

上、下盘阀之间 1 个导流孔导通或 2 个导流孔导通的摩擦力矩之差为：$\Delta M_f = M_f(1) - M_f(2) = 0.04 N \cdot m$。

此处，计算中所取的值为较小值（过流孔呈品字形分布），如果按照最大值计算，则 $M_f(2) = 0.59 N \cdot m$，$M_f(1) = 0.70 N \cdot m$，$\Delta M_f = 0.11 N \cdot m$。

再考虑到弹簧压紧力的最大可能作用力 $F_0$ 为 600N；则最大作用压力 $p_f = 2.82 \times 10^6 Pa$；考虑到上、下盘阀间可能进入的微小固体砂粒导致的摩擦系数变化，取摩擦系数为 $f_p = 0.12$，得摩擦力矩波动的最大值为 $\Delta M_{fmax} = 0.26 N \cdot m$。

在上、下盘阀相对旋转一周时，将出现 $1^\#$、$2^\#$、$3^\#$ 过流孔切出，$3^\#$、$1^\#$、$2^\#$ 过流孔切入的共 3 次切入、切出变化［图 2-6(a)］。故上、下盘阀相对旋转速度为 $\omega$ 时，$1^\#$、$2^\#$、$3^\#$ 导流孔将先后与上盘阀的高压孔导通/关断，其摩擦力矩将产生交替变化，变化的幅度最小为 $0.04 N \cdot m$，最大为约 $0.26 N \cdot m$，交变频率为 $3\omega$。

该力矩的交替变化与相对旋转速度 $\omega$ 的关系可从角度旋转、面积变化、压力变化、摩擦力矩变化的过程解算。由几何关系，不失一般性，仅考虑 $1^\#$ 导流孔从高压孔中旋出时的情况，从开始旋出到完全旋出，其运动角度约为 $\pi/6$。

记 $1^\#$ 导流孔外沿与高压孔外沿刚好重合并开始旋出时的角度为 0，在旋出 $\omega \cdot t$ 角度时的几何关系如图 2-6(b) 所示。图中，点 $AOBO_1$ 构成平行四边形，已知 $OA = OB = O_1A = O_1B = r = 2.5mm$，$OO_0 = O_1O_0 = R = 10mm$；由三角形边角关系可得角 $\beta = \angle AOO_1$ 为：

$$\beta = \arccos \frac{\sqrt{2}R\sqrt{1-\cos\omega \cdot t}}{2r}, \quad (0 < \omega \cdot t < \pi/6) \qquad (2-7)$$

上、下盘阀贴合面积随盘阀相对旋转的变化关系为：

$$\Delta S(\omega \cdot t) = r^2 \sin(2\beta) - 2r^2\beta + \pi \cdot r^2, \quad (0 < \omega \cdot t < \pi/6) \qquad (2-8)$$

设弹簧的压紧力 $F_0$ 恒定，则接触面作用压力随旋转速度的变化关系为：

$$p_f(\omega \cdot t) = \frac{F_0}{A_0 + \Delta S(\omega \cdot t)} \qquad (2-9)$$

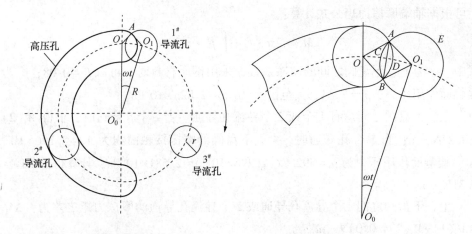

(a)导流孔切换示意        (b)导流孔从高压孔中旋出时的几何关系

图 2-6　上、下盘阀的导流孔切换

摩擦力矩随旋转的变化关系为:

$$M_f(t) = 2\pi \cdot f_p \cdot \int_{r_0}^{R} p_f \cdot r^2 \mathrm{d}r = 2\pi \cdot f_p \cdot \int_{r_0}^{R} \frac{F_0}{A_0 + \Delta S(\omega \cdot t)} \cdot r^2 \mathrm{d}r$$

$$= 2\pi \cdot f_p \cdot \int_{r_0}^{R} \frac{F_0}{A_0/r^2 + \sin(2\beta) - 2\beta + \pi} \mathrm{d}r$$

$$(2-10)$$

式(2-10)的计算较复杂,求出其解析式较困难,故采用仿真工具进行数值计算。在相对转速为 30r/min 时,得到的上下盘阀相对旋转一周时的摩擦副动态阻力矩变化情况如图 2-7 所示。其曲线近似于余弦函数曲线,故将其简单描述为带偏置的余弦函数,为:

$$M_f(t) = M_f(2) + \Delta M_f(t) = 0.29 + 0.02\cos(3\pi \cdot t)$$

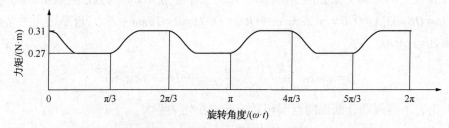

图 2-7　相对旋转一周时上、下盘阀摩擦副动态交变阻力矩情况

记外钻铤旋转角速度为 $\omega_s$,为 60~300r/min,则上下盘阀相对旋转角速度为 $\omega = \omega_s + \dot{\theta}$,得摩擦副动态阻力矩的一般表达式为:

$$M_f(t) = a + b\cos(3\omega \cdot t) \tag{2-11}$$

式中，$a = M_f(2)$ 为 2 个孔导通时的盘阀摩擦力矩，$a$ 取 $0.27 \sim 0.71\text{N} \cdot \text{m}$；$b = \Delta M_{f\max}$，为盘阀摩擦力矩变动幅度的最大值，$b$ 取 $0.04 \sim 0.26\text{N} \cdot \text{m}$。

上、下盘阀摩擦力矩的周期性波动，幅度虽然不算大，但其频率与控制频率接近，对于对作用力矩非常敏感的旋转柱体系统的角度位置稳定(悬停)控制，易导致控制振荡失稳，控制过渡过程时间变长，控制性能降低。

## 第3节  稳定控制平台的水力冲击力矩分析

作用力矩的波动是导致平台系统振荡旋转的重要原因，即使是较小的波动，对旋转体角位置控制性能的影响也不容忽视。而上、下盘阀对平台主轴的作用力矩，包括上、下盘阀摩擦副动态阻力矩和上、下盘阀导通/关断时的流体静压不平衡动态力矩，正是周期性波动的。因此，分析在水力冲击下的力矩变化情况就很有必要。

在上、下盘阀关断(导通)前、后，由于流场的变化，会导致上下盘阀间出现压力的波动。设稳定控制平台相对不动(即上盘阀不旋转)，下盘阀以 $n = 120\text{r/min}$ 的速度旋转，由盘阀的结构数据，可计算出一个孔从完全导通至完全关断的时间为：

$$t = \frac{\alpha_0}{\omega} \approx \frac{2\pi \cdot 5/(2\pi \cdot 10)}{120 \cdot 2\pi/60} \approx 0.04(\text{s})$$

因此，按照瞬时关断/打开来估算压力波动是合理的。

上、下盘阀贴合端面的压力波动幅度可由能量守恒原理，应用流体伯努利方程，作简略估算。忽略涡轮和盘阀对流体的扰动，设钻井液为定常流体，忽略钻井液的黏性影响和密度变化；忽略液体的可压缩性，则由流体伯努利方程：

$$\frac{v_1^2}{2} + gz_1 + \frac{p_1}{\rho} = \frac{v_2^2}{2} + gz_2 + \frac{p_2}{\rho} + \xi \tag{2-12}$$

得：

$$\Delta p_0 = p_2 - p_1 = \frac{1}{2}\rho v_1^2 - \frac{1}{2}\rho v_2^2 + \frac{1}{\rho}(gz_1 - gz_2 - \xi) \tag{2-13}$$

式中，$p_1$、$p_2$ 为关断前后的端面压力，其差为压力波动幅度 $\Delta p_0 = p_2 - p_1$；$\rho$ 为钻井液密度，按常规钻井液，取 $\rho = 1.3 \times 10^3 \text{kg/m}^3$；$v_1$、$v_2$ 为上、下盘阀关断前后流过导流孔的流体速度；$\xi$ 为关断过程中的能量损失；忽略流体阻力损失，可取 $\xi = 0$；$Z_1$、$Z_2$ 为关断前后的流体高度位置，忽略位置势能变化，取 $Z_1 = Z_2$。

记钻井液流量为 $Q$(按常规钻井工艺，$Q$ 的范围为 $20 \sim 45\text{L/s}$)，按照钻铤内的流体分配计算和实际测试，上、下盘阀导通时导流孔的流量 $q$ 约为 $0.02Q$（即 $q_{min}=0.4L/s$，$q_{max}=0.9L/s$），孔径 $r=2.5mm$，则关断前的流体速度为 $v_1 \approx \dfrac{q}{s} = \dfrac{q}{\pi \cdot r^2}$，可对应算出 $v_{1min}=20.4m/s$，$v_{1max}=45.9m/s$。关断后导流孔的流体速度 $v_2=0$。

代入数值，得关断前后上下盘阀端面压力波动幅度（压差）为：$\Delta p_{0min}=\dfrac{1}{2}\rho v_{1min}^2 = \dfrac{1}{2} \cdot 1.3\times10^3\times20.4^2 = 270.5(kPa)$，$\Delta p_{0max}=1369.4(kPa)$。

上、下盘阀接触端面往上的距离记为 $h$，上盘阀厚度为常量 $H$，设压力沿盘阀轴向为二次型分布，即有：

$$\Delta p(h)=\Delta p_0(1-h^2/H^2) \tag{2-14}$$

压力（压差）沿上盘阀高压孔轴向、径向的分布示意如图 2-8 所示，其作用合力为：

$$
\begin{aligned}
F_l &= \int_0^H \int_{-\pi/2}^{+\pi/2} \Delta p(h)\cos\partial \cdot r \cdot d\partial \cdot dh \\
&= \int_0^H \int_{-\pi/2}^{+\pi/2} \Delta p_0(1-h^2/H^2)\cos\partial \cdot r \cdot d\partial \cdot dh \\
&= \frac{4}{3}r \cdot \Delta p_0 \cdot H
\end{aligned} \tag{2-15}
$$

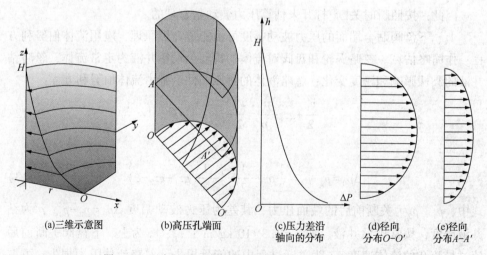

(a)三维示意图　(b)高压孔端面　(c)压力差沿轴向的分布　(d)径向分布O-O'　(e)径向分布A-A'

图 2-8　压力差沿上盘阀高压孔轴向、径向的分布示意

代入关断前后上下盘阀端面压力波动幅度（压差）值，得水力冲击压力对上

盘阀高压孔的切向作用合力变化范围为：$F_{\text{lmin}}=9\text{N}$；$F_{\text{lmax}}=45.6\text{N}$。

由于高压孔中心线的半径 $R=10\text{mm}$；则由 $M_d=R\cdot F_1$ 可以求出流体静压不平衡作用合力对稳定控制平台的切向动态冲击力矩的幅度区间为：$M_{\text{dmin}}\approx0.09\text{N}\cdot\text{m}$；$M_{\text{dmax}}\approx0.46\text{N}\cdot\text{m}$。

在上下盘阀相对旋转一周时，将出现 $1^{\#}$、$2^{\#}$、$3^{\#}$ 导流孔切出，$3^{\#}$、$1^{\#}$、$2^{\#}$ 导流孔切入的 3 次切入、切出变化，故上盘阀高压孔的切向力矩将出现 6 次波动，正负交替。流体静压不平衡动态冲击力矩随时间(旋转)的分布示意如图 2-9(a)所示。

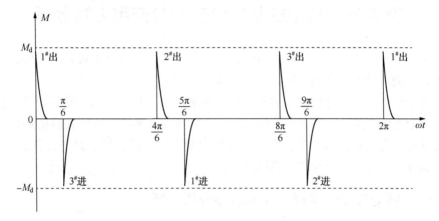

（a）不平衡交变冲击力矩分布

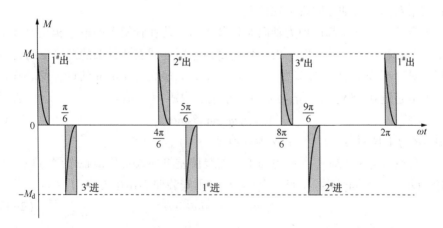

（b）不平衡交变冲击力矩简化(方波脉冲分布)

图 2-9　上、下盘阀相对旋转一周时的不平衡交变冲击力矩示意图

为简化分析，将水力冲击力矩简化处理为正负交替方波脉冲形式［图 2-9(b)］，设脉冲的幅度为 $M_d$，脉冲宽度为 $\pi/24$，交变频率为 $3\omega$。在一个周期内，该对脉冲可表述为：

$$M_d(t) = \Delta_2(t) = \begin{cases} M_d, & 0 < \omega t < \pi/24 \\ -M_d, & \pi/6 < \omega t < \pi/6 + \pi/24 \\ 0, & 其他 \end{cases} \qquad (2-16)$$

因此，水力冲击力矩对平台运动的影响参数可归结为冲击力矩的幅值 $M_d$，冲击频率 $3\omega$ 和正负脉冲相角差 $\varphi$ 等 3 个特征参数，$M_d$ 的取值范围为 0.09 ~ 0.46N·m。

# 第 4 节　稳定控制平台的偏心作用力矩分析

从稳定控制平台的结构分析可知，平台可看作一个可自由旋转的刚体，当刚体质心与刚体轴心存在偏差时，将引入偏心作用力矩。

引起刚体质心与刚体轴心偏差的因素有刚体质量分布不均、安装误差、挠曲变形 3 个方面。另外，上下盘阀接触面的偏摩或接触面卡入固体物后的局部摩擦异常也可产生偏心作用力矩，由于其复杂性和出现的随机性，故不作深入分析，在控制分析中将其简单地归入随机扰动。

## 一、制造与安装误差导致的偏心作用力矩

如果平台各结构部件的质量沿径向分布存在不均匀、不对称分布，则平台的质心与平台的几何轴心间将出现偏差。

平台的主要机械部件均为轴向对称分布。安装在骨架上的电子板块基本对称分布，个别存在不对称。电子板块和测量传感器连同安装骨架的总质量约为 7kg，按照不对称部分质量 $m_g$ 最多为 1kg、偏心距离 $r_0$ 最大为 15mm 估计，偏心作用力矩最大不超过 0.15N·m，记为质量分布偏心力矩 $M_g$，有：

$$M_g = r_0 m_g g \sin\theta \sin\alpha \qquad (2-17a)$$

式中，$\theta$ 为工具面角度，(°)；$\alpha$ 为井斜角，(°)。

平台质心与平台轴心存在的加工、安装偏差将导致安装偏心作用力矩，如图 2-10 所示，记不同轴误差(偏心距)为 $r_m$，则安装偏心作用力矩 $M_m$ 为：

$$M_m = r_m \cdot mg \sin\theta \sin\alpha \qquad (2-17b)$$

式中，平台质量 $m = 50$kg。

按照平台的机械设计和安装工艺，其不同轴容许误差 $r_{mmax}$ 为 1mm，则安装误差导致的安装偏心作用力矩的幅度最大约为 0.5N·m。平台质心与平台轴心的安装误差示意图如图 2-10 所示。

以上两项偏心作用力矩可合并考虑，定义为偏心作用力矩($M_a$)，即：

$$M_a = M_m + M_g = r_m mg \sin\theta \sin\alpha + r_0 m_g g \sin\theta \sin\alpha = f \sin\theta \qquad (2-18)$$

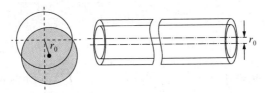

图 2-10　平台质心与平台轴心的安装误差示意图

式中，$f$ 为偏心力矩，在 $\alpha = 90°$ 时，$f = 0 \sim 0.65\mathrm{N} \cdot \mathrm{m}$。

偏心作用力矩随平台工具面角度变化而呈现正弦形式变化，对平台的控制引入了非线性作用，使得平台的运动呈现与单摆相似的特性，带来了平台控制的本质的不稳定。

## 二、振动冲击作用下的挠曲变形附加力矩

稳定控制平台安装在旋转导向钻井工具的内部，承担着传递扭矩、承载轴向、横向冲击载荷的重任。在振动工况下，平台会产生复杂的振动形态。按照有限元计算，在横向冲击载荷的作用下平台将产生较大的横向挠曲变形。

对于平台的旋转角度控制，横向挠曲变形将产生一个由于结构变形而导致的附加作用力矩。因为平台沿轴向分布的挠曲变形计算是一个复杂的纵横弯曲问题，故将平台简化为一个等质量分布的同心圆筒（图 2-11），按照均布载荷下简支梁的挠曲变形计算，挠曲变形为：

$$r_1(x) = -\frac{px}{24EI}(2Lx^2 - x^3 - L^3) \tag{2-19a}$$

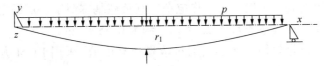

图 2-11　横向冲击载荷作用下的横向挠曲变形示意图

在 $x = L/2$ 处，有最大挠度：

$$r_{1\mathrm{max}} = r(L/2) = \frac{5pL^4}{24 \cdot 16EI} \tag{2-19b}$$

式中，$p$ 为等效振动的分布载荷；$E$ 为材料弹性模量；$I$ 为惯性矩；$L$ 为平台总长。

沿 $X$ 方向（轴向）截取微元 $\mathrm{d}x$，则在某井斜 $\alpha$、工具面角度 $\theta$ 时，由于挠曲变形所导致的偏心力矩微元为：

$$\mathrm{d}M_r = \frac{mg}{L} r_1(x) \cdot \mathrm{d}x \tag{2-20}$$

沿整个平台长度方向积分，则有：

$$M_r = \int_0^L - \frac{mg}{L} \frac{px}{24EI} (2Lx^2 - x^3 - L^3) \mathrm{d}x \sin\theta\sin\alpha$$

$$= - mg\sin\theta\sin\alpha \frac{p}{24EIL} \int_0^L x(2Lx^2 - x^3 - L^3) \mathrm{d}x \tag{2-21}$$

$$= mg\sin\theta\sin\alpha \cdot \frac{p}{24EI} \cdot \frac{1}{5} L^4$$

$$= 0.64 r_{1max} \cdot mg\sin\theta\sin\alpha$$

按照最大挠度 $r_{1max} = 3.3$mm 考虑，则井斜 $\alpha = 90°$时的挠曲变形附加作用力矩 $M_r$ 的最大幅度约为 $1.05$N·m。

由于横向冲击加速度的作用方向、大小均具有随机性和任意性的特点，故在控制研究中，将 $M_r$ 对平台运动和控制的影响归入随机扰动，幅值大小取 $0 \sim 1.0$N·m。

# 第5节 泥浆涡轮电机的动力学特性分析

稳定控制平台上的上下涡轮发电机均为单相异步电机，多极对绕组（8 磁极对），外转子为永磁铁，与电机外壳、水力驱动涡轮固联，由钻井液流体驱动涡轮转动从而带动转子旋转，但上、下涡轮旋转方向相反（上正下负）；内定子（绕组）与平台主轴固联、工作时与整个平台处于相同运动状态。

上涡轮发电机为电子舱提供工作电源，其负载基本恒定，对稳定控制平台主轴所产生的电磁力矩可按照常值 $T_0$ 考虑，约为 $0.35$N·m。

下涡轮发电机是扭矩发生器，通过改变负载电流（采用 PWM 方法改变负载电阻的等效阻值）来实现对平台运动的控制。

按照交流电机电磁转矩公式，有：

$$T = C_T \cdot \phi \cdot I \cdot \cos\varphi \tag{2-22}$$

式中，$C_T$ 为转矩常数；$I$ 为定子电流；$\cos\varphi$ 为电路功率因数；$\phi$ 为磁通密度。忽略温度和钻井液对电机磁链的影响，可将 $C_T$ 和 $\cos\varphi$ 作常数处理。

在 PWM 控制方式下，如果忽略感性和容性负载，则定子电流 $I(t)$ 为：

$$I(t) = I(R, V, t) = V/R(t) \tag{2-23}$$

式中，$R(t)$ 的物理意义为随时间变化的负载电阻，实际代表控制作用；$V$ 为电机相电压。当略去电机定子阻抗压降时，电机定子的相电压（$V$）等于电机的感应电势（$E$），即有 $V = E$。

电机的感应电势为：

$$E = C_e \cdot \phi \cdot \omega_r \tag{2-24}$$

式中，$C_e$ 为电机结构常数，为考虑永磁电机线圈匝数、电机分布系数、单位转换等因素的综合系数，如果忽略温度影响，可视为常系数；$\omega_r$ 为电机定子-转子相对角速度，$\omega_r = \omega_T - \dot{\theta}$，这里 $\omega_T$ 为涡轮转速，rad/s，$\dot{\theta}$ 为平台旋转角速度。

某次水力驱动试验测试所得的泵排量—涡轮转速结果如图 2-12 所示。图中泵排量单位为 L/s，转速单位为 r/min，测试范围为 14～24L/s，信号采样频率为 3Hz。试验表明，涡轮转速 $\omega_T$ 与钻井液流量 $Q$ 的关系可近似表述为：

$$\omega_T = k_T \cdot Q \tag{2-25}$$

式中，$k_T$ 为涡轮的流量-转速系数，与涡轮结构、钻铤内径、涡轮外径环空大小、流体性质、电机负载情况等有关，在一定条件下，可作为常量处理；忽略钻井液的压缩性，则钻井液流量（$Q$）可视为等于钻井泵的排量。

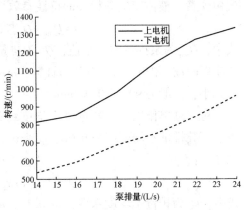

图 2-12　泵排量-涡轮转速实测曲线

需要强调的是，涡轮转速（$\omega_T$）不仅与钻井液流量（$Q$）有关，还与涡轮的结构有关，也与流体的性质密切相关，因此，$\omega_T$ 与 $Q$ 是复杂的非线性关系，式（2-25）只是在排量在 20L/s 左右的线性近似。

因为钻井泵为往复式，故泵的排量是脉动的。泵的出口装有空气包，通过可压缩的空气的缓冲作用，实现对泵排量的平缓，对泵排量脉冲起到一种类似"滤波"的作用。三缸往复泵经空气包缓冲后的排量曲线示意如图 2-13 所示。

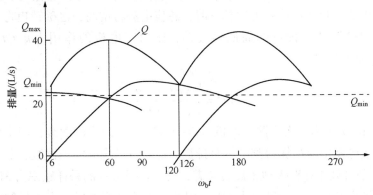

图 2-13　三缸往复泵-气包排量曲线示意图

经过空气包的缓冲后，根据水力学的连续原理，排出空气包的液体流量($Q$)随时间的变化关系为：

$$Q=B\sin(\omega_b t)\pm\frac{BC\omega_b}{A}\cos(\omega_b t)-\frac{BC^2\omega_b^2}{A^2}\sin(\omega_b t) \tag{2-26}$$

式中，$A$、$B$、$C$、$\omega_b$是与泵的缸套直径、冲程长度、冲次、阀盘大小、阀盘重力气包弹簧、液体密度等相关的特性参数。可近似表示为：

$$Q=Q_{min}+Q_1|\cos(\alpha_0+n_0\omega_b t)| \tag{2-27}$$

式中，$Q_{min}$为泵排量的最小值；$Q_1$为排量的脉动量；$\alpha_0$为空气包缓冲作用所导致的滞后时间(相角)；$n_0$为泵的缸数；$\omega_b$为泵的频率，取决于泵曲柄的转动角速度大小，一般为 90~130 次/min。

对三缸单作用泵，其排量不均度约为 0.141，$Q_1\approx0.31\cdot Q_{min}$；对五缸单作用泵，其排量不均度约为 0.06，$Q_1\approx0.15\cdot Q_{min}$。忽略角度滞后，式(2-27)可以化简为：

$$Q=Q_{min}(1+k_b|\cos(\omega_B t)|) \tag{2-28}$$

式中，$k_b$为排量不均度系数，取 0.15；$\omega_B=n_0\omega_b$为泵排量脉动频率，以三缸 F-1600 钻井泵为例，其额定冲数 $\omega_b$ 为 120 次/分钟，则 $\omega_B=6$ 次/s。

综合上述分析，得出电机的电磁力矩与钻井液排量和电机负载电阻的关系为：

$$T(t)=C_T\cdot\phi\cdot\cos\varphi\frac{C_e\phi(k_T Q_{min}(1+K_b|\cos\omega_B t|)-\dot{\theta})}{R(t)} \tag{2-29}$$

$$=\frac{K_B k_T Q_{min}(1+k_b|\cos\omega_B t|)}{R(t)}-\frac{k_B\dot{\theta}}{R(t)}$$

式中，电机电磁力矩特性系数 $k_B=C_e\cdot C_T\cdot\phi^2\cdot\cos\varphi$。

从式(2-29)中可见，当平台旋转方向与涡轮转子的方向相同时，感应电势将降低，电磁转矩将减小；方向相反时，感应电势将增高，电磁转矩将增大。

如果忽略钻井液排量的周期性波动，则力矩电机的作用力矩($T$)与控制量$[R(t)]$的关系为：

$$T(t)=\frac{k_B k_T Q}{R(t)}-\frac{K_B\dot{\theta}}{R(t)} \tag{2-30}$$

图 2-14 所示为某次实测的电机力矩-泵排量-时间实测曲线，图中的电机力矩为从电机电枢电流换算得到的，泵排量为地面流量表的人工读数，负载电阻为常量 $R_0$，平台处于相对大地不旋转状态，自动记录数据的采样频率为 3Hz。由泵的分析，泵出口排量波动频率为 6Hz，因此，该测试不能反映出流量脉动的动态

过程，只能得到其脉动的大致情况。

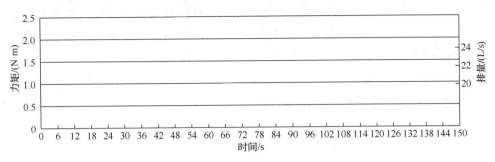

图 2-14　固定负载时的电机力矩-泵排量-时间实测曲线

测试曲线表明在固定负载电阻的情况下，电机的作用力矩是有波动的，最大波动幅度约 15%，接近上述分析的排量不均度系数。

由图 2-14 的电机试验测试数据，在负载 $R=10\Omega$、排量 $Q=24L/s$、$\dot{\theta}=0$ 时，涡轮转速 750r/min，力矩电机电磁转矩约为 2.0N · m，由式（2-29）和式（2-25）得，$k_B k_T \approx 5/6\Omega$ · N · m · s/L，$k_T \approx 25\pi/24$rad/L 及 $k_B \approx 4/5\pi\Omega$ · N · m · s/rad。

另外，由于永磁材料的温度特性，温度升高时，电磁转矩将减小。140℃ 与 25℃ 比，电机的转矩大约降低 10%，转矩纹波大约将增大 10%。对此，在控制中要考虑予以消除。

涡轮力矩电机的作用力矩与控制量、钻井液排量的分析与测试试验可得出如下结论。

（1）力矩电机的作用力矩与流量大致成正比关系，在控制信号一定时，泵的流量大范围变化，力矩亦将大范围变化。

（2）往复式钻井泵本质的排量脉动将导致电机作用力矩的周期性脉动，力矩脉动频率与排量脉动频率相同。在泵的标称流量一定和控制信号一定时，作用力矩的波动幅度约为 15%。

（3）井下环境温度升高，将导致电机作用力矩波动幅度增大。

（4）稳定控制平台自身的旋转也将影响电机的作用力矩。

以上 4 个方面都将影响作为平台稳定控制的力矩电机的作用力矩。在控制信号一定时，控制作用力矩的波动将对控制的稳定性将产生不利影响，有必要采取措施加以克服。

## 第 6 节　稳定控制平台的动力学方程

前述分析表明，稳定控制平台是一个受到上下盘阀摩擦交变力矩（余弦扰动)、水力冲击力矩(正负脉冲扰动)、安装误差与质量分布偏心作用力矩(与被控变量成非线性的正弦函数关系)、钻头振动和冲击导致的平台横向挠曲变形附加作用力矩与附加摩擦力矩(随机扰动)等力矩作用的非线性动力学系统，平台所受到的作用力矩及其分布示意如图 2-15 所示。

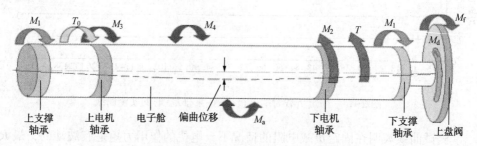

上支撑 上电机 电子舱 偏曲位移 $M_a$ 下电机 下支撑 上盘阀
轴承 轴承 轴承 轴承

图 2-15 稳定控制平台的作用力矩分布示意图

记平台转动惯量为 $J$，根据刚体定轴转动运动定律，得稳定控制平台的动力学方程为：

$$J \frac{\mathrm{d}^2\theta}{\mathrm{d}t^2} = \sum M \tag{2-31}$$

式中右边为各项力矩之和。由前述分析结果，考虑力矩的方向后，有：

$$\sum M = M_1 + M_2 + M_3 + M_4 + M_f + M_d + M_a + T_0 + T(t) + M_r \tag{2-32}$$

整理得：

$$\begin{cases} M_1 \approx -0.075\mathrm{N} \cdot \mathrm{m};\ M_2 + M_3 \approx 0;\ T_0 \approx -0.35\mathrm{N} \cdot \mathrm{m} \\ M_4 = -k_1 \cdot \dot{\theta} \\ M_a = -f\sin\theta \\ -M_f(t) = a + b\cos(3\omega t) = a + \Delta_1(t) \\ M_d(t) = \Delta_2(t) \end{cases} \tag{2-33}$$

将 $\Delta_1(t)$、$\Delta_2(t)$ 作为扰动处理，将振动所致的主支承轴承摩擦力矩和挠曲变形附加作用力矩 $(M_r)$ 视为随机扰动，记为 $\Delta_3(t)$；整理后，得稳定控制平台的动力学方程为：

$$J\ddot{\theta} + k_1\dot{\theta} + f\sin\theta = M_0 + u(t) + \Delta(t) \tag{2-34}$$

式中，$J$ 为平台转动惯量，按照王艳丽的计算数据，将其中关于电子舱部分的质量数据更正为 11.2kg，将 $J$ 修正为 0.0285kg $\cdot$ m$^2$；故 $J$ 的典型值取 0.0285，变动范围为 0.025~0.03kg $\cdot$ m$^2$；$k_1$ 为钻井液对平台的黏滞摩擦系数，典型值为 $8.0 \times 10^{-4}$，变动范围为 $1.0 \times 10^{-4} \sim 1.8 \times 10^{-3}$；$f$ 为偏心力矩等效系数，典型值取为 0.5，变动范围为 0.15~0.65N $\cdot$ m；$M_0$ 与时间无关的固定作用力矩，$M_0 = M_1 +$

$M_2 + M_3 + T_0 + a$，典型值为 $-0.5\text{N} \cdot \text{m}$；扰动力矩 $\Delta(t) = \Delta_1(t) + \Delta_2(t) + \Delta_3(t)$；$\Delta_1(t)$ 为余弦函数形式，表示为 $b\cos(\omega \cdot t)$；$\Delta_2(t)$ 为均值为 0 的正负方波脉冲形式；$\Delta_3(t)$ 为均值为 0 的随机扰动形式，表示为 $\Delta_3(t) = A \cdot \text{rand}(t)$。

由稳定控制平台的动力学方程式(2-34)，稍加整理，得：

$$\ddot{\theta} + 2\beta \dot{\theta} + \omega_0^2 \sin\theta = u(t)/J + \Delta(t)/J + M_0/J \qquad (2-35)$$

式中，阻力系数 $\beta = \dfrac{k_1}{2J}$；由 $J$ 的取值得 $\beta$ 的典型值为 0.014035，变动范围为 0.00167~0.36；平台的固有角频率 $\omega_0^2 = f/J$，由 $f$、$J$ 的取值得 $\omega_0$ 的典型值为 4.18854，变动范围 3.16228~7.746rad/s。

显然，式(2-35)符合有阻尼有驱动的非线性单摆运动方程，表明稳定控制平台应该具有一般的有阻尼有驱动的非线性单摆的运动特性。

# 第3章 稳定控制平台的运动分析

稳定控制平台的动力学研究表明其是一个受到多种类型复杂扰动的有阻尼有驱动的非线性单摆运动系统，因此也应该具有一般有阻尼有驱动非线性单摆的运动特性。对于单摆的运动问题，钱临照教授早期讨论了非线性单摆的简谐运动到混沌运动的物理学研究前沿，也有许多的文献讨论了非线性单摆的无扰动或微扰动的数学解析和运动仿真问题，研究比较深入。但由于有阻尼有驱动非线性单摆运动的复杂性，目前尚没有形成统一的数字解析解，因此，考虑到导向钻井稳定控制平台的运动参数特点，尤其是平台受到的多种形式强扰动作用的特殊特性，对其运动进行分析研究，探索平台的机械结构参数和扰动作用参数对其运动的影响，对控制器的设计和系统机械结构的设计改进而言，还是非常必要的。

本章以稳定控制平台的动力学模型为基础，采用数学仿真分析方法，研究了无扰动作用和有界扰动作用下，平台的运动与系统结构参数、扰动作用参数之间的关系，得出了许多有意义的结论，提出了 8 个方面的平台机械结构设计改进措施或设计要求。最后，讨论了平台角度位置控制的系统结构，仿真分析了在无扰动作用、采用单纯 PID 控制方法时的闭环系统性能，分析，单纯采用 PID 控制难以满足控制性能要求。

## 第 1 节 无扰动作用时的稳定控制平台运动分析

在不考虑驱动情况下，即设控制作用 $u(t)=0$，扰动作用 $\Delta(t)=0$ 时，考察平台的自身运动特性，研究平台结构参数对其运动的影响，可以为平台的机械结构设计改进提供参考。

### 一、无扰动作用时平台运动的解析分析

由稳定控制平台的动力学方程式(2-35)，令 $\Delta(t)=0$，$u(t)=0$，将其写为如下一般形式：

$$\ddot{\theta}+2\beta\dot{\theta}+\omega_0^2\sin\theta=0 \tag{3-1}$$

如果不考虑平台的偏心作用力矩，即设 $\omega_0^2=0$，则平台的动力学方程为：

$$\ddot{\theta}+2\beta\dot{\theta}=0 \tag{3-2}$$

设其初始条件为 $(\theta_0, \dot{\theta}_0)$，则其解析解为：

$$\theta(t)=-\frac{\dot{\theta}_0 J}{k_1}\cdot e^{-\frac{k_1}{J}t}+\theta_0-\dot{\theta}_0 \tag{3-3}$$

$$\dot{\theta}(t)=\dot{\theta}_0\cdot e^{-\frac{k_1}{J}t} \tag{3-4}$$

因此，理论上，无偏心作用力矩的平台在无控制无扰动作用下的运动将收敛于 $\theta_0$，但实际上将收敛于任意角度；且当初始角速度 $\dot{\theta}_0=0$，角度 $\theta_0=0$ 时，平台无运动过程。

考虑平台的偏心作用力矩，将 $\sin\theta$ 展开为泰勒级数，取其前 3 项近似，得：

$$\sin\theta\approx\theta-\frac{\theta^3}{6}+\frac{\theta^5}{120} \tag{3-5}$$

令 $\varepsilon=\dfrac{\omega_0^2}{6}$，则平台的动力学方程近似为：

$$\ddot{\theta}+2\beta\dot{\theta}+\omega_0^2\theta=\varepsilon\left(\theta^3-\frac{\theta^5}{20}\right) \tag{3-6}$$

在弱阻尼条件下 $(\omega_0^2>\beta^2)$，对下式求解：

$$\ddot{\theta}+2\beta\dot{\theta}+\omega_0^2\theta=0 \tag{3-7}$$

所得解为：

$$\theta(t)=\theta_0\cdot e^{-\beta\cdot t}\cos(\omega_r t+\varphi_0) \tag{3-8}$$

$$\dot{\theta}(t)=-\theta_0\cdot e^{-\beta\cdot t}\left[\beta\cos(\omega_r t+\varphi_0)+\omega_r\sin(\omega_r t+\varphi_0)\right] \tag{3-9}$$

式中，$\omega_r=\sqrt{\omega_0^2-\beta^2}$。

设式(3-6)具有与式(3-7)相同的形式，采用傅里叶级数展开和 KBM 平均法思想，何松林等求得式(3-6)的解为：

$$\theta(t)=\theta_0\cdot e^{-\beta\cdot t}\cos\left[\omega_r t+\frac{\omega_0^2}{\omega_r\beta}\left(\frac{\theta_0^2}{32}-\frac{\theta_0^4}{768}\right)e^{-2\beta\cdot t}+\varphi_0'\right] \tag{3-10}$$

式中，$\varphi_0'=-\dfrac{\omega_0^2}{\omega_r\beta}\left(\dfrac{\theta_0^2}{32}-\dfrac{\theta_0^4}{768}\right)+\varphi_0$。

无控制无扰动作用下非线性单摆运动的近似解析解表明平台的运动将振荡收敛于原点，即 $(\theta_\infty, \dot{\theta}_\infty)=(0, 0)$ 点。

按照能量耗散理论，在有阻尼无激励的情况下，平台的运动过程中在不断耗散能量，因此，系统必然收敛于能量最小的位置，即系统原点。

## 二、无扰动作用时平台运动的仿真分析

为考察系统结构参数 $J$、$k_1$、$f$ 对平台在无激励作用时的振荡收敛过程的影响，采用 Simulink 仿真工具对平台的运动作了仿真分析。

依据平台运动方程式，取控制作用 $u(t)=0$，扰动作用 $\Delta(t)=0$，固定偏置作用力矩 $M_0=0$，得无激励作用的平台方程为：

$$J\ddot{\theta}+K_1\dot{\theta}+f\sin\theta=0 \qquad (3-11)$$

按照上式建立仿真分析模型，其结构如图 3-1 所示。

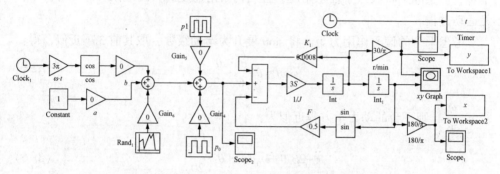

图 3-1　稳定控制平台运动特性仿真系统结构

按照平台的动力学分析结果，取典型条件下的对象特性参数为 $J=0.0285$，$k_1=0.0008$，$f=0.5$，初始状态 $(\theta,\dot{\theta})=(1,1)$，对平台的运动进行仿真，所得仿真结果如图 3-2 所示。仿真结果表明对象的动态过程振荡收敛，过渡过程时间约 400s。

改变系统结构参数的取值，稳定控制平台在不同结构参数下无激励作用时的动态特性仿真分析汇总如表 3-1 所示。

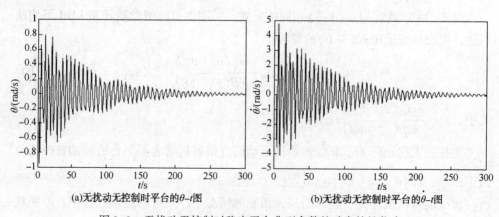

(a)无扰动无控制时平台的 $\theta$-$t$ 图　　　(b)无扰动无控制时平台的 $\dot{\theta}$-$t$ 图

图 3-2　无扰动无控制时稳定平台典型参数的动态特性仿真

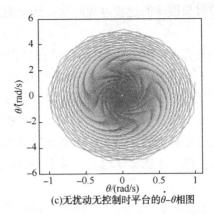

(c)无扰动无控制时平台的$\dot{\theta}-\theta$相图

图 3-2　无扰动无控制时稳定平台典型参数的动态特性仿真(续)

表 3-1　稳定控制平台在无扰动无控制时的动态特性仿真

| 仿真参数 | | | 初始条件 | 收敛或 | 过渡过程 | 最大振荡区间 | |
|---|---|---|---|---|---|---|---|
| $J$ | $K_1$ | $f$ | $(\theta, \dot{\theta})$ | 发散 | 时间/s | $\theta$ /(rad/s) | $\dot{\theta}$ /(rad/s) |
| 0.0285 | 0.0008 | 0.8 | 1, 0 | 振荡收敛 | 400 | −1, 1 | −5, 5 |
| 0.0285 | 0.0008 | 0.8 | 5, 0 | 振荡收敛 | 400 | 5, 7.5 | −6.2, 6 |
| 0.0285 | 0.0008 | 0.8 | 0, 5 | 振荡收敛 | 400 | −1, 1 | −5, 5 |
| 0.0285 | 0.0008 | 0.8 | 5, 5 | 振荡收敛 | 400 | 4.5, 8 | −8, 8 |
| 0.025 | 0.0008 | 0.8 | 1, 1 | 振荡收敛 | 350 | −1, 1 | −5, 5 |
| 0.03 | 0.0008 | 0.8 | 1, 1 | 振荡收敛 | 450 | −1, 1 | −5, 5 |
| 0.5 | 0.0008 | 0.8 | 1, 1 | 振荡收敛 | 8000 | −1, 1 | −5, 5 |
| 0.0285 | 0.0008 | 0.5 | 1, 1 | 振荡收敛 | 400 | −1, 1 | −4, 4 |
| 0.0285 | 0.0008 | 1.2 | 1, 1 | 振荡收敛 | 430 | −1, 1 | −6.2, 6.2 |
| 0.0285 | 0.0008 | 3.0 | 1, 1 | 振荡收敛 | 450 | −1, 1 | −10, 10 |
| 0.0285 | 0.0001 | 0.5 | 1, 1 | 振荡收敛 | 3450 | −1.2, 1.2 | −4.5, 4.5 |
| 0.0285 | 0.0001 | 0.8 | 1, 1 | 振荡收敛 | 3460 | −1.2, 1.2 | −5, 5 |
| 0.0285 | 0.0001 | 1.2 | 1, 1 | 振荡收敛 | 3470 | −1.2, 1.2 | −6.5, 6.5 |
| 0.03 | 0.0001 | 1.2 | 1, 1 | 振荡收敛 | 3550 | −1.2, 1.2 | −6.2, 6.2 |
| 0.0285 | 0.0018 | 0.5 | 1, 1 | 振荡收敛 | 175 | −1, 1 | −4, 4 |
| 0.0285 | 0.0018 | 0.8 | 1, 1 | 振荡收敛 | 180 | −1, 1 | −5, 5 |
| 0.0285 | 0.0018 | 1.2 | 1, 1 | 振荡收敛 | 180 | −1, 1 | −6, 6 |

通过表 3-1，可以得出如下结论：

（1）平台的动态过程是振荡收敛的，但阻尼小，振荡的过渡过程时间长。

（2）转动惯量影响对象振荡的过渡过程时间；转动惯量越大，则动态过程时间越长。

（3）黏滞摩擦影响对象振荡收敛的速率和动态过程时间；如果忽略黏滞摩擦，则系统是等幅振荡不收敛的简谐振动；黏滞摩擦越小，则振荡收敛速率越小，对象的动态过程时间越长；当黏滞摩擦系数取平台可能的最大值时，最短动态过程时间约为175s。对于受多种扰动作用的角度位置控制系统，如此之长的动态过程时间是很难实现稳定控制的。因此，需要改进结构设计以适当增大摩擦作用，或采用较合适的控制律，才能实现稳定。对于平台而言，不会出现过阻尼的情况。

（4）偏心作用力矩主要影响对象的振荡幅度，偏心力矩系数 $f$ 越大，则最大振荡幅度越大，最大偏离量也越大。

（5）初始速度和初始角度不影响对象的振荡收敛性；但当初始速度很高时，平台会产生旋转；阻尼的作用使得旋转速度逐渐降低，当速度降低到某阈值（80r/min）时，平台质心到不了最高点，此后平台进入振荡收敛过程；即系统可能收敛于 $\theta = 2n\pi$，$n = 0$，1，2…。

（6）由于有阻尼的存在，系统不断耗散能量，平台运动不具有稳定的振荡周期（频率）。

上述仿真分析表明稳定控制平台的运动特性符合有阻尼非线性单摆的运动特性，将非线性单摆稳定控制（"悬停"）在某一个任意的角度是一项很困难的任务。

# 第2节　有界扰动影响下的稳定控制平台运动分析

稳定控制平台在其运动过程中将受到上下盘阀的交变摩擦力矩、水力冲击力矩、振动和冲击所致的主支承轴承冲击摩擦力矩、以及挠曲变形作用力矩等动态交变力矩的复杂影响。这些力矩对平台系统而言，可视为外界扰动，他们具有不同的形式。遵循先简后繁的原则，先考察单个扰动作用对平台运动的影响，后综合分析。

## 一、余弦扰动作用下平台的运动分析

上、下盘阀交变摩擦力矩为余弦扰动形式，在该扰动作用的影响下，平台动力学方程式可改写为如下一般形式：

$$J\ddot{\theta} + K_1\dot{\theta} + f\sin\theta = B\cos\omega \cdot t \qquad (3-12)$$

这是一个有阻尼有驱动的非线性单摆运动方程，此时平台的运动情况将变得非常复杂。在对象非线性和策动力、阻尼的共同作用下，单摆的运动将出现分歧、混沌、极限环等非线性系统特征，有关的研究文献较多。

为研究平台的运动，故采用仿真方法，着重分析在不同扰动幅度、不同扰动频率下平台的运动特点，探索不同扰动参数对平台运动的影响规律。

对象参数仍然取典型值，即取 $J = 0.0285$，$k_1 = 0.0008$，$f = 0.5$，初始状态 $(\theta, \dot{\theta}) = (1, 1)$。

### 1. 无序旋转–振荡收敛–极限环的运动过程

在余弦扰动作用下，平台运动的一般规律是先经过一个无序的旋转（混沌）或振荡（不稳定极限环）过程，然后振荡收敛，最后进入等幅振荡摆动状态（稳定极限环）。

基本规律是余弦激励的幅度 $B$ 较小时，易进入稳定极限环；余弦扰动的频率 $\omega > \omega_0$ 时，（$\omega_0$ 为某一个临界频率），一般可直接进入稳定极限环。

### 2. 分歧与混沌

在余弦扰动作用下，平台运动易进入不稳定极限环或混沌状态。例如，对比 $\omega = 1$、$B = 0.4$ 和 $\omega = 1$、$B = 0.41$ 的情况。

在 $\omega = 1$、$B = 0.4$ 时，平台先经过一个短暂的无序过程后，很快进入等幅度振荡摆动状态，经过长时间仿真，仍然保持该等幅度摆动，摆动角度约为 $-60° \sim 60°$［图3-3（a）］。

而在 $\omega = 1$、$B = 0.41$ 时，平台先处于无序旋转状态，而后在1730s后进入等幅度振荡摆动状态，摆动角度仍为约 $-60° \sim 60°$［图3-3（b）］。

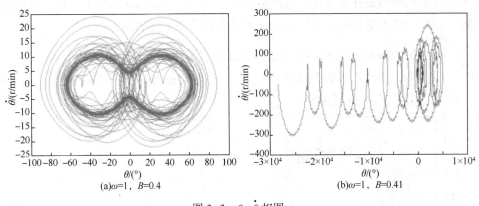

(a) $\omega = 1$，$B = 0.4$  (b) $\omega = 1$，$B = 0.41$

图3-3　$\theta$-$\dot{\theta}$ 相图

对比图3-3（a）和图3-3（b），虽然两者的余弦扰动幅度只有微小差别，但其运动过程差异很大。

又例如 $\omega = 1.81$、$B = 0.40$ 和 $\omega = 1.811$、$B = 0.40$ 的情况。

在 $\omega=1.81$、$B=0.40$ 时，平台经过一个短暂的无序过程后，很快进入等幅度振荡摆动状态，经过长时间仿真，仍然保持该等幅度摆动，摆动角度约为 $-60°\sim 60°$[图 3-4(a)]。不同于 $\omega=1.0$、$B=0.40$[图 3-3(a)]时的情况，此时的相平面曲线只有一个稳定极限环。

而在 $\omega=1.811$、$B=0.40$ 时，平台先处于无序旋转状态，后在 3020s 后进入等幅度振荡摆动状态，摆动角度仍为约 $-60°\sim 60°$，前 120s 的相图如图 3-4(b)所示。

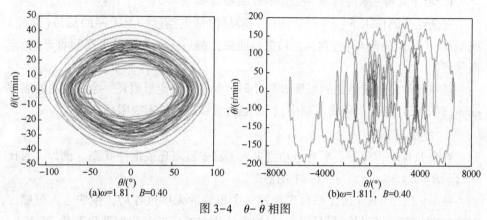

(a)$\omega=1.81$, $B=0.40$ (b)$\omega=1.811$, $B=0.40$

图 3-4 $\theta-\dot{\theta}$ 相图

对比图 3-4(a)和图 3-4(b)，虽然两者的余弦扰动频率只有微小差别，但其运动过程的差异同样很大。后续的仿真分析，也可多次见到这种分歧和混沌的情形。

3. 余弦扰动频率与平台的运动——$\omega$ 从 $\pi$ 到 $5\pi$ 的情形

考虑到导向钻井工具外钻铤的旋转速率为 $30\sim150\text{r/min}$，加上平台本身的旋转，因此，应该更关心频率为 $\pi\sim5\pi$ 时的余弦扰动对平台的影响。

余弦扰动频率 $\omega$ 从 $\pi\sim5\pi$ 时平台的运动有 5 种典型的 $\theta-\dot{\theta}$ 相图形式：

（1）第一种形式如图 3-5(a)所示，平台运动振荡收敛、振幅逐渐减小，最后进入等幅振荡(稳定极限环)。

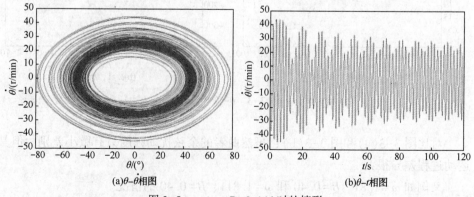

(a)$\theta-\dot{\theta}$相图 (b)$\dot{\theta}-t$相图

图 3-5 $\omega=\pi$、$B=0.146$ 时的情形

（2）第二种形式如图 3-6(a)所示，平台要经过多个不稳定极限环的无序（混沌）过程，最后才进入某一个稳定极限环。

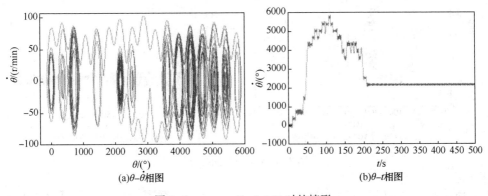

(a)$\theta$-$\dot{\theta}$相图　　　　　　　　(b)$\theta$-$t$相图

图 3-6　$\omega=\pi$、$B=0.147$ 时的情形

（3）第三种形式如图 3-7 所示，平台先后有 2 个相对稳定的极限环，在第一个极限环内振荡一段时间后，在某个条件下跳出该极限环，经过一个短暂的振荡过程，然后振荡收敛、进入最后的稳定极限环。

（4）第四种形式如图 3-8 所示，平台先经过一个短暂的振荡过程，然后振荡收敛、进入稳定极限环。

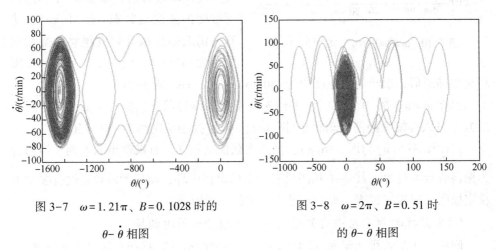

图 3-7　$\omega=1.21\pi$、$B=0.1028$ 时的　　　　图 3-8　$\omega=2\pi$、$B=0.51$ 时

$\theta$-$\dot{\theta}$ 相图　　　　　　　　　　　的 $\theta$-$\dot{\theta}$ 相图

（5）第五种形式如图 3-9(b)和图 3-10 所示，平台振荡、然后单向旋转，角度发散。

仿真分析的大体情况汇总如表 3-2 所示。在扰动频率 $\omega=1.0\pi$、$\omega=1.21\pi$、$\omega=3.0\pi$ 附近，平台的运动对于扰动的幅值非常敏感，易出现分歧和混沌，故单独分析。

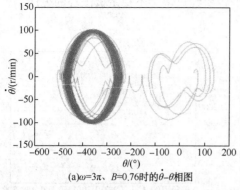

(a)ω=3π、B=0.76时的θ̇-θ相图

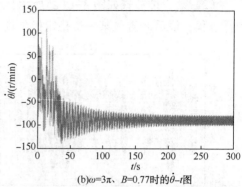

(b)ω=3π、B=0.77时的θ̇-t图

图3-9　ω=3π时的情形

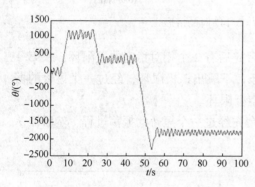

图3-10　ω=3π、B=0.78时的θ-t图

**4. 余弦扰动频率与平台的运动——ω=π的情形**

在ω=π、B=0.14附近时，平台运动对扰动幅度非常敏感，易进入无序(混沌)状态。

例如，在ω=π、B=0.146时，平台经过摆动过程后，在200s左右进入等幅度振荡摆动状态，经过长时间仿真，仍然保持该等幅度摆动，摆动角度约为-45°~45°[图3-5(a)]，极限环呈单椭圆形，摆动的角速度约为-30r/min~30r/min[图3-5(b)]。

而在ω=π、B=0.147时，平台先处于无序旋转状态[图3-6(a)]，然后在210s后进入等幅度振荡摆动状态[图3-6(b)]，摆动角度约为-50°~50°。

对比图3-5(a)与图3-6(a)，虽然余弦扰动幅度只有极微小的差别，但前者为振荡收敛的过程，其θ-θ̇相图只有一个稳定极限环；而后者需要经过有多个不稳定极限环的无序过程，最后才进入一个稳定极限环。

**5. 余弦扰动频率与平台的运动——ω=1.2π附近的情形**

同样，在余弦扰动频率ω=1.21π时，平台的运动对扰动参数也非常敏感。

仿真分析表明，扰动频率为1.211π~1.213π时，扰动幅值B的微小不同即可让平台具有完全不同的运动规律。

例如，当ω=1.21π、B<0.10279时，平台运动需要经过一个类似图3-6(a)的无序旋转振荡过程，然后才进入稳定极限环；但当B≥0.1028时，则跳变为先进入一个不稳定极限环，振荡约50s后，进入稳定极限环(图3-7)。

同样的情形也出现在 $\omega=1.213\pi$、$B=0.1030$ 时。当 $B\geqslant0.1030$ 时，$\theta-\dot{\theta}$ 相图为双椭圆；$B<0.1029$ 时，经无序旋转后进入稳定极限环。

扰动频率 $\omega=1.21\pi$ 附近的部分仿真结果列出如表 3-2 所示。

表 3-2　$\omega$ 从 1.0π 到 5π 时的旋转与振荡的情况

| $\omega$ | $B$ | 极限环与振荡区间 | 临界值 | 运动情况说明 |
| --- | --- | --- | --- | --- |
| 1.1π | 0.110 | 多环，-110~110 | 0.111 | 类似图 3-6(a)的无序旋转，450s 后进入极限环 |
| 1.2π | 0.104 | 多环，-90~90 | 0.105 | 类似图 3-6(a)的无序旋转，70s 后进入极限环 |
| 1.21π | 0.10279 | 双椭圆，-96~96 | 0.1028 | 如图 3-7 的旋转，50s 后进入极限环 |
| 1.211π | 0.10275 | 多环，-96~96 | 0.10276 | 类似图 3-6(a)的无序旋转，50s 后进入极限环 |
| 1.212π | 0.10269 | 多环，-95~95 | 0.1027 | 类似图 3-6(a)的无序旋转，122s 后进入极限环 |
| 1.213π | 0.1029 | 双椭圆，-97~97 | 0.1030 | 类似图 3-7 的旋转，83s 后进入极限环 |
| 1.3π | 0.133 | 多环，-80~80 | 0.134 | 类似图 3-6(a)的无序旋转，40s 后进入极限环 |
| 2.0π | 0.50 | 单环，-45~45 | 0.51 | 初始 20s 振荡后旋转(图 3-8)，45s 后进入极限环 |
| 4.0π | 0.50 | 多环，-62~62 | 4.5 | 类似图 3-6(a)的多环无序旋转，105s 后进入极限环 |
| >5.0π | 不再进入多环无序旋转，振荡收敛于稳定极限环 | | | |

### 6. 余弦扰动频率与平台的运动——$\omega=3\pi$ 的情形

$\omega=3.0\pi$ 时，平台的运动情况更特别，不仅可能有混沌过程，甚至有单向旋转发散，故作较详细分析。

$B=0.75$ 时，平台经过振荡收敛，在 200s 左右进入等幅度振荡(稳定极限环)状态，摆动角度约为-25°~25°。

$B=0.76$ 时，平台经过旋转摆动过程后，在 9s 左右进入稳定极限环，经过长时间仿真，仍然保持等幅度振荡[图 3-9(a)]，摆动角度约为-100°~100°，中心为-360°，摆动的角速度约为-100~100r/min。

$B=0.77$ 时，平台经过约 7s 的振荡摆动过程后，进入单向旋转状态，旋转速率在-105~-85r/min 之间摆动，经过长时间(3000s)仿真，依然保持单向旋转，角度发散[图 3-9(b)]。

$B=0.78$ 时，又类似 $B=0.76$ 的情况，平台经过约 6s 的振荡摆动过程，摆动幅度逐渐增大，在 7s 左右开始正向旋转，连续旋转 3 圈后，进入一个绕 1080° 的摆动过程；摆动幅度逐渐增大，约在 22s 再次反向旋转，然后绕 360° 摆动；在 45s 再次旋转，最终进入等幅度振荡(稳定极限环)状态，经过长时间仿真，仍然保持等幅度振荡，摆动角度约为-30°～30°，中心为-1800°，摆动的角速度约为-35～350r/min(图3-10)。

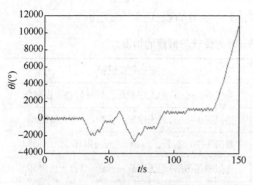

图3-11 $\omega=3\pi$、$B=0.79$时的$\theta-t$图

$B=0.79$时，平台先经过一段既有摆动、也有旋转的振荡过程，然后在约130s进入单向(正向)旋转状态，旋转速率在85～105r/min之间摆动，经过长时间(3000s)仿真，依然保持单向旋转，角度发散(图3-11)。

$B=0.80$时，平台先经过一段既有摆动、也有旋转的振荡过程，约在95s进入稳定极限环。

$B=0.81～0.98$时与$B=0.80$时相似，只是振荡过程、时间长短、极限环大小有别。

$B=0.99$与$B=0.79$类似，但平台几乎没有摆动，正反向旋转，约30s进入单向(反向)旋转状态，旋转速率在-110～-80r/min之间摆动，角度发散。

$B=1.0～1.3$时，单向旋转状态，角度发散。

$B=1.4～1.7$时，振荡旋转，然后进入稳定极限环。

$B=1.8～2.1$时，单向旋转，角度发散。

$B=2.2$及以后，先振荡旋转，后单向旋转，角度发散。

$\omega=3.0\pi$时的仿真分析情况汇总如表3-3所示。

表3-3 $\omega=3.0\pi$时的振荡与旋转发散情况

| $B$ | 过渡过程 | | 稳态情况 |
| --- | --- | --- | --- |
| <0.74 | 摆动，收敛 | 收敛 | 极限环，$B$越小，摆动幅度越小 |
| 0.75 | 摆动，收敛，200s | 收敛 | 极限环，-25°～25°，中心为0° |
| 0.76 | 旋转，收敛，9s | 收敛 | 极限环，-100°～100°，中心为-360° |
| 0.77 | 摆动，旋转，7s | 发散 | 反向旋转，-105～-85r/min |
| 0.78 | 摆动，旋转，摆动，45s | 收敛 | 极限环，-30°～30°，中心为-1800° |
| 0.79 | 摆动，旋转，摆动，130s | 发散 | 正向旋转，85～105r/min |
| 0.80 | 摆动，旋转，摆动，95s | 收敛 | 极限环，-25°～25°，中心为-5040° |
| 0.81～0.98 | 类似上行 | 收敛 | 类似上行 |
| 0.99 | 旋转，摆动，30s | 发散 | 反向旋转，-110～-80r/min |
| 1.0～1.3 | 摆动，旋转 | 发散 | 反向旋转，-110～-70r/min左右 |
| 1.4 | 摆动，收敛，200s | 收敛 | 极限环，-40°～40°，中心为-360° |

| $B$ | 过渡过程 | | 稳态情况 |
|---|---|---|---|
| 1.5 | 旋转，收敛，200s | 收敛 | 极限环，-45°~45°，中心为-720° |
| 1.6 | 摆动，旋转，25s | 发散 | 反向旋转，-150~-35r/min |
| 1.7 | 摆动，旋转，摆动，95s | 收敛 | 极限环，-50°~50°，中心为-2520° |
| 1.8 | 摆动，旋转，摆动，旋转，58s | 发散 | 正向旋转，40~135r/min |
| 1.9 | 摆动，旋转，摆动，26s | 收敛 | 极限环，-57°~57°，中心为4320° |
| 2.0 | 摆动，旋转，8s | 发散 | 正向旋转，35~145r/min |
| 2.1 | 摆动，旋转，摆动，86s | 收敛 | 极限环，-60°~60°，中心为16920° |
| 2.2 | 摆动，旋转，摆动，旋转，358s | 发散 | 反向旋转，-155~-20r/min |
| 2.3 | 摆动，旋转，摆动，旋转，158s | 发散 | 正向旋转，21~157r/min |
| 2.4 | 摆动，旋转，摆动，旋转，358s | 发散 | 反向旋转，-161~-18r/min |
| >2.5 | | 发散 | 单向旋转，方向不定 |

上述仿真分析表明，$\omega=3.0\pi$ 时，平台的运动不仅可能有混沌过程，最终收敛于一个稳定极限环，也可能经过一个振荡过程或混沌过程后进入单向旋转发散状态；而且，产生旋转发散的扰动幅度既有较小的 $B=0.77$、$B=0.79$，也可能是较大的 $B=1.0$、$B=1.6$ 等；但 $B>2.2$ 后，平台运动为单向旋转发散。

有意思的是，在 $\omega=3.0\pi$、$B=0.76$ 时，平台先旋转，然后很快(只要 9s)即进入了稳定极限环，相比无扰动作用时约 300s 的过渡过程时间，有显著降低。

值得注意的是：余弦扰动考察的是上下盘阀交变摩擦力矩对平台的影响情况，余弦扰动频率 $\omega=3.0\pi$ 对应的外钻铤的旋转速度为 90r/min，正好是钻井过程中常采用的一个转速，因此，控制中需要克服该频率段的振荡发散问题。

7. 上下盘阀交变摩擦力矩对平台运动影响总结

通过仿真分析，上下盘阀交变摩擦力矩(余弦扰动作用)对平台运动的影响可总结如下：

(1) 交变摩擦力矩作用下，平台的稳态(终态)一般会振荡收敛于一个椭圆形极限环，但少数情况下会出现振荡发散。

(2) 交变摩擦力矩的幅度 $B$ 越大，极限环越大，即平台角度 $\theta$ 的稳态振荡范围越大。

(3) 交变摩擦力矩的频率 $\omega$ 越高，则极限环越小，即 $\theta$ 的稳态振荡范围越小。

(4) 交变摩擦力矩的频率 $\omega=3.0\pi$ 时(对应外钻铤转速 90r/min)，扰动作用易导致平台产生旋转发散，尤其是如果力矩交变幅度 $B$ 达到 0.77N·m、

0.79N·m、1.0N·m 时，会产生单向旋转。

（5）交变摩擦力矩的频率较低时，即使很小的扰动力矩，平台也极易进入混沌状态，出现快速旋转运动，这是非常不利于平台稳定控制的。

例如 $\omega = 1.0\pi$，$\omega = 1.2\pi$、$\omega = 1.81\pi$ 时，对应的外钻铤转速 30r/min、36r/min、54r/min，扰动作用力矩只要 0.1N·m 多一点即可使平台产生旋转。实际钻井过程中，持续的扰动作用将导致平台不停地无序旋转、控制失稳。其解决办法，要么是使扰动摆脱低频率区，要么是从控制方面采取措施。因为钻铤的转速是由钻井工程的要求所确定的，因此只有从控制角度想办法。

## 二、正、负脉冲扰动作用下的平台运动分析

上、下盘阀相互运动时过流孔的打开/关断所造成的水力冲击力矩可简化为一对频率为 $\omega$、相角差为 $\varphi$、幅度为 $M_d$ 的正负脉冲，仅考察水力冲击对平台运动的影响，将平台动力学方程式改写为：

$$j\ddot{\theta} + K_1 \dot{\theta} + f\sin\theta = \Delta_2(t) \tag{3-13}$$

建立仿真分析模型，平台的结构参数取典型值。

取不同的水力冲击力矩幅度、相角和频率 $\omega$ 进行仿真分析，可得出如下结论：

（1）在水力冲击力矩的单独作用下，平台的终态过程一般会振荡收敛于一个椭圆形稳定极限环。只有当水力冲击力矩异常大，例如达到 $M_d = 5.4$N·m、频率为 2Hz 时，对象的运动发散，平台旋转（图 3-12）；事实上，水力冲击达不到这么大的幅度。

（2）$M_d$ 的幅值越大，则平台的稳态振荡幅度越大；$M_d = 0.46$N·m、冲击频率为 3Hz 时，稳态振荡摆动的角度约为 $-2° \sim 2°$；$M_d = 0.17$N·m、冲击频率为 3Hz 时，稳态振荡摆动的角度约为 $-1° \sim 1°$。

（3）冲击频率越低，平台的稳态振荡幅度越大；反之，冲击频率越高，则稳态振荡幅度越小。

（4）正负脉冲的相角 $\varphi$ 越大，平台的稳态振荡幅度越大。例如，$M_d = 0.46$N·m、冲击频率为 3Hz、相角 $\varphi$ 为一个周期的 1/2 时，稳态振荡的角度最大，约为 $-2.5° \sim 2.5°$（图 3-13）。但当相角 $\varphi$ 为 0 时，正负脉冲同时作用，相互抵消，平台的运动将不受影响。

上述结论表明，水力冲击力矩单独作用对平台运动的影响虽然不如余弦扰动作用的明显，但同样会增大平台的振荡幅度，导致过渡过程时间增长，控制性能劣化。

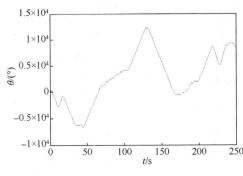
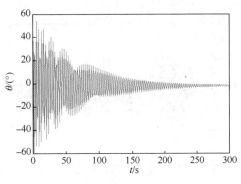

图 3-12　$M_d = 5.6$、$\omega = 2\text{Hz}$ 时的 $\theta$-$t$ 图　　　图 3-13　$M_d = 0.46$、$\omega = 3\text{Hz}$ 时的 $\theta$-$t$ 图

　　仿真分析也表明，正负脉冲的相角对平台运动影响最为显著。当上盘阀的高压孔圆弧弧度设计为120°时，下盘阀的过流孔同时切入、切出，水力冲击脉冲的相角为0，水力冲击对平台运动无影响；当上盘阀的高压孔圆弧弧度设计为180°时，过流孔的切入、切出相差60°，水力冲击脉冲的相角为60°，水力冲击对平台运动影响最大，故应该尽量避免设计成180°。

### 三、随机扰动力矩作用下的平台运动分析

　　由动力学分析得近钻头的振动和冲击所致的主支承轴承摩擦力矩的动态变化和横向振动所致的挠曲变形附加力矩等可视为零均值的随机扰动，表述为：

$$\Delta_3(t) = A \cdot \text{Rand}(t) \tag{3-14}$$

式中，$A$ 为随机扰动幅度，其典型值为 $0.45\text{N}\cdot\text{m}$，范围为 $0.1 \sim 1.5\text{N}\cdot\text{m}$。

　　取随机扰动力矩单独作用下的平台运动仿真分析的动力学方程为：

$$j\ddot{\theta} + K_1\dot{\theta} + f\sin\theta = A \cdot \text{Rand}(t) \tag{3-15}$$

　　对象的结构参数仍取典型值。通过仿真分析，可以得出如下结论：

　　（1）当 $A < 0.32\text{N}\cdot\text{m}$ 时，对象动态过程呈现随机振荡[图3-14(a)]；且 $A$ 越大，振荡幅度越大，$A$ 越小，振荡幅度越小。

　　（2）当 $A = 0.33\text{N}\cdot\text{m}$ 时，平台可能产生一圈或数圈的旋转[图3-14(b)]。

　　（3）当 $A > 0.5\text{N}\cdot\text{m}$ 时，平台出现旋转运动；而且 $A$ 越大，出现旋转的频次越高。例如 $A = 0.56\text{N}\cdot\text{m}$ 时，平台先产生一圈或数圈的旋转，然后振荡一段时间，再有下次旋转[图3-15(a)]；而当 $A = 1.0\text{N}\cdot\text{m}$ 时，平台不断产生一圈或数圈的旋转，基本没有振荡稳定的情况[图3-15(b)]。

　　仿真分析表明随机冲击力矩易导致平台旋转，使得控制失稳，而且冲击幅度越大，扰动越强，因此，在进行机械结构设计中，应该采取减震措施，降低冲击的幅度。

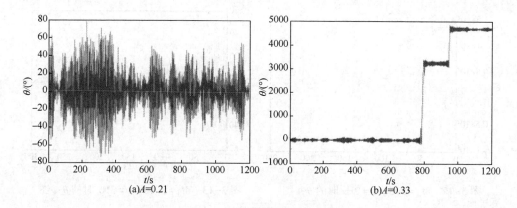

图 3-14　不同条件下的 $\theta{-}t$ 图

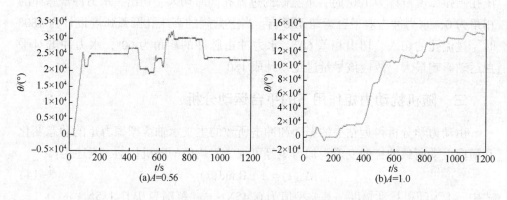

图 3-15　不同条件下的 $\theta{-}t$ 图

## 四、多种扰动力矩共同作用下的平台运动分析

前述分析表明稳定控制平台的三种主要扰动力矩中，因冲击振动而产生的随机冲击力矩对平台的运动影响最为显著，为简化分析，取水力冲击力矩和摩擦交变力矩为典型值，重点分析在不同旋转速度下振动冲击力矩的影响。仿真分析采用的系统动力学方程为：

$$J\ddot{\theta}+K_1\dot{\theta}+f\sin\theta=B\cos(\omega\cdot t)+A\cdot\mathrm{Rand}(t)+\Delta_2(t) \qquad (3-16)$$

对象的结构参数仍取典型值，余弦扰动 $B=0.4$，正负脉冲扰动 $M_d=0.46\mathrm{N}\cdot\mathrm{m}$，相角差 $(\varphi)$ 为整个周期的 $1/2$，初始状态 $(\theta,\dot{\theta})=(1,1)$。仿真分析情况汇总如表 3-4 所示。

表 3-4　$M_d = 0.46$、$B = 0.4$ 时 $A$ 与 $\omega$ 对平台运动的影响

| $\omega$/<br>(rad/s) | $A$/<br>(N·m) | 中间过程 | | 稳态情形 |
|---|---|---|---|---|
| $\pi$ | 0.1 | 随机振荡 | 收敛 | 随机振荡，区间 $-40°\sim80°$ |
| $\pi$ | 0.17 | 随机振荡，旋转，1035s | 发散 | 正向旋转，旋转加速至最大 1830r/min 后振荡 |
| $\pi$ | 0.2 | 随机振荡，旋转，38s | 发散 | 正向旋转，旋转加速至最大 1830r/min 后振荡 |
| $\pi$ | 0.3 | 随机振荡，旋转，170s | 发散 | 正向旋转，旋转加速至最大 1830r/min 后振荡 |
| $\pi$ | 0.5 | 随机振荡，旋转，20s | 发散 | 正向旋转，旋转加速至最大 1830r/min 后振荡 |
| $\pi$ | 0.9 | 随机振荡，旋转，20s | 发散 | 正向旋转，旋转加速至最大 1830r/min 后振荡 |
| $2\pi$ | 0.1 | 随机振荡 | 收敛 | 随机振荡，区间 $0°\sim40°$，有收窄趋势 |
| $2\pi$ | 0.2 | 随机振荡，最大振幅有增大、也有收窄情况 | 收敛 | 随机振荡，振荡区间一般 $-40°\sim80°$，最大振荡区间 $-60°\sim120°$，仿真时间 1s 时发散。 |
| $2\pi$ | 0.208 | 随机振荡，最大振幅有增大、有时收窄 | 发散 | 4023s 后发散，正向旋转（图 3-16），旋转加速至最大 1830r/min 后振荡 |
| $2\pi$ | 0.23 | 随机振荡，最大振幅有增大趋势，于 3750s 时发散 | 发散 | 正向旋转，旋转加速至最大 1830r/min 后振荡 |
| $2\pi$ | >0.23 | 随机振荡后发散 | 发散 | 正向旋转，旋转加速至最大 1830r/min 后振荡 |
| $3\pi$ | 0.2 | 随机振荡，最大振幅收窄 | 收敛 | 随机振荡，最大区间 $-50°\sim100°$ |
| $3\pi$ | 0.226 | 类似 $\omega=2\pi$，$A=0.208$ | 发散 | 正向旋转（图 3-16），加速至最大后振荡 |
| $3\pi$ | >0.227 | 随机振荡后发散 | 发散 | 正向旋转，加速至最大后振荡 |
| $4\pi$ | 0.217 | 随机振荡，最大振幅收窄 | | 随机振荡，最大区间 $-70°\sim160°$ |
| $4\pi$ | 0.218 | 类似 $\omega=3\pi$，$A=0.226$ | | 于 1250s 时正向旋转，加速至最大后振荡 |
| $5\pi$ | 0.22 | 随机振荡， | | 4000s 时发散 |
| $6\pi$ | 0.242 | | | 4825s 时发散 |
| $7\pi$ | 0.28 | | | 3585s 时发散 |

| $\omega/$ (rad/s) | $A/$ (N·m) | 中间过程 | 稳态情形 |
|---|---|---|---|
| $8\pi$ | 0.32 | | 1202s 时发散 |
| $9\pi$ | 0.33 | | 1072s 时发散 |
| $10\pi$ | 0.35 | | 3284s 时发散(图 3-17) |

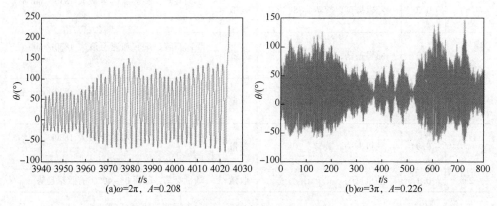

(a)$\omega=2\pi$，$A=0.208$　　　　　(b)$\omega=3\pi$，$A=0.226$

图 3-16　不同条件下的 $\theta$-$t$ 图

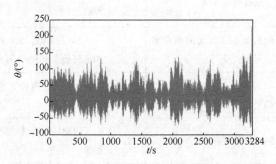

图 3-17　$\omega=10\pi$、$A=0.350$ 时的 $\theta$-$t$ 图

从仿真分析可得出如下结论：

（1）水力冲击力矩和摩擦交变力矩为典型情况时，导致平台运动发散(单向旋转)的随机扰动幅度比单独作用时明显变小，在 $A>0.35$ 时，平台运动即发散。

（2）一旦摆动幅度超出 180°，平台即产生旋转并加速旋转至最大速度，且全部为正向旋转，平台不再回到摆动振荡状态。

（3）上下盘阀相对旋转速度 $\omega$ 越低，导致平台旋转的临界随机扰动振幅越小。

（4）平台运动过程随机振荡，如果平台最大摆幅中间增大，长时间后平台运动很可能会发散。例如 $\omega = 2\pi$、$A = 0.208$ 时，在 2320s 时有一个峰值为 $-60° \sim 110°$ 的局部最大振荡，然后收窄；在 3720s 又有一个峰值为 $-65° \sim 115°$ 的局部最大振荡；后者大于前者；最终在 4023s 时发散。又如 $\omega = 3\pi$、$A = 0.226$ 时，第二个最大振荡峰值为 $-65° \sim 120°$，中间的最大振幅虽然收窄，但在 3550s 时发散。

# 第3节　稳定控制平台的运动分析对平台结构改进的启示

为改善稳定控制平台角度位置的控制性能，提高平台在复杂强扰动作用下的稳定性，从平台的动力学分析和运动分析，可得出如下 8 项平台机械结构改进措施或设计要求：

（1）适当增大平台的转动惯量，有利于平台的稳定控制。

平台的无扰动仿真表明平台的转动惯量越大，则动态过程时间越长；但在周期性扰动作用下，较大的转动惯量可使平台的运动更平稳。因此，从有利于控制稳定的角度，较大的平台转动惯量更为合适。

但增大转动惯量常常会导致平台的质量增大，可能使得振动冲击作用下的平台挠曲变形附加偏心力矩和主支撑振动附加摩擦力矩增大，又不利于稳定了。

（2）增大黏滞摩擦，有利于平台的稳定控制。

黏滞摩擦作用力矩与平台的运动方向相反，可以拟制平台的振荡，加快平台振荡收敛的速率，缩短动态过程时间。因此，增大稳定平台电子舱外壳的粗糙度，或在外壳上适当增加阻力肋片，有利于平台的稳定控制。

外壳上增加阻力肋片的做法可能带来额外的水力扰动作用力矩。增加阻力肋片相当于在外壳上增加了水力叶轮，如果肋片与钻井液运动方向存在一定角度，就会对平台的径向产生驱动力矩。因此，这种设计改进需要在增加阻力肋片的同时增加导流装置，使得平台内的钻井液流动方向一致，消除紊流，以消除可能产生的径向力矩。

（3）尽可能减小安装误差和质量分布不均，减小偏心作用力矩。

平台的偏心作用力矩是导致平台振荡失稳的关键因素之一，偏心作用力矩越大，则平台的振荡摆动幅度越大，最大偏离量也越大，应尽可能减小安装误差，平台上的各质量体尽可能径向对称分布以减小质量分布不均，以减小偏心作用力矩。

（4）做好减震设计，减小振动冲击。

平台的运动仿真表明在随机扰动力矩的作用下，平台易产生旋转。

平台的随机扰动力矩主要是因为平台的横向(径向)振动所产生的，包括平台挠曲变形附加力矩和主支撑振动附加摩擦力矩。平台在靠近钻头的位置，在钻头破碎岩石的过程中，振动加速度是无法消除的，但采取减震设计方法，可以减小传导到平台的振动加速度。减震设计的部位在平台的主支承。

(5) 改进平台结构，提高材料刚度，尽可能减小挠曲变形。

平台的挠曲变形大小与振动加速度成正比，还与平台的结构(平台的惯性矩)、材料性能(材料弹性模量)成反比，与长度的 4 次方成正比。因此，合理选择平台的材料，增大材料的弹性模量，减小平台的长度，增大平台的惯性矩等措施，有利于减小平台的挠曲变形。

(6) 优化盘阀结构形式，减小贴合面积变化。

平台的运动分析表明在外钻铤低速旋转时，上下盘阀交变摩擦力矩的小的波动即可导致旋转和无序运动，而钻铤转速是钻井工程的固有要求，因此，减小交变摩擦力矩波动幅度是提高平台稳定性的主要措施。

动力学分析表明，上下盘阀贴合面的面积变化，是产生力矩波动的原因，故需要优化盘阀的结构形式，以减小贴合面的面积变化。

分析还表明，"品"字形的下盘阀导流孔布局时面积相对变化最大，是不利于平台稳定的。将导流孔的布局布置为圆周形，贴合面积的变化相对幅度减小，可降低力矩的波动。

(7) 减小上盘阀的厚度，减小水力冲击幅度。

运动分析表明水力冲击力矩的幅值越大，则平台的稳态振荡幅度越大；动力学分析表明水力冲击力矩的幅度与上盘阀的厚度成正比，因此，在强度允许的前提下，尽可能减小上盘阀的厚度，可减小水力冲击的强度。

(8) 上盘阀高压孔呈 120° 弧线时，水力冲击作用最弱。

平台的运动分析表明水力冲击脉冲的相角对平台运动的影响显著。当上盘阀的高压孔圆弧弧度设计为 120° 时，过流孔同时切入、切出，水力冲击作用相互抵消对平台运动无影响。当设计为 180° 时，水力冲击对平台运动影响最大，故应该尽量避免设计成 180°。

# 第 4 节　稳定控制平台角度位置控制系统结构设计

稳定控制平台的工具面角度控制系统由控制器、D/A 转换器、PWM 脉冲发生器、MOSFET 驱动电路、功率负载电阻、涡轮力矩电机、稳定平台对象、平台姿态测量、A/D 转换器、平台工具面角度和平台旋转速度解算等环节所组成(图 3-18)。

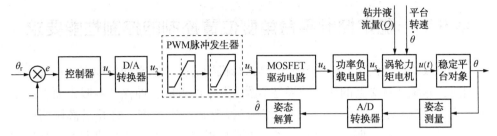

图 3-18　稳定控制平台工具面角控制系统结构框图

定义工具面角设定值 $\theta_r$ 与工具面角解算值 $\hat{\theta}$ 之差为偏差 $e$，即：

$$e = \theta_r - \hat{\theta} \tag{3-17}$$

定义控制器的控制律为某种连续函数，表示为：

$$u_c(t) = f(e, t) \tag{3-18}$$

忽略 A/D、D/A、测量传感器和 MOSFET 驱动电路等环节的滞后和误差，即

简单认为：$u_2(t) = u_c(t)$，$u_4(t) = u_3(t)$，$\hat{\theta} = \theta$，$\dot{\hat{\theta}} = \dot{\theta}$。

PWM 发生器可简单认为为放大环节，描述为：

$$u_3(t) = K_s \cdot u_2(t) \tag{3-19}$$

经过 MOSFET 驱动电路按照 PWM 脉冲导通/关断负载电阻的作用，则有：

$$R(t) = u_5(t) = \frac{R_0}{u_4(t)} \tag{3-20}$$

式中，$R_0$ 是 PWM 的脉冲宽度为 100% 时的功率负载电阻阻值，仿真分析时可取 $R_0 = 10\Omega$。通过更换负载电阻，可调整其大小，变化范围为 $5 \sim 30\Omega$。

考虑钻井液排量的周期性波动，因为力矩电机的电磁力矩即为平台的控制驱动力矩，即有 $u(t) = T(t)$，可得：

$$u(t) = \frac{K_B k_T Q_{min}(1 + K_b |\cos\omega_B t|)}{R_0} \cdot u_3(t) - \frac{K_B}{R_0} \cdot \dot{\theta} \cdot u_3(t) \tag{3-21}$$

令 $K_q = \dfrac{K_B k_T}{R_0}$，$K_\omega = \dfrac{K_B}{R_0}$，$Q(t) = Q_{min}(1 + K_b |\cos\omega_B t|)$，则有：

$$u(t) = K_q Q(t) \cdot u_3(t) - K_\omega \cdot \dot{\theta} \cdot u_3(t) \tag{3-22}$$

如果忽略钻井液排量的周期性波动，即设钻井液排量为常量 $Q$，则为：

$$u(t) = K_q Q \cdot u_3(t) - K_\omega \cdot \dot{\theta} \cdot u_3(t) \tag{3-23}$$

由测试试验数据可得力矩电机的流量—力矩特性系数 $K_q$ 约为 1/12，变化范围为 $1/36 \sim 1/6$；转速-力矩特性系数 $K_\omega$ 约为 $0.08/\pi$，变化范围为 $0.03/\pi \sim 0.16/\pi$。

# 第5节 稳定控制平台角度位置控制的控制性能要求

由井眼轨迹导向原理，当导向工具执行机构的推靠巴掌均匀地在井壁的周向作用时，其统计意义上的作用结果是不改变井眼的方向，即保持井眼以原斜度钻进，谓之"稳斜"；反之，如果井眼轨迹已经存在一定斜度，将井眼横切面的高点的连线称为高边，那么，旋转的推靠巴掌如果每次都在高边推靠井壁，其作用结果就是使得井眼成为铅垂线，谓之"纠斜"，或垂直导向。当推靠巴掌在旋转的过程中，每次在"同一个方位角度"推靠井壁时，其推靠力在统计意义上的作用结果是改变井眼的方向，即改变井眼的斜度，谓之"造斜"。

因此，按照稳斜或纠斜、造斜的钻井工程要求，稳定控制平台角度位置控制有匀速旋转控制和角度稳定控制两种控制要求。

## 1. 匀速旋转控制要求

在"稳斜"钻进过程中，要实现推靠巴掌均匀地推靠井壁，就要求稳定控制平台均匀旋转，且转速应与外钻铤转速不同。即要求通过控制，使得：

$$| \int_{t}^{t+tr} \dot{\theta}(t) \, d\tau / t_r - \omega_0 | < \Delta\omega_0 \qquad (3-24)$$

式中，$t_r$ 为平均速率时间，时间长度为 $3\sim5\text{min}$；$\omega_0$ 为匀速旋转的目标角速率，一般在 $30\sim60\text{r}/\min$ 之间；$\Delta\omega_0$ 为允许控制误差，要求较宽，一般要求 $\Delta\omega_0 < 10\text{r}/\min$ 即可。

## 2. 工具面角度稳定控制要求

在纠斜或造斜钻进过程中，要使得推靠巴掌在"同一个方位角度"推靠井壁，就要求通过控制，使得可自由旋转的稳定控制平台在统计意义上"稳定"在相对大地不旋转的某一个特定的方位角度，即实现平台工具面角度的稳定控制。借用飞行器控制的一个名词，将平台的这种相对稳定谓之"悬停"，其控制则称为"悬停"稳定控制。

该特定的方位角度即控制的目标值，亦即工具面角的设定值 $\theta_r$，在造斜钻进时，$\theta_r$ 是人为定义指定的一个方位角，而纠斜钻进时，则是工具高边所在的那个方位角。

所谓的统计意义上的"稳定的方位角"，是指巴掌动作的角度位置不一定是每次都非常精确地分秒不差地定位在同一个角度，而是既允许有一定的定位误差，也容许有时候落在其他角度。当角度偏差为 $\Delta\theta$ 时，导向力的大小为：

$$F_k = F_p \cdot \sin(\Delta\theta) / \Delta\theta, \qquad 0 \leqslant \Delta\theta \leqslant \pi \qquad (3-25)$$

式中，$F_p$ 为推靠巴掌对井壁的推靠作用力的大小。

故，当角度摆动幅度为±14°时，系统的控制力下降仅为约1%。因此，角度位置的控制可以是统计意义上的。

控制性能可以用过渡过程时间、稳态平均误差（期望误差）、稳态振荡幅度（角度摆动幅度）、均方误差等表征，各性能指标定义并规定如下：

（1）过渡过程时间（$T_s$）。定义过渡过程时间为系统从开始响应到进入稳态的时间长度。性能指标规定：$T_s<30s$时，满足要求；$T_s<10s$时，性能良好。

（2）稳态平均误差（$\Delta$）。定义$k$采样时刻的稳态平均误差为：

$$\Delta(k) = \sum_{i=k-k_0}^{k} [\theta_r - \theta(i)]/K_0 \qquad (3-26)$$

式中，$K_0$为统计的时间长度，依工程经验，取0.5小时是合适的。性能指标规定：$|\Delta|<10°$时，满足要求；$|\Delta|<5°$时，性能良好；$|\Delta|<2°$时，性能优良。

（3）稳态振荡幅度（角度摆动幅度，$\sigma_e$）。定义$k$采样时刻的工具面平均角度为：

$$\bar{\theta}(k) = \sum_{i=k-k_0}^{k} \theta(i)/k_0 \qquad (3-27)$$

定义稳态振荡幅度为：

$$\sigma_e = \theta(k) - \bar{\theta}(k) \qquad (3-28)$$

性能指标规定：$|\sigma_e|<40°$时，满足要求；$|\sigma_e|<20°$时，性能良好；$|\sigma_e|<10°$时，性能优良。

（4）均方误差（$\Delta_s$）。定义$k$采样时刻工具面角度控制的均方误差为：

$$\Delta_s(k) = \sqrt{\sum_{i=k-k_0}^{k} [\theta_r - \theta(i)^2]/k_0} \qquad (3-29)$$

性能指标规定：$\Delta_s<10°$时，满足要求；$\Delta_s<5°$时，性能良好；$\Delta_s<2°$时，性能优良。

被控变量的均方误差$\Delta_s$或稳态平均误差$\Delta$代表了导向工具的造斜能力，$\Delta$越小，则造斜能力越强。目前最好的造斜记录是8°/30m。

虽然稳定控制平台的稳定控制要求不算高，但由于系统的本质非线性和各种扰动作用的原因，平台的稳定控制非常困难。解决控制中的各种难题，实现平台的稳定控制，构成了本书的核心内容，也是多年实验研究的工作重点之一。

# 第6节　无扰动时稳定控制平台的PID控制仿真

PID控制器是比例、积分、微分控制的简称，它以其结构简单、稳定性好、工作可靠、调整方便而成为工业控制中应用最为广泛的一种控制方法。

PID 控制具有较强的鲁棒性，它既不需要建立被控对象的模型，也不需要确定对象的参数；而且，对于对象的结构变化和参数变化还具有较强的自适应性，因此，在平台的角度"悬停"稳定控制中，自然想到是否可以采用这种控制方法。

设控制律采用连续 PID 控制，即将式(3-18)具体化为：

$$u_c(t) = K_p e + K_i \int e\mathrm{d}t + K_d \frac{\mathrm{d}e}{\mathrm{d}t} \tag{3-30}$$

式中，$K_p$、$K_i$、$K_d$ 分别为 PID 控制的比例、积分和微分增益系数。

忽略钻井液排量周期性波动对平台的影响，取仿真分析系统为：

$$j\ddot{\theta} + K_1 \dot{\theta} + f\sin\theta = M_0 + K_q Q \cdot u_3(t) - K_\omega \cdot \dot{\theta} \cdot u_3(t) \tag{3-31}$$

式中，PWM 环节的输出信号与控制信号的关系为 $u_3(t) = K_s \cdot u_2(t)$，$K_s = 1$；固定偏置作用力矩 $M_0 = 0.8\mathrm{N} \cdot \mathrm{m}$。

按式(3-31)建立平台工具面角 PID 控制仿真分析模型，其控制器与执行器部分的仿真结构如图 3-19 所示，平台结构参数仍然取典型值，各扰动项取为 0，取 $K_q = 1/12$，$K_w = 0.08/\pi$，按式(3-30)取控制律。

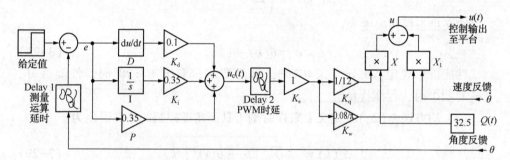

图 3-19　平台工具面角 PID 控制仿真分析系统结构图(控制器与执行器部分)

采用临界比例度法进行 PID 参数整定，在 $Q = 24\mathrm{L/s}$，设定值 $\theta_r = \pi/2$，测量延时为 30ms 和控制输出延时为 20ms 的条件下，得到控制器参数为 $K_p = 0.35$，$K_i = 0.35$，$K_d = 0.1$。

控制系统的仿真结构和控制参数确定后，对系统的如下闭环特性进行了仿真分析：

(1) 典型参数时的系统闭环性能仿真。

取设定值 $\theta_r = \pi/2$、流量 $Q = 24$ 进行仿真，所得闭环系统动态过程曲线如图 3-20所示，其过渡过程时间约为 8s，终态稳定，无振荡，控制效果良好。

(2) 不同角度位置(不同设定值)的系统闭环性能仿真。

分别取设定值 $\theta_r = 0.55\pi$ 和 $\theta_r = 0.6\pi$，在 $Q = 24$ 条件下进行仿真，所得到的闭环系统动态过程曲线如图 3-21、图 3-22 所示。在 $\theta_r = 0.55\pi$ 时的终态基本稳

定，但有振荡，振荡幅度约为±5°；而在 $\theta_r = 0.6\pi$ 时，闭环系统就出现了反复的循环振荡，被控变量在 $-70° \sim 380°$ 区间来回摆动。

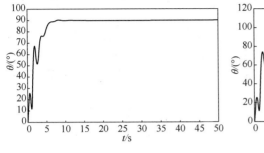

图 3-20　$K_p = 0.35$、$K_i = 0.35$、$K_d = 0.1$、
$\theta_r = \pi/2$、$Q = 24$ 时的动态过程

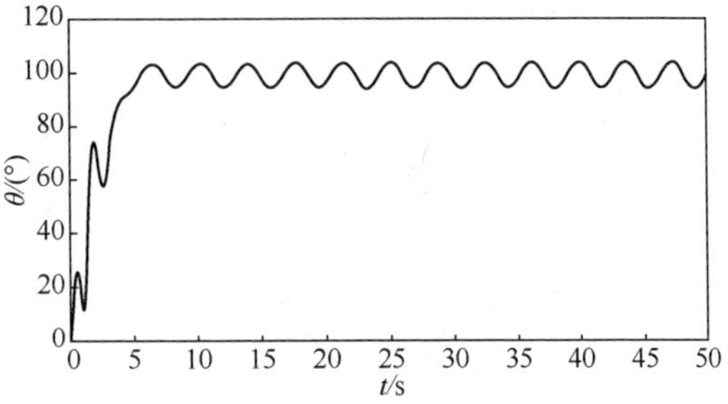

图 3-21　$K_p = 0.35$、$K_i = 0.35$、$K_d = 0.1$、
$\theta_r = 0.55\pi$、$Q = 24$ 时的动态过程

（3）不同流量条件下的系统闭环性能仿真。

取设定值 $\theta_r = \pi/2$、流量 $Q = 48$ 进行仿真，所得闭环系统动态过程曲线如图 3-23 所示，被控变量经过几次振荡摆动，振荡幅度越来越大，很快发散。

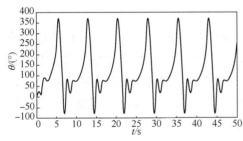

图 3-22　$K_p = 0.35$、$K_i = 0.35$、$K_d = 0.1$、
$\theta_r = 0.6\pi$、$Q = 24$ 时的动态过程

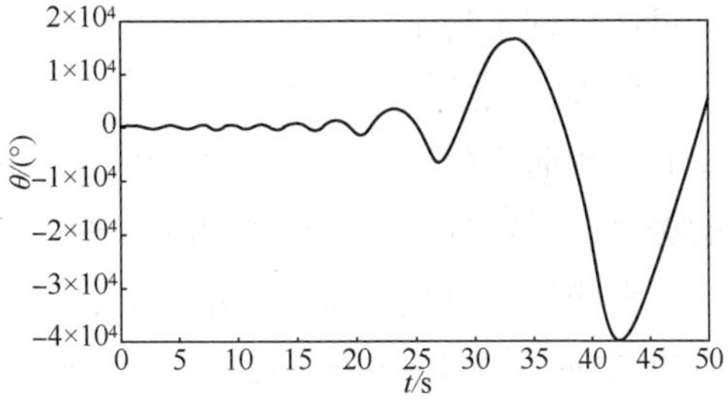

图 3-23　$K_p = 0.35$、$K_i = 0.35$、$K_d = 0.1$、
$\theta_r = 0.5\pi$、$Q = 48$ 时的动态过程

（4）滞后时间对系统闭环性能的影响。

将测量延时由 30ms 改为 100ms，取设定值 $\theta_r = \pi/2$、流量 $Q = 24$ 进行仿真，所得闭环系统动态过程曲线如图 3-24 所示，被控变量经过几次振荡摆动，振荡幅度越来越大，很快发散。

（5）临界稳定点的系统闭环性能仿真。

取设定值 $\theta_r = \pi$、流量 $Q = 24$ 进行仿真，被控变量出现了循环振荡摆动，考虑到积分作用易导致系统振荡，故将积分作用由 $K_i = 0.35$ 改小为 $K_i = 0.05$ 进行仿真，所得闭环系统动态过程曲线如图 3-25 所示，被控变量仍然为周期性的振荡摆动，角度不能控制稳定。

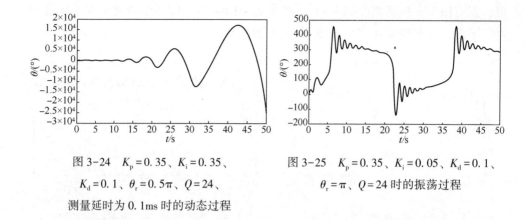

图 3-24 $K_p = 0.35$、$K_i = 0.35$、
$K_d = 0.1$、$\theta_r = 0.5\pi$、$Q = 24$、
测量延时为 0.1ms 时的动态过程

图 3-25 $K_p = 0.35$、$K_i = 0.05$、$K_d = 0.1$、
$\theta_r = \pi$、$Q = 24$ 时的振荡过程

经过仿真分析，关于无扰动作用时稳定控制平台连续 PID 控制方法可得出如下结论：

（1）PID 控制只有较窄的适应范围。

在无扰动作用时，采用经典的连续 PID 控制方法可以实现对稳定控制平台角度位置的控制，但参数适应范围很窄。对象参数稍有变化，闭环系统的过渡过程就可能出现不稳定。

例如，按照钻井液流量 $Q = 24L/s$、$\theta_r = \pi/2$ 整定 PID 参数，可以得到优良的过渡过程曲线（图 3-20）。但在 $\theta_r = 0.55\pi$、$Q = 24$ 时，其稳态就会出现较大幅度的振荡（图 3-21）；且在 $Q = 48L/s$ 时，出现了振荡发散的情况（图 3-23）。

在测量延时或控制延时增大时，也会出现振荡发散的情况。例如，将测量延时由 30ms 增大为 100ms 时，出现了振荡发散（图 3-24）。

（2）PID 控制不能实现给定角度的"悬停"稳定。

按照 $Q = 24L/s$ 整定 PID 控制参数，将设定值由 $\theta_r = 0.5\pi$ 改为 $\theta_r = 0.6\pi$ 或改为 $\theta_r = 1.0\pi$ 时，出现了反复的周期性旋转振荡（图 3-22、图 3-25）。

其基本规律是：当被控角度逼近设定值时，平台旋转，不能稳定，呈现出正的大偏差—振荡逼近—旋转—负的大偏差—再逼近的循环振荡过程。

仿真分析发现，出现这种旋转振荡的临界设定值 $\theta_{r0}$（当 $\theta_r > \theta_{r0}$ 时，控制过程就出现旋转振荡的临界情况）一般在 $\pi/2$ 以上，$\theta_{r0}$ 与 $K_i$、$f$ 及 $Q$ 3 个主要参数相关。

仿真分析可以确认产生振荡的根本原因是对象方程中含有的非线性参数项 $f\sin\theta$。

（3）不随时间变化的偏置力矩 $M_0$ 对控制稳定性有影响。

仿真分析表明，不随时间变化的偏置力矩 $M_0$ 影响力矩的平衡点；或者说，在平台稳定时，电机的控制力矩+偏置力矩 $M_0 = 0$。平衡点过于偏近力矩电机的最大或最小电磁力矩时都易使其控制失稳。

平台的台架驱动测试试验和水力驱动实钻井试验也证实了上述仿真结果。例如，2009 年 8 月，在胜利油田某井进行了平台的控制测试试验，其中，PID 控制算法的测试试验记录如图 3-26 所示，设定值为 220°，在钻井液排量为 32L/s 时，平台产生了围绕 220°的不断的旋转摆动，角度不能控制稳定。

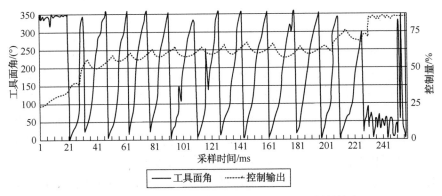

图 3-26　水力驱动实钻井试验局部记录（PID 控制算法）

因为，即使在没有扰动的情形下，PID 控制也不能实现平台在给定角度的"悬停"稳定控制，因此，再进一步研究有扰动作用下稳定平台的 PID 控制就没有什么必要了。

虽然稳定控制平台的 PID 控制仿真与测试试验表明单纯采用经典 PID 控制方法不能达到控制的基本要求，但 PID 控制具有结构简单、稳定性好、工作可靠、不需要建立被控对象的模型等优点，符合导向钻井井下控制的简单可靠要求，故仍然考虑以 PID 控制方法为基础，探索消除非线性影响、提高控制系统适应性和稳定性的方法，以实现平台在给定角度位置的悬停稳定控制。

# 第4章 稳定控制平台的电压 前馈-反馈控制

全旋转导向钻井系统稳定控制平台的运动分析表明平台的控制面临两个主要难题：一是由于钻井液流量的大范围变动，使得控制器的适应性差，在某钻井液流量下整定的控制参数，在其他流量下系统不能实现控制稳定；二是由于平台的非线性的安装误差偏心力矩和质量偏心力矩的作用，使得稳定控制平台在某些设定值(一般表现为一个设定值范围)不能实现稳定控制，而该偏心力矩又与机械安装条件密切相关，不同安装条件下有不同的偏心作用。

本章针对钻井液流量大范围变动对平台控制性能的影响问题，研究了钻井液流量对力矩电机控制作用力矩的影响，表明作用力矩与流量成正比，讨论了钻井液流量前馈补偿方法，分析了流量补偿方法在实现过程中存在的测量困难，提出了力矩电机电压前馈补偿方法，给出了电机电压前馈补偿的软件实现，并对实现过程中的电压测量、测量信号精密整流处理、测量信号的温度补偿处理等工程技术问题给出了解决办法，测试试验验证了这些处理方法的有效性。最后，对前馈—反馈控制方法进行了仿真分析，仿真实验表明，在控制参数合适时，前馈-反馈控制方法可以实现流量大范围变化时(钻井液流量从16L/s到64L/s变化)的系统稳定控制，表明采用电压前馈补偿方法处理系统对钻井液流量大范围变化的适应问题是有效的。

## 第1节 钻井液流量变动对平台角度控制的影响分析

稳定控制平台的工具面角控制系统的执行器是一台由钻井液驱动的涡轮力矩电机。电机的电磁力矩 $u(t)$ 与钻井液流量 $Q(t)$、控制信号(电机负载电阻)等有关，力矩电机的详细功能结构如图 4-1 所示，进一步汇总综合如下：

由涡轮转速 $\omega_T$ 与钻井液流量 $Q(t)$ 的关系式 $\omega_T = k_T \cdot Q(t)$，及电机的感应电势式 $E = C_e \cdot \phi \cdot (\omega_T - \dot{\theta})$，得电机电枢电流为：

$$I(t) = E \cdot u_4(t)/R_0 \qquad (4-1)$$

式中，$u_4(t)$ 为 MOSFET 驱动电路输出的控制信号；$R_0$ 是 PWM 脉冲宽度为 100%

时的功率负载电阻阻值，为定值。

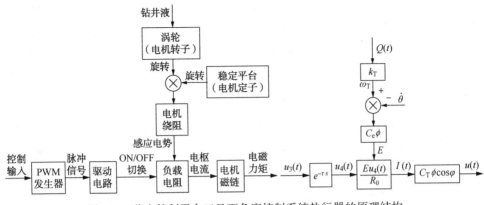

图 4-1 稳定控制平台工具面角度控制系统执行器的原理结构

代入交流电机电磁转矩公式 $u(t) = C_T \cdot \phi \cdot I(t) \cdot \cos\varphi$，整理后，得：

$$u(t) = K_B k_T Q(t)/R_0 \cdot u_4(t) - K_B \dot{\theta}/R_0 \cdot u_4(t) \tag{4-2}$$

式中，$K_B = C_e \cdot C_T \cdot \phi^2 \cdot \cos\varphi$，为电机电磁力矩特性系数。

由式(4-2)可见，控制作用力矩的大小，不仅与控制信号的大小 $u_4(t)$ 相关，也与流量的大小 $Q(t)$ 成倍乘关系，即在同样的控制信号时，涡轮力矩电机对平台的控制作用力矩与流量成比例变化，当钻井液流量大范围变化时，(按照钻井工程的要求，钻井液的流量有 2~3 倍的变化)，作用力矩也将大范围变化(即作用力矩的大小也将有 2~3 倍的变化)，从而容易导致平台控制失稳。

事实上，涡轮流量—转速系数 $k_T$ 与涡轮结构、流体性质、电机负载等有关，呈现出复杂的非线性关系；因为涡轮电机的转子—定子之间有钻井液流过，因此电机电磁力矩特性系数 $K_B$ 也与电机转子—定子(即平台心轴)之间的钻井液特性、井下环境温度、振动和冲击作用有关；以上这些时变的非线性影响因素，会进一步放大钻井液流量变动对作用力矩的影响，但这些影响因素相对于流量的变化而言，居于次要，故重点要解决流量对控制的影响。

## 第2节　稳定控制平台角度控制的流量前馈补偿方法

从控制作用力矩与钻井液流量的关系式(4-2)可知，如果能得到流量的实测值，并建立流量前馈补偿，则可以对流量的影响作出补偿，其前馈补偿原理说明如下：

记流量的测量值为 $\widehat{Q}(t)$，记流量测量的相对误差为 $\Delta_q$，则有：

$$Q(t) = (1 + \Delta_q)\widehat{Q}(t) \tag{4-3}$$

忽略测量误差，则可近似认为：

$$Q(t) \approx \widehat{Q}(t) \tag{4-4}$$

引入流量前馈补偿，如果取补偿形式为：

$$Q(t) \cdot Q_0 \big/ \widehat{Q}(t) \tag{4-5}$$

式中，$Q_0$ 为钻井液流量的参考值。

将补偿作用加入式(4-2)，则补偿后的控制作用为：

$$u(t) = K_B k_T Q_0 / R_0 \cdot u_4(t) - K_B \dot{\theta} / R_0 \cdot u_4(t) + K_B k_T \Delta_q Q_0 / R_0 \cdot u_4(t) \tag{4-6}$$

如果忽略测量误差，则为：

$$u(t) = K_B k_T Q_0 / R_0 \cdot u_4(t) - K_B \dot{\theta} / R_0 \cdot u_4(t) \tag{4-7}$$

式(4-7)中已不显示含有钻井液流量 $Q(t)$，可使得执行器的控制作用(即力矩电机的作用力矩)将与流量的变化无关，从而消除流量变化对控制的影响。

按照上述补偿思路，设计补偿实现方式。流量的前馈补偿既可以采用补偿电路的方式，也可以采用软件补偿。实现流量前馈软件补偿控制的原理结构如图4-2所示。

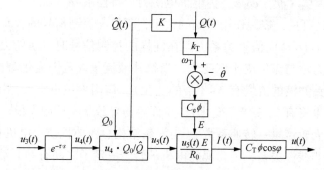

图4-2 稳定控制平台工具面角度控制的流量前馈补偿原理结构

按照图4-2的补偿结构，取前馈补偿器的补偿算法为：

$$G_f = Q_0 \big/ \widehat{Q}(t) \tag{4-8}$$

补偿后的控制信号变为：

$$u_5(t) = Q_0 \big/ \widehat{Q}(t) \cdot u_4(t) \tag{4-9}$$

则补偿后的电机电枢电流与流量、控制信号的关系为：

$$I(t) = C_e \cdot \phi \cdot [K_T \cdot Q(t) - \dot{\theta}] \cdot Q_0 \big/ \widehat{Q}(t) \cdot u_4(t) / R_0 \tag{4-10}$$

得补偿后电机的电磁力矩为：

$$u(t) = C_T \cdot \phi \cdot \cos\varphi \cdot C_e \cdot \varphi \cdot [K_T \cdot Q(t) - \dot{\theta}] \cdot Q_0 \big/ \widehat{Q}(t) \cdot u_4(t) / R_0$$

$$\tag{4-11}$$

代入式(4-4)，整理得：

$$u(t) = C_e C_T \phi^2 \cos\varphi \cdot K_T Q_0 \cdot u_4(t)/R_0 - C_e C_T \phi^2 \cos\varphi \cdot \dot{\theta} \cdot Q_0 / \widehat{Q}(t) \cdot u_4(t)/R_0$$

$$(4-12)$$

式(4-12)中已不再显式含有钻井液流量 $Q(t)$，可以达到消除流量变动影响控制的目的。

但采用流量前馈补偿方式处理流量变动所导致的控制作用力矩大范围变动问题时，存在3个缺陷。一是流量的测量代价较高，钻井液是一种以原油或水作为基础，添加上重晶石、黏稠剂等添加剂后的多相混合流体，其流量测量属于多相流流量测量的范畴，测量困难，测量仪表价格昂贵，测量代价高；二是多相流流量测量的精度低，测量误差大；三是对涡轮电机的定子的旋转作用中也会引入前馈补偿作用，如式(4-12)的最右边部分，反而给控制系统带来了新的非线性和新的扰动。所以直接测量流量然后进行补偿处理的方法不合适。

# 第3节　稳定控制平台角度控制的电机电压前馈补偿方法

进一步分析平台工具面角度控制执行器的原理结构，可以发现电机的感应电势既包含了流量的影响，也包含了电机定子旋转的因素，因此，可以考虑以电机感应电势作为被测量的主要干扰变量来设计前馈控制方案。

记电机电压的测量值为 $\widehat{E}(t)$，记测量相对误差为 $\Delta_E$，则有：

$$E(t) = (1+\Delta_E) \widehat{E}(t) \tag{4-13}$$

忽略测量误差，则可近似认为：

$$E(t) \approx \widehat{E}(t) \tag{4-14}$$

引入电压前馈补偿，取前馈补偿器的补偿方法为：

$$G_e = E_0 / \widehat{E}(t) \tag{4-15}$$

式中，$E_0$ 为力矩电机的参考电压值，一般取涡轮标称转速下的电机电压值。

补偿后的控制信号为：

$$u_5(t) = E_0 / \widehat{E}(t) \cdot u_4(t) \tag{4-16}$$

则补偿后的控制作用为：

$$u(t) = C_T \cdot \phi \cdot \cos\varphi \cdot E(t) \cdot E_0 / [\widehat{E}(t) \cdot R_0] \cdot u_4(t) \tag{4-17}$$

$$= C_T \cdot \phi \cdot \cos\varphi \cdot (1+\Delta_E) \cdot E_0/R_0 \cdot u_4(t)$$

如果忽略测量误差，则为：

$$u(t) = C_T \cdot \phi \cdot \cos\varphi \cdot E_0/R_0 \cdot u_4(t) \tag{4-18}$$

取电机电压–功率电阻–电磁力矩特性系数为：

$$K_E = C_T \cdot \phi \cdot \cos\varphi \cdot E_0 / R_0 \qquad (4\text{--}19)$$

则有：

$$u(t) = K_E \cdot u_4(t) \qquad (4\text{--}20)$$

以上分析表明力矩电机电压前馈补偿方法不仅消除了钻井液流量变化对控制作用的影响，也消除了电机定子（平台主轴）旋转对控制作用的影响，从而使得涡轮力矩电机输出的控制作用力矩与输入的控制信号为线性比例关系，使得整个执行器环节由一个时变的非线性环节变为一个简单的线性环节。

按照上述前馈补偿思路设计电压前馈补偿控制器，其原理结构如图 4–3 所示。

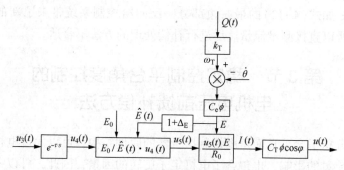

图 4-3　稳定控制平台工具面角度控制的电压前馈补偿原理结构

增加电压前馈补偿后，设计前馈–反馈控制系统，其原理结构如图 4–4 所示。假设忽略各环节的滞后，忽略电压测量误差，则可将控制器输出–D/A 信号变换–PWM 脉冲信号变换–MOSFET 驱动电路–负载电阻–电机电磁力矩等环节简化为一个总的纯比例环节，可近似认为力矩电机的作用力矩 $u(t)$ 与控制器输出信号 $u_c(t)$ 之间的关系为：

$$u(t) = K_c \cdot u_c(t) \qquad (4\text{--}21)$$

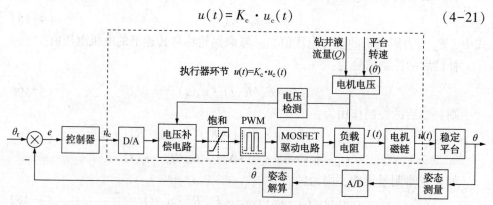

图 4-4　稳定控制平台工具面角度的前馈–反馈控制系统结构原理图

式中，$K_c$ 为控制器输出至电机电磁力矩之间的关系系数，即包括了 D/A、电压前馈补偿、PWM 脉冲产生器、MOSFET 驱动、功率负载电阻等诸部分的执行器环节的放大系数。从实际测试情况看，经前馈补偿处理后，将执行器环节简化为一个线性比例环节是合理的。

前馈–反馈控制系统的动态方程为：

$$j\ddot{\theta} + K_1 \dot{\theta} + f\sin\theta = M_0 + K_c \cdot u_c(t) \tag{4-22}$$

# 第 4 节　稳定控制平台角度控制的电机电压前馈补偿的实现

力矩电机电压前馈补偿不仅可以消除钻井液流量变化对控制的影响，可以消除平台主轴自身的旋转运动对控制作用力矩的影响，但尚需要解决电压前馈控制方法的工程实现问题和电压测量及其信号处理问题。

## 一、电机电压前馈补偿的软件实现

电压前馈补偿既可以采用补偿电路的方式，也可以采用软件补偿。电压前馈补偿控制的软件实现程序框图如图 4-5 所示。

软件实现的程序过程大致为：先采样 2 支 3 轴（$x$、$y$、$z$ 轴）重力加速度计的信号，然后滤波，判断重力加速度计的好坏，计算出工具面角度和井斜角度；采样旋转速率陀螺信号，得出平台的旋转角速度；采样电机电压和井下工作环境温度；对测量信号进行温度补偿，消除温度对测量信号的影响。然后，按照测量得出的工具面角度，与目标工具面角度比较，计算得出偏差，最后按照某控制算法，计算出控制作用 $u_0$。

由控制作用 $u_0$，按照补偿算法，由实测电压值计算出补偿后的控制作用 $u_c$，然后由 D/A 端口输出，经过 PWM 控制电路，改变下涡轮电机的负载电阻占空比，实现对力矩电机作用力矩的调节。电机电压的前馈补偿控制的软件实现需要解决电压的精密检测、温度补偿等两个技术问题。

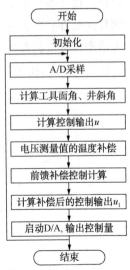

图 4-5　电压前馈补偿控制程序框图

## 二、井下涡轮电机电压的精密检测

根据系统设计，井下涡轮电机是单相或三相交流永磁电机，采用互感器检测其电流或电压。

采用微型互感线圈的涡轮电机电参数精密检测系统由信号检测、精密整流、滤波、A/D 转换与数字处理等环节所构成，系统整体封装在导向钻井系统的测控电子舱中，实现对电机电参数的测量存储并以数字信号形式送给控制单元，系统结构如图 4-6 所示。

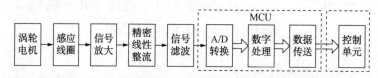

图 4-6　井下涡轮电机电参数检测系统结构图

互感线圈的测量信号为与电机电压同频率的交流信号。为使 MCU 能将信号通过 A/D 转换并采样为相应的数值，需要对放大后的互感信号进行整流。一般采用二极管整流电路整流。由于二极管存在约 0.7V 的死区电压 $u_d$，当输入电压小于 $u_d$ 时，二极管在信号的整个周期均处于截止状态，输出电压始终为零；如采用死区电压补偿方式进行校正，则因为二极管的 $u_d$ 会随温度而变化，而井下温度随井深会在较宽范围内变化，因此二极管整流电路或整流桥均不适合。对此可采用精密整流电路整流以满足精密测量要求，其原理电路如图 4-7 所示，但不同的电路参数将影响测量的精度。

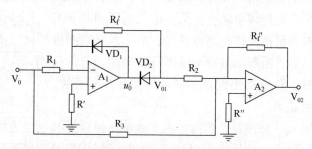

图 4-7　井下涡轮电机电压检测信号的精密整流电路

若取电路的电阻 $R_1 = R_2 = R_3 = R_f'' = R$，$R_f' = 2R$；当 $V_0 > 0$ 时，二极管 $VD_2$ 导通，$VD_1$ 截止，中间电压 $V_{01} = -2V_0$、$V_{02} = V_0$；当 $V_0 < 0$ 时，$VD_1$ 导通，$VD_2$ 截止，$V_{01} = 0$、$V_{02} = -V_0$；故有 $V_{02} = |V_0|$。

若取 $R_1 = R_2 = R_f' = R$，$R_3 = R_f'' = 2R$；当 $V_0 > 0$ 时，$VD_2$ 导通，$VD_1$ 截止，$V_{01} = -V_0$、$V_{02} = V_0$；当 $V_0 < 0$ 时，$VD_1$ 导通，$VD_2$ 截止，$V_{01} = 0$、$V_{02} = -V_0$；故有 $V_{02} = |V_0|$。

上述两种取值方法的输出相同，但中间信号前者有 $V_{01}=-2V_0$，后者为 $V_{01}=-V_0$；考虑到运放的饱和截止，后者的信号范围更宽、测量精度更高。

为适应井下高温环境，电路中的电阻 $R_1$、$R_2$、$R_3$、$R'_f$、$R''_f$ 均应选用高温精密电阻，运放选用高温高精度的 LM124 或 OP07。

### 三、井下涡轮电机电压检测信号的温度补偿

在电压检测电路中，互感线圈由铜丝绕制而成，其内阻随温度而变化，在 $0\sim150℃$ 温度范围内满足如下关系：

$$r(T)=r(T_0)\left[1+\alpha(T-T_0)\right] \tag{4-23}$$

式中，$r(T_0)$、$r(T)$ 是互感线圈在温度为 $T_0$、$T$ 时的阻值；铜电阻温度系数 $\alpha=4.29\times10^{-3}/℃$。

记温度 $T_0$、$T$ 时对相同输入电压 $E(t)$ 整流后的输出电压分别为 $V_{02}(T_0)$、$V_{02}(T)$，忽略 $R_1$、$R_2$、$R_3$、$R_f$、$R'_f$、$R''_f$ 的温漂变化，可得输出电压比为：

$$K(T,\ T_0)=\frac{V_{02}(T)}{V_{02}(T_0)}=\frac{1}{1+\alpha(T-T_0)} \tag{4-24}$$

按式(4-23)计算并绘制的温度与输出电压比的关系曲线如图4-8中的曲线2所示。将测量系统置于恒温箱中进行温度特性测试，按测试记录绘出的实际测试曲线如图4-8中的曲线1所示。

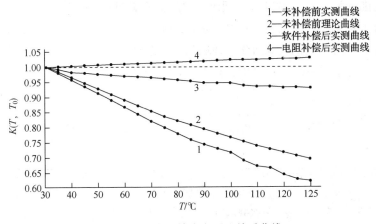

图4-8　温度—输出电压比关系曲线

温度测试实验表明，输出电压($V_{02}$)与温度呈近似比例关系，理论曲线与测试曲线基本一致，实测比例系数接近 $1/[1+a(T-T_0)]$，但高温区差异稍大。由于电阻温度特性所致的测量误差，在温度为 125℃ 时，约为 35%。因此为提高井下工作时的测量精度，必须考虑温度补偿。

温度补偿可以采用串联电阻方式，对应温度系数为 $4.29\times10^{-3}/℃$ 的铜丝绕制的互感线圈，选用温度系数为 $-5\times10^{-3}/℃$ 左右的 $CdO-Sd_2O_5-WO_5$ 线性热敏电阻进行补偿，即在电路中串接热敏电阻 $R_H$ 和可调电阻 $R_M$，$R_M$ 采用铜丝绕制，在温度为 $T_0$ 时调整 $R_M$，使得 $r(T_0)+R_M(T_0)=R_H(T_0)$。电阻补偿后再进行温度测试，按测试记录绘出的实测曲线如图 4-8 中的曲线 4 所示。温度补偿也可按式 (4-24) 进行软件计算补偿，软件补偿后的温度测试实测曲线如图 4-8 中的曲线 3 所示。

两种补偿方法的温度测试表明，采用软件补偿时，在高温区会有较大误差，120℃时的误差约为 7.3%；热敏电阻补偿后的测量误差较小，最大误差约为 1.9%，能够满足井下导向系统的测量精度要求。

## 四、井下涡轮电机电压检测系统的测试

井下涡轮电机电参数检测系统完成设计、调试与实验室标定后，进行了数轮现场测试。现场测试采用单台三缸往复式钻井泵水力循环驱动泥浆电机，钻井泵冲数在 20~120 冲/min 范围内连续可调（变频调速），缸径 $\Phi150mm$，由导向钻井系统的测控单元同步连续测量并记录泥浆电机电压电流，某次测试录得上泥浆电机电压曲线（部分）如图 4-9 所示。图 4-9 中，时间 1~180s、181~360s 对应的排量分别为 22L/s、24L/s；时段 361~720s 对应为三降三升下传通信测试实验曲线，对应排量为 18L/s、22L/s。记录的电压波动幅度约为 4%，其中 120s 时的最大波动为 3.97V，约 5.4%，该尖峰与流量脉动不一致，可能是流量波动、井下振动、井下涡轮电机的电磁干扰与测量仪器的测量误差叠加而造成的。总体来看，测量与记录的曲线变化平滑，连续，测量准确。

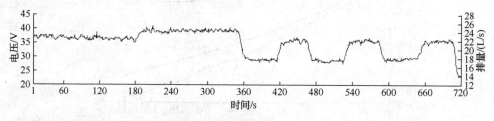

图 4-9　某次测试的上涡轮电机电压曲线（部分）图

将上、下两个泥浆电机置放于同一个钻铤内，在相同测试条件下进行了对比测试试验，试验记录所得的上下涡轮电机转速—排量对比曲线如图 4-10 所示。对比测试表明两电机的排量—转速曲线走向完全一致，对比性好。因为下电机的转动惯量比上电机的大，故图 4-10 中清晰可见随排量变化，下电机转速变化较慢，且过渡过程时间较长，表明测量与实际情况相符。

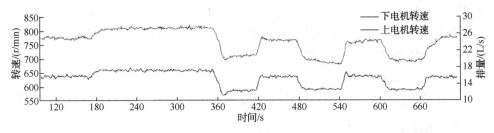

图 4-10　实测上下涡轮电机转速-排量对比曲线图

现场测试结果表明，测量装置测量准确，流量脉冲记录完整，可以为导向钻井井下工具的电压前馈控制和下行通信解码提供实时数据，也可为导向钻井系统的钻井液排量—涡轮特性、钻井液排量—电机电压特性、导向钻井系统井下控制规律、下传通信解码算法等研究提供准确数据和测量手段。

# 第 5 节　稳定控制平台的电机电压前馈-角度反馈控制仿真

依据系统动力学模型，采用本章第 3 节所述的电压前馈-PID 反馈控制策略进行控制仿真，仿真系统结构如图 4-11 所示，仍然取 PID 控制参数为 $K_p = 0.35$，$K_i = 0.35$，$K_d = 0.1$。

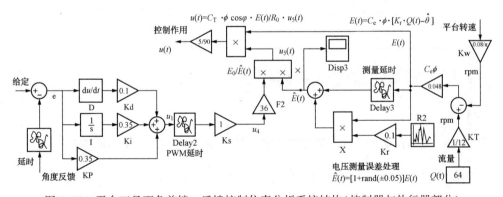

图 4-11　平台工具面角前馈—反馈控制仿真分析系统结构(控制器与执行器部分)

有关的仿真参数说明如下：

转速与流量的关系：由涡轮电机水力测试试验数据，流量 24L/s 时，电机转速 750r/min，得涡轮流量-电机转速系数 $k_T \approx 25\pi/24\text{rad/L}$，或 $k_T \approx 31.25$ (r/min)·(s/L)。

电压与转速的关系：由涡轮电机额定转速 750r/min 时，标称电压 $E_0 = 36\text{V}$，得电机结构常数与磁通密度的乘积为 $C_e \cdot \phi = 36/750\text{V}/(\text{r/min})$，或 $C_e \cdot \phi = 36/$

$25\pi V \cdot s/rad$。

力矩与电流的关系：由电机电压 36V、PWM 占空比 100%、负载电阻 $R_0 = 10\Omega$ 时电机转矩 2.0N·m，得转矩常数、电路功率因数、磁通密度的乘积为 $C_T \cdot \phi \cdot \cos\varphi = 5/9 (N \cdot m \cdot \Omega/V)$。

测量误差：考虑到电压测量误差，仿真分析时增加了延时环节为 30ms 和 10% 的随机误差，即取 $\hat{E}(t) = [1 + 0.1 rand(\pm 1)] E(t)$。

取角度设定值为 $\pi/2$，取 PID 控制参数为 $K_p = 0.35$、$K_i = 0.35$、$K_d = 0.1$，分别取流量 $Q = 64$、$Q = 48$ 和 $Q = 16 (L/s)$ 进行仿真分析，前馈-反馈控制的动态过程曲线对应如图 4-12、图 4-14 和图 4-15 所示。其中，图 4-12 的动态部分放大（时间为 0.1~50s）如图 4-13 所示。

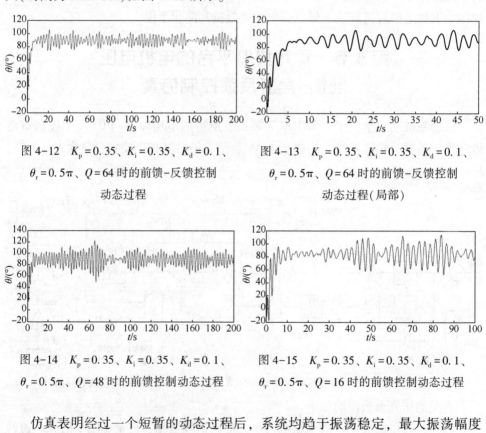

图 4-12　$K_p = 0.35$、$K_i = 0.35$、$K_d = 0.1$、$\theta_r = 0.5\pi$、$Q = 64$ 时的前馈-反馈控制动态过程

图 4-13　$K_p = 0.35$、$K_i = 0.35$、$K_d = 0.1$、$\theta_r = 0.5\pi$、$Q = 64$ 时的前馈-反馈控制动态过程（局部）

图 4-14　$K_p = 0.35$、$K_i = 0.35$、$K_d = 0.1$、$\theta_r = 0.5\pi$、$Q = 48$ 时的前馈控制动态过程

图 4-15　$K_p = 0.35$、$K_i = 0.35$、$K_d = 0.1$、$\theta_r = 0.5\pi$、$Q = 16$ 时的前馈控制动态过程

仿真表明经过一个短暂的动态过程后，系统均趋于振荡稳定，最大振荡幅度约为 ±15°。

对比 PID 控制方法，在相同的控制参数下，单纯 PID 控制在流量 $Q = 48L/s$ 和 64L/s 时是振荡发散的，而前馈-反馈控制均为振荡收敛，控制效果改善很明显。

在没有外界扰动的情况下，前馈-反馈控制存在有稳态振荡，其原因是在电压测量环节中引入了随机扰动，但振荡幅度尚在控制性能要求的范围内。

电机电压前馈补偿-角度位置反馈控制方法的仿真分析可得出如下两条基本结论。

（1）电压前馈-反馈控制方法对钻井液流量变化的适应性强。

采用电压前馈-PID 反馈控制，在 $K_p = 0.35$、$K_i = 0.35$、$K_d = 0.1$、设定值 $\theta_r = 0.5\pi(\text{rad})$ 条件下，系统在流量为 $16 \sim 64 \text{L/s}$ 的大范围内可以实现闭环稳定控制，表明该方法可改善系统控制性能，提高控制系统对钻井液流量宽范围变化的适应能力

（2）电压前馈-反馈控制方法尚不能满足控制性能要求。

仿真分析也发现，采用电压前馈-PID 反馈控制、当给定值大于 $\pi/2$ 时，仍然易出现被控变量围绕设定值上下大幅度摆动的振荡情况，不能实现稳定控制，振荡情况与图 3-25 相似。令偏心作用力矩 $f = 0$ 进行仿真，小扰动情况下不会出现这种大幅度振荡情况，表明这种振荡摆动主要是由于偏心作用力矩所导致的，而开始出现大幅度摆动的设定值的临界点则与所加的扰动有关，也与偏心作用力矩 $f$ 有关。

结合系统控制性能要求可知，电压前馈-PID 反馈控制方法仍然不能满足要求，需要进一步采取措施，消除偏心作用力矩的非线性影响。

# 第5章 稳定控制平台的
# 反馈线性化控制

实现稳定控制平台任意角度位置稳定控制的难题之一是平台系统存在安装误差和质量分布不均所致的偏心作用力矩，即系统动力学方程中的 $f\sin\theta$ 项。

从控制理论角度来看，可以考虑采用反馈线性化方法，通过非线性状态变换，将非线性的平台系统的动态特性变换为线性的，实现系统的输入-输出的精确线性化，从而将复杂的非线性系统的综合问题转换为线性系统的综合问题。

本章以稳定控制平台的动力学模型为基础，研究了偏心作用力矩对平台运动控制的影响，提出了稳定控制平台角度位置控制的反馈线性化控制方法，以解决偏心作用力矩对平台稳定控制的非线性影响。研究了平台运动参数与控制作用和结构参数的关系，提出了平台结构参数的在线估计方法，进一步提出了基于在线参数估计的反馈线性化控制实现方法。设计了稳定控制平台系统的机械驱动试验装置，仿真实验和机械驱动测试试验得出了反馈线性化控制方法可有效降低偏心作用力矩对控制的不利影响、扩大平台角度控制稳定范围的结论，机械驱动测试试验也均验证了电机电压前馈方法能有效提高控制系统对钻井液流量宽范围变化的适应能力。

## 第1节 稳定控制平台角度位置控制的
## 反馈线性化方法

将稳定控制平台前馈-反馈控制系统的动力学方程式改写为一般形式：

$$\ddot{\theta}+K_1'\dot{\theta}=-f'\sin\theta+u'(t) \tag{5-1}$$
$$=f(\theta)+g(\theta)u'$$

式中，$K_1'=K_1/J$，$f'=f/J$，$u'(t)=M_0+K_c \cdot u_c(t)/J$。

如果取控制律 $u'$ 为：

$$u'=\frac{1}{g(\theta)}[\tau-f(\theta)] \tag{5-2}$$

则可得到线性的系统动态方程为：

$$\ddot{\theta}+K_1'\dot{\theta}=\tau \tag{5-3}$$

式中，$\tau$ 为待求的等效控制输入。如果选择：

$$\tau=-K_\mathrm{P}\theta-K_\mathrm{D}\dot{\theta} \tag{5-4}$$

$K_1'$、$K_\mathrm{D}$、$K_\mathrm{P}$ 均为严格正常数，则控制器将使得闭环系统具有如下全局指数稳定的动态特性：

$$\ddot{\theta}+(K_1'+K_\mathrm{D})\dot{\theta}+K_\mathrm{P}=0 \tag{5-5}$$

所以，理论上，系统的动态性能可以通过选择 $K_\mathrm{D}$、$K_\mathrm{P}$ 的取值来得到满足。

# 第2节　稳定控制平台系统结构参数的在线估计

实现反馈线性化控制的前提是系统的模型和系统结构参数是精确已知的。

受到多种复杂力矩作用的非线性稳定控制平台的系统模型已经通过动力学分析而得到，动力学分析也确定了模型参数的大致范围，但因为平台系统的结构参数受到加工、装配、工作条件等诸多因素的影响，因此需要采用在线估计的方法以获得更为准确的更符合实际工作条件的数值估计。

需要估计的主要结构参数有转动惯量($J$)、平台稳定的平衡力矩($M_0$)、钻井液黏滞摩擦系数($k_1$)、偏心作用力矩($f$)等。其中，转动惯量($J$)和偏心作用力矩($f$)主要受到安装和装配的影响，不同的安装条件下会有不同的参数值，但一旦安装完成，则基本为定值；而摩擦系数($k_1$)主要受到钻井液性质和井下工作环境的影响，不同的钻井液和不同的环境温度，将具有不同的数值。

## 一、转动惯量($J$)的计算与估计方法

稳定控制平台的转动惯量可以由各组成部分的机械结构参数采用计算的方法获得，$J$ 的典型值为 $0.0285\mathrm{kg}\cdot\mathrm{m}^2$。还可以采用离线实验测试方法，将整个平台安放在动力学测试台中测试其转动惯量，以与计算值作进一步的对比验证。

## 二、固定偏置作用力矩($M_0$，稳定平台的力矩平衡点)的估计方法

稳定控制平台是一个基于作用力矩的运动系统，如果平台不旋转，则表明其作用力矩是平衡的。由平台动力学方程式，当 $[\theta,\dot{\theta},\ddot{\theta}]=[0,0,0]$ 时，稳定平台不旋转，平台各作用力矩平衡，忽略扰动，则有：

$$M_0+K_\mathrm{c}\cdot u_\mathrm{c}(t)=0 \tag{5-6}$$

因此，按照测量得到的平台的旋转速率施加控制，从 0 开始逐步增大控制作

用至某控制输出 $u[0]$，使得平台的旋转基本停止；然后，再缓慢增大控制作用至另一控制输出 $u[1]$，使得平台开始缓慢旋转；则用控制量表示的稳定控制平台力矩平衡点的估计为：

$$\widehat{M}_0 = (u[0]+u[1])/2 \tag{5-7}$$

且控制输出 $u[0]$、$u[1]$ 也表征了稳定控制平台平衡点附近摩擦死区的大小。

稳定控制平台的力矩平衡点与平台的装配有关，也与工作条件和工作状况相关，在平台的控制过程中，可能需要进行多次测量、估计。

平衡点估计一般是在控制失稳的情况下，使执行程序跳转到平衡点估计程序，启动平衡点的在线估计。

如果找不到平台的平衡点，说明平台系统的机械结构出现了异常，平台已失控，此时需要将整个系统提出地面，寻找故障原因。

### 三、钻井液黏滞摩擦系数($k_1$)的估计方法

由稳定控制平台的动力学方程式，在钻井泵水力驱动状态下，在一段时间内，保持钻井液流量稳定不变(忽略钻井液流量的瞬时波动，则可认为钻井液流量在平均意义上为常量)，此时，施加一个固定不变的控制作用 $u[2]$，采样平台的转速 $\dot{\theta}$，并对 $\dot{\theta}$ 加较长时间的均值滤波，得到平均转速 $\omega[2]$，平均转速基本恒定时，平台主轴的作用力矩(扭矩)基本平衡，即作用力矩等于阻力矩，可得：

$$k_1\omega[2] = M_0+u[2] \tag{5-8}$$

在同样条件下，增大或减小控制作用，施加另一个固定不变的控制作用 $u[3]$，可得到另一方程：

$$k_1\omega[3] = M_0+u[3] \tag{5-9}$$

两式相减，得到用控制量表示的钻井液对平台的黏滞摩擦系数 $k_1$ 的估计为：

$$\widehat{k}_1 = \frac{u[3]-u[2]}{\omega[3]-\omega[2]} = \frac{\Delta u}{\Delta \omega} \tag{5-10}$$

为了得到较为准确的黏滞摩擦系数的估计值，可以采用多次测试的方式，得到一组估计值，最后用简单的平均值计算方法或用最小二乘方法，得出估计结果。

黏滞摩擦系数与钻井液性质有关，与平台的外套筒结构有关，还与平台的工作温度密切相关，因此该系数的估计周期可以长一些，但温度变化较大时，应增加估计次数。

## 四、偏心作用力矩($f$)的估计方法

由动力学分析可知，偏心作用力矩($f$)是安装误差偏心力矩与质量分布不均偏心力矩之和。安装误差偏心和质量偏心在平台安装完成后可视为定值，可以考虑由平台的运动测量数据进行辨识。

由平台的动力学方程式，设施加的控制作用($u$)不变，则平台旋转一周时，瞬时角速度$\dot{\theta}(t)$为正弦曲线，当$\theta = \pi/2$时，有：

$$\widehat{J}\ddot{\theta}(1) + \widehat{k}_1\dot{\theta}(1) = -\widehat{f} + M_0 + u \tag{5-11}$$

当$\theta = \pi$或$\theta = 0$时，有：

$$\widehat{J}\ddot{\theta}(2) + \widehat{k}_1\dot{\theta}(2) = M_0 + u \tag{5-12}$$

两式相减，得偏心力矩$f$的在线估计为：

$$\widehat{f} = \widehat{J}[\ddot{\theta}(2) - \ddot{\theta}(1)] + \widehat{k}_1[\dot{\theta}(2) - \dot{\theta}(1)] \tag{5-13}$$
$$= \widehat{J} \cdot \Delta\ddot{\theta} + \widehat{k}_1 \cdot \Delta\dot{\theta}$$

式中，$\dot{\theta}(1)$、$\dot{\theta}(2)$和$\ddot{\theta}(1)$、$\ddot{\theta}(2)$分别是$\theta = \pi/2$、$\theta = \pi$时的瞬时角速度和角加速度。

故得偏心力矩($f$)的在线估计方法为：在钻井泵水力驱动状态下，给平台施加一个固定不变的控制作用$u[5]$，在平均转速基本恒定时，高速采样，测量的信号不加滤波，得到平台旋转一周的$[\theta, \dot{\theta}, \ddot{\theta}]$测量值记录，然后由式(5-13)得出估计值。

事实上，由于平台质心-工具轴心连线与工具高边(工具轴心-上盘阀水眼中心连线)所构成的夹角(定义为平台质心偏心角)与初始工具面角不一定重合，因此，实际采用的估计方法是：施加一个固定不变的控制作用，在平均转速基本恒定时，高速采样，测量记录平台旋转1周或旋转数周的瞬时角度、瞬时角速度和瞬时角加速度；然后从测量数据中找出旋转一周时的最大角加速度的绝对值$|\ddot{\theta}_{max}|$及对应的角速度$\dot{\theta}(3)$和最小角加速度绝对值$|\ddot{\theta}_{min}|$(该值应该为0)及与其对应的角速度$\dot{\theta}(4)$，由：

$$\widehat{f} = \widehat{J}(|\ddot{\theta}_{max}| - |\ddot{\theta}_{min}|) + \widehat{K}_1[\dot{\theta}(3) - \dot{\theta}(4)] \tag{5-14}$$

可以计算得偏心力矩的估计$\widehat{f}$。并且，出现$|\ddot{\theta}_{min}|$时的实测角度$\widehat{\theta}$就是平台的质心偏心角$\widehat{\theta}_0$。

## 第3节　稳定控制平台反馈线性化控制的实现与仿真

### 一、稳定控制平台反馈线性化控制的实现

在得到稳定控制平台系统的估计参数 $\hat{J}$、$\hat{K}_1$、$\hat{f}$、$\hat{\theta}_0$、$\hat{M}_0$ 后，系统的动态方程式可改写为：

$$\hat{J}\ddot{\theta}+\hat{K}_1\dot{\theta}+\hat{f}\sin(\theta-\hat{\theta}_0)=u(t)+d(t) \tag{5-15}$$

式中，$d(t)$ 是包含了对象模型误差和其他未知扰动的有界扰动。

为简化书写，上式仍然简记为：

$$J\ddot{\theta}+K_1\dot{\theta}+f\sin(\theta-\theta_0)=u(t)+d(t) \tag{5-16}$$

基于实际测量的对象参数估计，按照式（5-2）和式（5-4），取控制律为：

$$u(t)=-K_p\theta-K_D\dot{\theta}+f\sin(\theta-\theta_0) \tag{5-17}$$

考虑到执行器环节，实际取控制律为：

$$u_c(t)=-K_p/K_c\cdot\theta-K_D/K_c\cdot\dot{\theta}+f/K_c\cdot\sin(\theta-\theta_0) \tag{5-18}$$

则可使得系统为全局指数稳定的线性系统，其闭环动态方程为：

$$J\ddot{\theta}+(K_1+K_D)\dot{\theta}+K_p\theta=d(t) \tag{5-19}$$

### 二、稳定平台系统反馈线性化控制仿真

定义工具面角度控制误差为：

$$e(t)=\theta_r-\theta(t) \tag{5-20}$$

式中，$\theta_r$ 为工具面角的给定值。按照式（5-17），取控制器的控制律（执行器的输出）为：

$$u(t)=K_p\cdot e+K_D de/dt+\hat{f}\sin\theta \tag{5-21}$$

考虑到执行器环节的放大作用，取实际的控制律为：

$$u_c(t)=K_p\cdot e+K_d\cdot de/dt+\hat{f}/K_c\cdot\sin\theta \tag{5-22}$$

式中，比例系数 $K_p=K_p/K_c$，微分系数 $K_d=K_D/K_c$，经前馈补偿处理后，$K_c\approx2$。

按照稳定控制平台工具面角度前馈—反馈控制系统结构，加入反馈线性化环节，建立仿真分析系统。

仍然取控制器比例系数 $K_p=0.35$，微分系数 $K_d=0.1$，固定偏置作用力矩 $M_0=-1.2$，上、下盘阀相对旋转一周时的不平衡交变水力冲击力矩脉冲扰动幅值为 $M_d=0.46$，扰动周期 $1/30s$，脉冲宽度为 1 个周期的 $1/6$，盘阀摩擦力矩余弦扰

动幅度 $B=0.4$，扰动周期 $15\pi$，随机扰动幅度 $A=0.45$，偏心力矩 $\hat{f}=0.5$ 进行仿真分析。

在钻井液流量为 $Q=36$，设定值 $\theta_r=0.9\pi$ 时的动态响应曲线如图 5-1 所示，仿真表明系统稳态是稳定的，但存在较大的稳态误差，稳态误差约为 $100°$。

在反馈控制中引入积分作用，将式(5-22)的控制律改为：

$$u_c(t) = K_p e + K_d \mathrm{d}e/\mathrm{d}t + K_i \int e \mathrm{d}t + \hat{f}/K_c \cdot \sin\theta \qquad (5-23)$$

仍然取积分系数 $K_i=0.35$ 进行仿真，设定值 $\theta_r=0.9\pi$ 时动态响应曲线如图 5-2 所示，设定值 $\theta_r=\pi$ 时的动态响应曲线如图 5-3 所示。（以下如无特别说明，均取 $K_p=0.35$、$K_i=0.35$、$K_d=0.1$。）

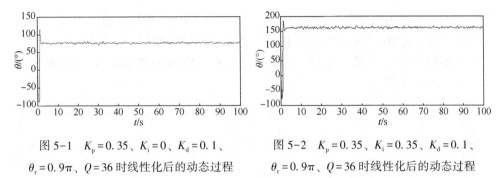

图 5-1　$K_p=0.35$、$K_i=0$、$K_d=0.1$、
$\theta_r=0.9\pi$、$Q=36$ 时线性化后的动态过程

图 5-2　$K_p=0.35$、$K_i=0.35$、$K_d=0.1$、
$\theta_r=0.9\pi$、$Q=36$ 时线性化后的动态过程

仿真表明无模型失配时系统即使在 $\theta_r=\pi$ 的临界稳定点，其终态也是稳定的，过渡过程时间较短，约为 3s，稳态摆动幅度较小，约为 $\pm7°$，没有稳态误差，控制效果较好。

改变钻井液流量，分别取 $Q=16$、$Q=48$、$Q=64$ 进行仿真，可得到类似的仿真结果，但流量增大、扰动作用增强时，系统稳态振荡幅度会有所增大。

设偏心力矩的估计 $\hat{f}$ 与实际偏心力矩 $f$ 之间存在估计误差，定义偏心力矩估计误差为：

$$\Delta f = f - \hat{f} \qquad (5-24)$$

取 $\hat{f}=0.4$、$\Delta f=0.2$、$Q=36$、$\theta_r=\pi$ 进行仿真，动态响应曲线如图 5-4 所示，仿真表明系统模型误差较小时，动态过程振荡收敛，稳态有振荡，振幅较大，振荡幅度最大约 $\pm60°$。

进一步的仿真分析表明，估计误差越大，则稳态振荡的幅度越大，例如取 $\Delta f=0.6$ 时，闭环系统稳态进入一个稳定极限环，被控变量围绕设定值来回大幅度摆动，摆动幅度约为 $130°$，如图 5-5 所示。

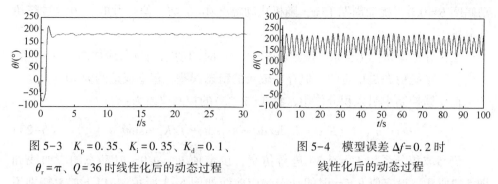

图 5-3　$K_p = 0.35$、$K_i = 0.35$、$K_d = 0.1$、　　　　图 5-4　模型误差 $\Delta f = 0.2$ 时
　　　$\theta_r = \pi$、$Q = 36$ 时线性化后的动态过程　　　　　　　线性化后的动态过程

当估计误差更大或扰动更强烈时，稳定控制平台易产生旋转振荡，平台控制失稳。

将设定值改为周期脉冲形式，设设定值为以 300s 为周期、前 0~150s 为 0°、后 151~300s 为 90°的方波脉冲，在不考虑模型估计误差但加上各种扰动的情况下，对系统的设定值跟踪控制效果进行仿真，仿真所得的动态过程曲线如图 5-6、图 5-7 所示。

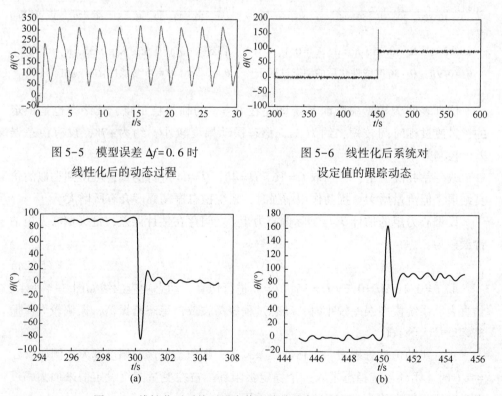

图 5-5　模型误差 $\Delta f = 0.6$ 时　　　　　　　图 5-6　线性化后系统对
　　　线性化后的动态过程　　　　　　　　　　　　设定值的跟踪动态

图 5-7　线性化后系统对设定值跟踪的动态响应过程（局部）

观察图 5-6 和图 5-7 可见，被控变量在 300s 时从 90°跳变到 0°、450s 时从 0°跳变到 90°，跟踪控制效果良好。

由图 5-7(a)可见，在 300s 时，系统设定值从 90°跳变为 0°，被控变量从约 90°快速减小至约-90°，然后振荡收敛于 0°，过渡过程时间约 2s，最大超调为 90°，稳态振荡幅度约为±8°。

相似地，由图 5-7(b)可见，在 450s 时，系统设定值从 0°跳变为 90°，被控变量从约 0°快速增大至约 170°，然后快速振荡收敛，经过约 2s 的过渡过程、2 次振荡后即进入稳态振荡，最大超调约 80°，稳态振荡幅度约±10°。

稳定控制平台系统反馈线性化控制的仿真分析表明：

(1) 反馈线性化有利于改善系统控制性能。

对比 PID 控制和反馈线性化控制方法，在设定值均为 $\theta_r = \pi$ 的临界稳定点，前者在没有扰动作用的情况下，即使易导致振荡的积分作用很弱($K_i = 0.05$)、流量较小($Q = 24$)，系统也是振荡不稳定的；后者在有强扰动作用、较大流量下，终态振荡稳定，且过渡过程时间很短，只有 2s 左右，振荡幅度小，只有约±7°。

对比表明反馈线性化方法对改善系统控制性能效果明显，尤其是在设定值为 π 的临界稳定点及其邻域效果更为显著。

(2) 反馈线性化要求模型参数准确，估计误差较大时易产生振荡。

反馈线性化方法能极大改善系统在 $\theta_r = \pi$ 的临界稳定点附近的控制性能，但当模型参数存在误差时，闭环系统的稳态振荡幅度较大，误差较大时，易导致系统产生旋转振荡(图 5-6、图 5-7)，其原因分析说明如下：

当偏心力矩存在估计误差 $\Delta f$，由式(5-16)和式(5-17)可得系统闭环动态方程为：

$$j\ddot{\theta} + (K_1 + K_D)\dot{\theta} + K_p\theta + \Delta f\sin\theta = \mathrm{d}t \qquad (5-25)$$

上式表明，当存在偏心力矩估计误差 $\Delta f$ 时，系统仍然残留有部分的非线性特征项 $\Delta f\sin\theta$，在设定值为 π 的临界稳定点及其邻域，系统将产生振荡，且估计误差越大，则振荡越幅度越大，估计误差更大时，则可能会产生大幅度摆动和旋转振荡。

因此，要减小稳态振荡幅度，消除被控系统的旋转振荡，就要求偏心力矩的在线估计越准确越好。

(3) 系统可能出现较大超调。

按照式(5-23)取反馈线性化控制律，仿真分析出现了较大的超调。较大超调产生的原因有 4 个方面：一是当给定值阶跃变化时，有较大的偏差($e$)和大的偏差变化率，比例和微分作用强，从而使控制作用($u$)产生了较大的变化；二是平台的转动惯量小，系统对于作用力矩非常敏感，控制作用的较小变化即可使平台产生较大的角加速度；三是采样滞后和控制滞后加剧了超调；四是叠加的扰动影响。

虽然平台的控制对于超调量没有具体指标要求，但过大的超调易导致平台产生旋转运动，增加了平台稳定控制的难度，降低系统控制性能，需要予以克服。

## 第4节 稳定控制平台的机械驱动试验装置设计

旋转导向钻井井下导向工具的整体性能和稳定控制平台的控制性能，必须通过实际测试试验予以验证，控制参数也需要通过试验进行参数整定和参数的优化，然后才能下井用于实钻井作业。性能测试的最终测试方式当然是在钻井过程中的实钻井测试，但实钻井测试存在测试时间安排必须服从于钻井生产、测试条件受到生产实际条件的制约、测试数据采集不全、测试周期长、测试费用昂贵等问题，因此，一套导向钻井系统一般只能安排一次或少数几次的实钻井验证性测试试验。

为克服实钻井测试条件的制约，特别设计了一套称为试验台架的机械驱动试验装置，用来模仿井下的工作环境和工作状况，在地面实现对导向钻井工具，特别是稳定控制平台的功能测试、性能测试和参数调试。

试验台架由底座、支承稳定控制平台的上下支承支架和支承轴承、上下驱动电机、摩擦模拟机构、力矩和转速测量设备等所组成，机械结构原理如图 5-8 所示，试验台架实物如图 5-9 所示。

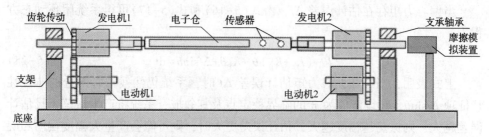

图 5-8　稳定控制平台机械驱动试验装置原理结构图

图 5-9　稳定控制平台机械驱动试验装置实物图

稳定控制平台置放于试验台架之上，通过上下支承轴承支承，可旋转。

稳定控制平台的下端端部安装有上盘阀阀片，该阀片与摩擦模拟机构上安装的下盘阀阀片贴合，以模拟实钻井时上下盘阀之间的动摩擦。

摩擦模拟机构采用液压机构、通过改变液压压力来调整上下盘阀之间的压紧力，以模拟实钻井时上下盘阀的摩擦力矩。通过一个手动液压泵，可使压力在0~6MPa之间手动连续可调，且可保持不变，对应的摩擦力矩范围约为0~7.5N·m。

下盘阀阀片由一个独立的直流电机驱动而旋转，转速从0~200r/min连续可调，用来模拟实钻井时外钻铤的旋转运动。

稳定控制平台的两台涡轮发电机(发电机1和发电机2)的涡轮在台架试验时被替换为齿轮，分别由试验台架上的交流变频电动机1和电动机2独立驱动，用来模拟实钻井时钻井液对涡轮的驱动作用。通过调整交流变频电机的转速，可以模拟不同钻井液流量下的涡轮旋转状况，齿轮转速从400~1500r/min连续可调，对应模拟的涡轮转速为400~1500r/min，对应的钻井液流量范围为14~45L/s。

试验台架上安装的测试仪器可测量平台主轴的旋转速度和力矩(扭矩)大小。

稳定控制平台机械驱动试验装置可用来完成涡轮电机在机械拖动下恒负载电阻时的电气特性测试、涡轮电机—电机转速—电机电磁力矩关系曲线测试、平台测控功能测试，包括系统供电功能、传感检测功能、信号处理功能、CAN通信功能、串行通信功能、显示功能、在线编程功能、数据存储功能、数据回放功能、A/D转换功能、D/A输出功能、PWM调制功能、力矩电机开环控制功能等单一功能的测试与功能联合测试，以及控制参数调试等功能。

# 第5节　稳定控制平台反馈线性化控制的机械驱动测试

在机械驱动测试试验条件下进行了多次前馈—反馈线性化—反馈控制的测试试验，选取2008年4月的某次工具面角度控制测试的部分记录如图5-10所示(时间长度约300s)。

测试试验预先设定的给定值变化次序为80°、330°、240°、150°、80°、150°，每个角度时间长度为1分钟。设定模拟摩擦力矩为2.0N·m(液压压力2.0MPa)，下盘阀转速80r/min，上涡轮电机转速基本稳定在650r/min，下力矩电机转速在500~1000r/min之间不断调整变化，相应地，下电机电压约在24~48V之间变化。

从图5-10可见，前3个角度实现了控制的稳定和设定值变化的跟随，过渡

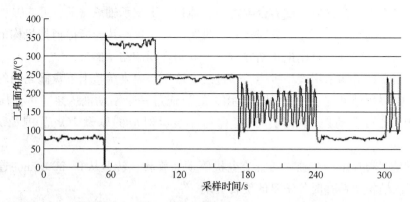

图 5-10　前馈-线性化-反馈控制的台架测试试验记录

过程时间约为 3s，稳态振荡幅度小于 ±15°；但 150°时出现了大幅度的振荡，平台围绕 150°的设定值在 80°~240°间来回摆动；后一个 80°是稳定的，但 150°仍然宽幅振荡。

对照第 3 章第 5 节的控制性能要求，平台在第 Ⅰ 象限（80°）、第 Ⅲ 象限（240°）和第 Ⅳ 象限（330°）是满足控制性能要求的，但第 Ⅱ 象限（150°）不满足要求。

对比 PID 控制方法的测试试验，单纯 PID 方法的动态曲线围绕设定值反复振荡，系统不能稳定；而反馈线性化方法的控制是基本稳定的，效果改善明显。

机械驱动测试可得出如下 3 个结论：

（1）电压前馈补偿作用明显。

从图 5-10 中看不出电压波动对控制的影响，说明电压前馈补偿方法有效地消除了力矩电机转速变化对控制的不利影响，表明电压前馈补偿的作用明显，克服了电压波动带来的控制不稳问题。

（2）反馈线性化方法有利于消除非线性影响。

在设定值 $\theta_r = \pi$ 的临界稳定点，前者即使在没有扰动作用的情况下，闭环系统也是宽幅振荡的；而经过反馈线性化处理后，在强扰动作用下，闭环系统是稳定的，图 5-10 的前 3 段也是稳定的，表明反馈线性化方法是有利于消除非线性影响的。

（3）估计误差等因素仍然会导致振荡。

机械驱动试验也表明，虽然反馈线性化有利于消除非线性影响，但因为偏心力矩 $f$ 的估计存在较大误差，以及其他扰动作用的影响，故仍然不能完全消除偏心力矩和其他非线性因素的影响，被控变量在个别角度仍然存在宽幅振荡的情况。例如图 5-10 中，被控变量在第 Ⅱ 象限（150°）就存在宽幅振荡情况。

更多的机械驱动试验发现，除了质量偏心外，盘阀摩擦片存在的偏磨也会产生较大的偏心作用力矩，导致了被控变量的宽幅振荡，甚至不稳定的旋转。

水力驱动条件下的测试试验也表明，采用反馈线性化控制方法后稳定控制平台系统的稳定性能有所改善。但由于反馈线性化控制依赖于准确的系统参数估计，而采用实际测量数据得到的对象参数的在线估计，因为有较大的测量误差，有测量过程中不可避免的冲击振动作用力矩的影响，有不可避免的流量、温度、压力等环境参数的扰动，必然导致出现较大的估计误差，系统模型参数不够准确，反馈线性化控制的效果就不如仿真分析的效果那么理想，系统仍然难以实现在各种扰动作用下对给定角度位置的稳定跟踪控制。

# 第6章　稳定控制平台的非线性预测控制

稳定控制平台的单纯 PID 反馈控制、前馈-反馈控制、反馈线性化控制等控制方法的研究表明，这些方法虽然可以实现一定条件下稳定控制平台角度位置的稳定控制，但由于系统模型误差和未建模动态的存在，实际系统仍然难以实现在各种强扰动作用下在给定角度位置的稳定控制，而且稳定控制平台转动惯量小，对作用力矩非常敏感，易出现超调过大、被控角度宽幅振荡的问题。对此，本章讨论非线性模型预测控制方法，研究和解决平台角度位置的稳定控制问题。

采用这种方法的最简单的解释是：平台的运动控制与一般的直线运动控制原理是相同的，就如同开车，不管车辆如何（对象模型失配）、路况如何（环境外部扰动），接近目标时应该低速逼近，一旦超过目标点，再倒车逼近就会很麻烦。预测控制方法与此相似，通过改变参考轨迹的设计，可以较好地实现低速目标逼近和在目标点的稳定控制（镇定）。

本章首先对非线性预测控制的控制原理、方法和研究现状做了简要介绍；然后，在前述章节的研究基础上，设计了稳定控制平台预测控制的整体系统结构，考虑到稳定控制平台的动力学方程具有仿射非线性系统的形式，故着重分析了仿射非线性系统的预测控制方法，研究了仿射非线性系统预测控制的稳定性问题，证明了稳定控制平台非线性预测控制闭环系统是一致渐近稳定的。最后，研究了稳定控制平台不同控制模式及其切换问题，给出了稳定控制平台预测控制参考轨迹的设计方法，提出了稳定控制平台角度位置预测控制的实现算法，仿真分析了在各种扰动作用下、存在模型失配情况下和设定值为临界稳定点等情况下的闭环系统特性。仿真分析、机械驱动测试和水力驱动测试试验表明，结合电压前馈补偿、反馈线性化后的预测控制方法可以实现在钻井液流量大范围变动、存在模型失配和强扰动作用时系统对给定角度位置的稳定跟踪控制。

## 第1节　非线性预测控制概述

### 一、模型预测控制

模型预测控制（MPC，Model Predictive Control）是在 20 世纪 70 年代发展起来

的一种新型控制算法。一经问世，就在石油、电力和航空等工业中得到十分成功的应用。随后又相继出现了各种其他相近的算法。当前预测控制的主要算法有：模型预测启发控制、动态矩阵控制、模型算法控制以及预测控制等算法。虽然这些算法的表达形式和控制方案各不相同，但基本思想类似，都是采用工业过程中较容易得到的对象脉冲响应或阶跃响应曲线，然后把采样时刻的一系列数值作为描述对象动态特性的信息，从而构成预测模型，确定控制量的时间序列，使得被控量与期望轨迹的误差最小，达到优化控制。各种方法都具有预测模型、滚动优化策略、反馈校正等共同特征，大致可以分为基于非参数模型的预测控制算法，与经典自适应控制相结合的预测控制算法和基于结构设计的预测控制算法等3类。

非参数模型的预测控制算法类有 Cutler 等提出的基于有限阶跃响应模型的动态矩阵控制（DMC，Dynamic Matrix Control），Rauhani 等提出的基于有限脉冲模型的模型算法控制（MAC，Model Algorithmic Control），等等。代表性的商业软件有 Shell 公司的 QDMC 和 Setpoint 公司的 IDCOM。

与自适应控制相结合的预测控制算法类有 Clarke 等提出的基于受控自回归积分滑动平均模型（CARIMA，Controlled Auto-Regressive Integrated Moving Average）的广义预测控制（GPC，Generalized Predictive Control），Lelic 和 Tarrop 提出的基于频域零极点配置的广义预测极点配置控制（GPPC，Generalized Predictive Pole Placement Control），Ydstie 提出的基于自适应的扩展时域自适应控制（EHAC，Extended Horizon Adaptive Control），Keyser 提出的扩展时域预测自适应控制（EP-SAC，Extended Prediction Self-adaptive Control），以及 Richalet 的预测函数控制（PFC，Predictive Functional Control），等等。

基于结构设计的预测控制算法类有 Garcia 等提出的内模控制（IMC，Internal Model Control），以及 Kwon 等提出的基于状态空间模型的预测控制（RHPC，Receding Horizon Pridictive Control），等等。

## 二、非线性模型预测控制

非线性模型预测控制（NLMPC，Nonlinear Model Predictive Control）是在线性预测控制理论基础上发展而来的，其控制思想与线性 MPC 相同，但针对非线性对象，引入了非线性预测模型和/或非线性目标优化函数，也需要处理非线性约束问题。

NLMPC 的非参数预测模型主要有 Volterra 模型、Hammerstein 模型、Wiener 模型等。控制工程应用中，NLMPC 较多地采用了智能预测模型，如 Fuzzy 模型、ANN 模型、NARX 模型、SVM 模型等。

Volterra 模型即非线性脉冲响应模型，采用 Volterra 级数描述非线性系统的动态，表示的精度取决于所取 Volterra 序列的阶次，一般，二阶 Volterra 模型即可满足描述精度要求。由试验测试的对象实际输入—输出序列可辨识得出模型参数（Volterra 核）。

Hammerstein 模型将对象描述为非线性静态环节和线性动态环节的串联组合，从而将控制问题分解为线性模型的动态优化和非线性模型的静态求解，简化了问题的求解。

Wiener 模型与 Hammerstein 模型类似，区别在于 Wiener 模型的线性动态环节在前，非线性环节在后。

Fuzzy 模型是一种基于模糊数学的描述对象输入–输出非线性关系的智能模型，常常会与其他数学描述模型相结合，采用模糊推理方法和模糊辨识方法，以简化模型的辨识过程、简化模型的结构或简化动态优化算法。

ANN 模型基于人工神经网络（ANN，Artificial Neural Network）理论，由测试的系统输入–输出数据序列（学习样本数据），离线训练或在线学习得到一个用某种 ANN 结构，如 BP、Hopfield 或 RBF 网络，所描述的非线性系统模型用作控制的预测模型。

具有外部输入的非线性自回归 NARX 模型（NARX）和 NARMAX 模型（NAR-MAX），采用形如 $y(k) = \sum_{j}^{m} P_j(k)Q_j + e(k)$ 的多项式来描述对象的输入、输出、延时、噪声等，具有统一而简单的结构形式。

### 三、非线性预测控制问题的描述

设非线性对象可描述为：

$$\begin{cases} \dot{x} = f[x(t), u(t)] \\ y = h[x(t)] \end{cases} \tag{6-1}$$

设按照对象特点而建立的某一预测模型可由系统的状态 $x(t)$、输出 $y(t)$ 和控制作用 $u(t)$ 预测得到系统未来时间 $T$ 内的输出 $\hat{y}(t)$，对应于某一个参考轨迹 $y_r(t+T)$，定义性能优化函数 $\Im$ 为：

$$\Im[x(t), u(t), T] = \int_t^{t+T} F[x(\tau), u(\tau)]d\tau + V[x(t), u(t)] \tag{6-2}$$

则初始条件为 $x(t)$、在 $t < \tau < t+T$ 时段内的非线性约束优化问题可描述为：

$$\begin{cases} \min_{u \in U} \Im[x(t), u(t), T] \\ s.t.\ \dot{x}(\tau) = f[x(\tau), u(\tau)] \\ x(\tau) \in X \\ u(\tau) \in U \end{cases} \tag{6-3}$$

式中，$f(.)$ 为非线性函数；$T$ 为严格正实数；$U$ 为允许控制序列的集合（控制约束集合）；$X$ 为状态约束集合。

### 四、非线性预测控制的滚动优化

模型预测控制是基于控制计算机实现的智能控制方法，故有必要讨论该方法的离散形式。设非线性 SISO 系统可以描述为：

$$y(k+1)=f[y(k), y(k-1), \cdots, y(k-n); u(k), u(k-1), \cdots, u(k-n)]$$

$$(6-4)$$

式中，$y(k+1)$ 为 $k+1$ 时刻的系统输出；$u(k)$ 为 $k$ 时刻的系统输入控制量；$f(.)$ 为一般的非线性函数；$n$ 为建模动态时域。

假设之后的 $k+1$，$k+2$，$\cdots$，$k+M$ 时刻系统分别有控制输入 $u(k+1)$，$u(k+2)$，$\cdots$，$u(k+M)$；$M$ 称控制步，或控制时域；则由系统模型可预测得出未来 $P$ 步（$P$ 称为预测时域，也称优化时域）的系统输出为：

$$\begin{cases} y(k+2)=f[y(k+1), y(k), y(k-1), \cdots, y(k-n+1); \\ \qquad u(k+1), u(k), u(k-1), \cdots, u(k-n+1)] \\ \cdots \\ y(k+M+2)=f[y(k+M+2), \cdots, y(k-n+M+1); \\ \qquad u(k+M), u(k+M-1), \cdots, u(k)] \\ \cdots \\ y(k+p)=f[y(k+p), y(k+p-1), \cdots, y(k-n+p-1); \\ \qquad u(k+M), \cdots, u(k+M), u(k+M-1), \cdots, u(k)] \\ \cdots \end{cases}$$

$$(6-5)$$

简写为向量形式，为：

$$Y \vdots_k = [y(k+p) \quad y(k+p-1) \quad \cdots \quad y(k+p)]$$

$$(6-6)$$

式中，$\vdots_k$ 表示预测的采样时刻。通常约定 $M \leqslant P \leqslant n$，即控制时域 ≤ 预测时域 ≤ 动态时域，对于 $M$ 步之后的控制输入，一般取控制增量为 $0$，即取控制量为 $u(k+M)$。

设由期望输出取定一个参考轨迹序列，记为：

$$y_r(k), y_r(k+1), \cdots, y_r(k+p)$$

$$(6-7)$$

在采样时刻 $k$，各预测步的控制误差定义为：

$$\begin{cases} e(k)=y_r(k)-y(k) \\ e(k+1)=y_r(k+1)-y(k+1) \\ \cdots \\ e(k+p)=y_r(k+p)-y(k+p) \end{cases}$$

$$(6-8)$$

记为向量形式，则为：

$$e \vdots_k = [e(k+p) \quad e(k+p-1) \quad \cdots \quad e(k+p)] \tag{6-9}$$

定义一个性能指标函数，例如简单地定义性能指标函数为：

$$\Im = \sum_{i=1}^{p} r_i \cdot e(k+i)^2 \tag{6-10}$$

式中，$r_i$ 为权系数。

按照式(6-3)的预测控制问题描述，通过对性能指标求解有约束的优化问题，可得出 $k$ 时刻的优化控制序列：

$$u(k), u(k+1), \cdots, u(k+M) \vdots_k \tag{6-11}$$

$k$ 时刻的优化控制虽然为序列的形式，但在 $k$ 时刻，系统仅输出该序列中的第一个优化控制作用 $u(k)\vdots_k$。至 $k+1$ 时刻，则再次优化求解，得到一个新的控制输出序列：

$$u(k), u(k+1), \cdots, u(k+M) \vdots_{k+1} \tag{6-12}$$

然后再输出 $u(k)\vdots_{k+1}$，如此不断进行，故优化不是一次完成的，而是不断的滚动优化。

### 五、非线性预测控制的滚动误差校正

在预测控制中，预测值与实际测量值之间的误差可采用两种方法进行校正：一是修正预测模型，二是校正误差。以修正预测误差为例说明如下：

由式(6-6)，记 $k-1$ 时刻预测的控制输出为 $y(k+1)\vdots_{k-1}$，在当前采用时刻（$k$ 时刻），由状态测量取得采样输出（实际输出）为 $y_0(k+1)\vdots_k$，定义 $k$ 时刻的预测误差为：

$$\hat{e}(k) = y_0(k+1)\vdots_k - y(k+1)\vdots_{k-1} \tag{6-13a}$$

将 $k$ 时刻之前的 $P$ 个预测误差记为向量形式：

$$\hat{e}\vdots_k = [\hat{e}(k+p)\hat{e}(k+p-1)\cdots\hat{e}(k)]^T \tag{6-13b}$$

则校正后的预测向量为：

$$Y_{cor}\vdots_k = Y\vdots_k + H\hat{e}\vdots_k \tag{6-14}$$

式中，$H = [h_1 h_2 \cdots h_p]$，称为误差校正权系数向量。

误差的校正过程为：在初始化时刻，先以前一实测值作为当前预测值，开始滚动优化，至下一时刻，则先取得采样输出，由式(6-13)计算误差后，按式(6-14)计算校正后的预测向量，继续按式(6-3)优化计算控制，但优化计算式中的输出预测 $Y\vdots_k$ 采用校正后的预测 $Y_{cor}\vdots_k$；如此循环滚动。误差校正系数（$H$）的数值依据经验选定或按照控制效果进行调整。

修正预测模型方法较多地见于智能模型，如采用遗传算法的 ANN 模型、在线 BP 模型、小波模型、Fuzzy 模型等，基于预测输出与实测输出的误差，采用某

种在线学习方法来修正模型的参数，甚至修正模型的结构，例如所谓的"增殖式"学习。

## 六、非线性预测控制的约束处理

考虑一般的二次目标函数，将非线性预测的优化问题式表述为一般形式：

$$
\begin{cases}
\min_{\Delta u}\left(\dfrac{1}{2}\Delta u^T\varphi\Delta u+\varphi^T\Delta u\right), \ \varphi=\varphi^T\geqslant0 \\
\text{s. t. } u\in(u_{\min}, \ u_{\max}) \\
\Delta u\in(\Delta u_{\min}, \ \Delta u_{\max}) \\
y\in(y_{\min}, \ y_{\max})
\end{cases}
\tag{6-15}
$$

将式中的约束全部归结到以 $\Delta u$ 为变量的向量不等式，即约束形式统一为：

$$
\text{s. t. } \Omega\cdot\Theta\leqslant\Psi
\tag{6-16}
$$

式中，$\Omega$ 为不等式约束矩阵；$\Theta$ 为控制增量向量 $\Delta u$ 的扩展；$\Psi$ 为不等式约束。

如此，可将预测优化问题转换为一个标准的 QP（Quadratic Programming）问题，则可采用拉格朗日算子法、积极集法、内点法等方法求解。

有约束的优化问题可能产生的严重问题是优化器将面对的可能是一个不可行问题，尤其是当受到大扰动作用时，系统常超出正常的约束范围，使得约束优化求解无解。

处理不可行性的方法一般是采用"软"约束处理，即允许约束个别地或偶然地被跨越，典型方法是引入一些新的，被称为松弛变量的变量，只要有可能，这些变量总是保持为零，仅当约束被违反时，它们才不为零。

应用实际中对约束的一种简单处理是将控制输出"钳制"在约束范围内。

## 七、非线性预测控制的稳定性与鲁棒性问题

由于模型的多样性、优化性能指标函数的多样性、预测时域和控制时域的约束、状态的约束等因素的影响，使得预测控制的稳定性分析与鲁棒性分析一直是理论界的一个难题。

对于线性系统，预测控制的稳定性分析最早见于 1977 年，Kwon 通过加入终端为 0 的约束条件，得出了预测控制策略的稳定性结论。

根据 Bellman 最优化原理，只要优化问题有解，便意味闭环系统渐近稳定，因此，保证预测控制闭环稳定的直接方法是将预测时域扩展至无限时域，通过加入等式或不等式的稳定性约束项，或/和增加终端罚函数项，可以将有限预测时域延伸至准无限时域或无限时域，从而得出稳定性证明，而且预测时域 $T$、约束项本身也成为需要优化的参数。

考虑到实际对象状态的不可完全观测，近年有不少文献讨论了基于状态观测、误差观测和扰动观测的非线性预测控制系统的稳定性与鲁棒性问题。

目前看来，无论是线性系统还是非线性系统，虽然方法和证明的途径不同，条件假设和边界约束有别，预测控制闭环系统的稳定性分析都是源于对定义的某类性能指标函数随时间单调递减的性质，即基于 Lyapunov 稳定性理论。

# 第2节　稳定控制平台非线性预测控制系统结构

关于旋转导向钻井稳定控制平台角度位置控制问题，前述的电机电压前馈补偿方法对于钻井液流量变化的适应性有良好效果，可以使得控制系统的执行器环节基本成为一个线性比例环节，反馈线性化控制则对于偏心作用力矩的非线性影响有不错的处理效果，因此，基于上述研究工作，再进一步设计预测控制策略，以期取得更好的控制性能，特别是企望能提高系统在临界稳定点的稳定性能和任意角度位置的跟踪控制性能。

将经过电压前馈补偿、反馈线性化后的稳定控制平台作为预测控制的广义被控对象，以平台旋转主轴的相对角度（即工具面角度）作为被控变量来设计预测控制系统。

稳定控制平台预测控制系统由广义被控对象、广义对象的预测模型、误差校正、参考轨迹生成、指标函数约束滚动优化、输出处理等环节所组成，系统结构如图 6-1 所示。

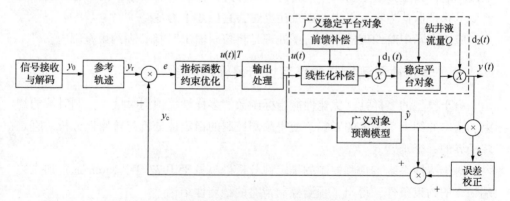

图 6-1　旋转导向稳定控制平台的预测控制系统结构图

稳定控制平台预测控制系统以导向钻井系统下传通信的信号接收与解码后的平台的方位角（工具面角度）作为设定值 $y_0$。

由于稳定控制平台在不同运动状态下具有不同的动力学特点，例如，平台相对大地不旋转时，存在摩擦死区，因此，其控制需要考虑采用不同的控制策略。预测控制系统中，采取了统一的系统结构形式，但针对平台主轴的实际测量角度与角速度采用了有区别的参考轨迹生成策略，以形成不同的优化控制目标参考轨迹(优化步设定值)，实现变结构控制。

滚动优化以参考轨迹与实测的工具面角度比较所得的偏差作为优化的输入，按照定义的性能指标函数，进行滚动优化，形成优化控制序列。

输出处理将滚动优化的输出序列的第一个作为当前控制作用，通过控制输出通道，送给由反馈-前馈-线性化补偿—涡轮力矩执行电机等所组成的广义执行器，实现控制功能。

误差校正不单独增加误差校正模块，而是采用参数在线估计方法来降低对象模型的估计误差，提高系统预测的准确性。

由稳定控制平台动力学方程式和反馈线性化处理后的系统动态方程式，考虑到参数估计误差，则经过电压前馈-精确线性化-反馈控制后的、包含执行器(涡轮力矩电机)的广义控制对象的动态方程可描述为

$$J\ddot{\theta}+(K_1+K_D)\dot{\theta}+K_P\theta+\Delta f \cdot \sin\theta=u(t)+d(t) \tag{6-17}$$

式中，$\Delta f$ 为偏心力矩估计误差；系数 $K_1$、$K_D$、$K_P$ 为严格正的；$d(t)$ 为有界的建模误差和未知扰动作用。

定义状态变量为：

$$x_1=\theta, \ x_2=\dot{\theta} \tag{6-18}$$

定义被控变量为：

$$y=\theta \tag{6-19}$$

令 $K_{1D}=K_1+K_D$，则系统的状态方程，即广义对象的预测模型方程可写为：

$$\begin{cases} \dot{x}_1=x_2 \\ \dot{x}_2=-K_{1D}/J \cdot x_2-K_P/J \cdot x_1+\Delta f/J \cdot \sin x_1+u(t)/J \\ y=h(x)=x_1 \end{cases} \tag{6-20}$$

# 第3节　仿射非线性系统的预测控制

对式(6-20)的观察可见平台的动力学方程具有仿射非线性系统的特征，故将其表示为典型的仿射非线性系统形式：

$$\begin{cases} \dot{x}=f(x)+g(x)u \\ y=h(x) \end{cases} \tag{6-21}$$

式中，$x \subset X \in R^n$；$f(x)=\begin{bmatrix} f_1 & f_2 & \cdots & f_n \end{bmatrix}^T \in R^n$；$g(x)=\begin{bmatrix} g_1 & g_2 & \cdots & g_m \end{bmatrix}^T \in$

$R^m$；$u \subset U \in R^m$；$y \subset Y \in R^m$；$x$、$u$、$y$ 分别为状态、控制和输出的可行约束集合；$n$ 为状态维数；$m$ 为控制和输出的维数。

假定系统状态 $x$ 光滑连续，具有任意阶导数，则对某实数 $\tau > 0$，状态变量 $x_i$ 在 $t+\tau$ 时的泰勒级数展开可表示为：

$$x_i(t+\tau) = x_i(t) + \tau \cdot \dot{x}_i(t) + \frac{(\tau)^2}{2!}\ddot{x}_i(t) + \cdots + \frac{(\tau)^n}{n!}x_i^{(n)}(t) + \frac{(\tau)^{n+1}}{(n+1)!}x_i^{(n+1)}(\xi)$$

$$(6-22)$$

式中，余项中的时间量 $\xi \in (t, t+\tau)$。

定义在状态变量的导数 $x_i^{(r)}$ 中第一次出现控制作用的阶数 $r$ 为 $x_i$ 的相对阶次，取式（6-22）的前 $r+1$ 项予以近似，则式（6-21）所描述的仿射非线性系统在时间 $t$ 的预测时段 $\tau$ 的系统状态预测采用 $r+1$ 阶泰勒级数展开可近似表述为：

$$x(t+\tau) = x(t) + Z(x, \tau) + \Lambda(\tau)W(x)u(t) \qquad (6-23)$$

其中

$$x(t+\tau) = \begin{bmatrix} x_1(t+\tau) & x_2(t+\tau) & \cdots & x_n(t+\tau) \end{bmatrix}^T$$

$$Z(x, \tau) = \begin{bmatrix} z_1(x, \tau) & Z_2(x, \tau) & \cdots & z_n(x, \tau) \end{bmatrix}^T$$

$$z_i(x, \tau) = \tau \cdot f_i + \frac{(\tau)^2}{2!}L_f f_i + \cdots + \frac{(\tau)^{r_i}}{r_i!}L_f^{r_i-1}f_i$$

$$\Lambda(\tau) = \mathrm{diag}\left( \frac{\tau^{r_1}}{r_1!} \quad \frac{\tau^{r_2}}{r_2!} \quad \cdots \quad \frac{\tau^{r_n}}{r_n!} \right)$$

$$W(x) = \begin{bmatrix} w_1 & w_2 & \cdots & w_n \end{bmatrix}^T，为 n \times m 矩阵$$

$$w_i = \begin{pmatrix} L_{g_1}L_f^{r_i-2}f_i & L_{g_2}L_f^{r_i-2}f_i & \cdots & L_{g_m}L_f^{r_i-2}f_i \end{pmatrix}$$

符号 $L_f^r \ell$ 为函数 $\ell$ 对向量 $f$ 的 $r$ 阶李导数（Lie-Derivative）。

设系统的跟踪轨迹可用一组光滑的向量函数 $x_{\mathrm{ref}}(t) \in R^n$ 描述，同样地，参考状态也采用泰勒级数展开方法近似表述为：

$$x_{\mathrm{ref}}(t+\tau) = x_{\mathrm{ref}}(t) + \psi(t, \tau) \qquad (6-24)$$

其中，

$$\psi(t, \tau) = \begin{bmatrix} \psi_1 & \psi_2 & \cdots & \psi_n \end{bmatrix}^T$$

$$\psi_i = \tau \cdot \dot{x}_{\mathrm{ref}_i} + \frac{(\tau)^2}{2!}\ddot{x}_{\mathrm{ref}_i} + \cdots + \frac{(\tau)^{r_i}}{r_i!}x_{\mathrm{ref}_i}^{(r_i)}$$

定义 $t$ 时刻的系统状态跟踪误差为：

$$e(t) = x(t) - x_{\mathrm{ref}}(t) \qquad (6-25)$$

代入式（6-23）和式（6-24），则预测状态跟踪误差与控制向量 $u(t)$ 的关系可表述为：

$$e(t+\tau) = x(t+\tau) - x_{\text{ref}}(t+\tau)$$

$$= e(t) + Z(x, \tau) - \psi(t, \tau) + \Lambda(\tau)W(x)u(t) \qquad (6\text{-}26)$$

不失一般性，定义预测控制的滚动优化性能函数为：

$$\Im[e(t), u(t), h] = \frac{1}{2}\int_0^h e(t+\tau)^T Q e(t+\tau)\mathrm{d}\tau + \frac{1}{2}u(t)^T R u(t)$$

$$(6\text{-}27)$$

式中，$Q \in R^{n \times n}$，为正定的状态跟踪加权矩阵；$R \in R^{m \times m}$，为半正定的控制输入加权矩阵；$h>0 \in R$，为优化时域。

最小化性能指标，得方程：

$$\frac{\partial \Im}{\partial u} = 0 \qquad (6\text{-}28)$$

由矩阵对向量的求导法则，考虑到正定、半正定矩阵的对称性质，有：

$$\frac{\partial(u^T R u)}{\partial u} = (R + R^T)u = 2Ru \qquad (6\text{-}29)$$

及：

$$\frac{\partial[e(t+\tau)^T Q e(t+\tau)]}{\partial u} = \frac{\partial e(t+\tau)^T}{\partial u}(Q + Q^T)e(t+\tau) \qquad (6\text{-}30)$$

由式(6-26)对向量 $u$ 求导，得：

$$\frac{\partial e(t+\tau)^T}{\partial u} = \frac{\partial}{\partial u}[e(t) + Z(x, \tau) - \psi(t, \tau) + \Lambda(\tau)W(x)u(t)]T$$

$$= W(x)^T \Lambda(\tau)^T \qquad (6.31)$$

对式(6-27)求导，得方程：

$$\int_0^h W(x)^T \Lambda(\tau)^T Q[e(t) + Z(x, \tau) - \psi(t, \tau) + \Lambda(\tau)W(x)u(t)]\mathrm{d}\tau + Ru(t) = 0$$

$$(6\text{-}32)$$

展开，稍加整理，得：

$$\left[W^T \int_0^h \Lambda(\tau)^T Q\Lambda(\tau)\mathrm{d}\tau W + R\right]u = -W^T\left[\int_0^h \Lambda^T Q\mathrm{d}\tau \cdot e(t) + \int_0^h \Lambda^T Q(Z - \psi)\mathrm{d}\tau\right]$$

$$(6\text{-}33)$$

令：

$$F(h) = \int_0^h \Lambda(\tau)^T Q\Lambda(\tau)\mathrm{d}\tau$$

$$G(h) = \int_0^h \Lambda(\tau)^T Q\mathrm{d}\tau$$

$$V(x, x_{\text{ref}}, h) = \int_0^h \Lambda(\tau)^T Q[Z(x, \tau) - \psi(t, \tau)]\mathrm{d}\tau$$

可得优化控制律为：

$$u_o(t) = -[W(x)^T F(h) W(x) + R]^{-1} W(x)^T [G(h) \cdot e(t) + V(x, x_{\text{ref}}, h)]$$

$$(6-34)$$

# 第4节　仿射非线性系统预测控制的稳定性分析

式(6-20)所描述的平台动力学系统是一种特殊的仿射非线性系统，其一般形式为：

$$\begin{cases} \dot{x}_1 = x_2 \\ \dot{x}_2 = f(x) + g(x)u(t) \\ y = h(x) \end{cases} \tag{6-35}$$

其中，系统状态记为 $x = [x_1 \quad x_2]^T$。仍然定义 $t$ 时刻的系统状态跟踪误差为：

$$e(t) = x(t) - x_{\text{ref}}(t) = \begin{bmatrix} e_1 \\ e_2 \end{bmatrix} = \begin{bmatrix} x_1 - x_{\text{ref}1} \\ x_2 - x_{\text{ref}2} \end{bmatrix} \tag{6-36}$$

系统在某时间 $t$ 往后的预测时段 $\tau > 0$ 的状态预测误差采用泰勒级数展开，表述为：

$$\begin{cases} e_1(t+\tau) = e_1(t) + \tau \cdot \dot{e}_1(t) + \dfrac{\tau^2}{2!}[f(x) - \ddot{x}_{\text{ref}1}] + \dfrac{\tau^2}{2!}g(x)u(t) \\ e_2(t+\tau) = e_2(t) + \tau \cdot [f(x) - \dot{x}_{\text{ref}2}] + \tau \cdot g(x)u(t) \end{cases} \tag{6-37}$$

为简化分析，不妨假设所设计的参考轨迹满足 $\ddot{x}_{\text{ref}1} = \dot{x}_{\text{ref}2}$。

事实上，在稳定控制平台角度位置控制中，因为 $x_{\text{ref}1}$ 对应于平台的角度 $\theta$，$x_{\text{ref}2}$ 对应于平台的角速度 $\dot{\theta}$，故依定义，必有：

$$\ddot{x}_{\text{ref}1} = \dot{x}_{\text{ref}2} \tag{6-38}$$

取状态跟踪加权正定矩阵为：

$$T = \begin{bmatrix} T_1 & 0 \\ 0 & \tau^2 T_2 \end{bmatrix} = \begin{bmatrix} t_1 I & 0 \\ 0 & \tau^2 t_2 I \end{bmatrix} \tag{6-39}$$

式中，$t_1 > 0$；$t_2 > 0 \in C$；$\tau$ 为时间变量；$I$ 为单位矩阵。

则对优化时域 $h > 0$ 的优化性能函数式(6-27)可表述为：

$$\Im[e(t), u(t), h] = \frac{1}{2}\int_0^h \begin{bmatrix} e_1(t+\tau) \\ e_2(t+\tau) \end{bmatrix}^T \begin{bmatrix} T_1 & 0 \\ 0 & \tau^2 T_2 \end{bmatrix} \begin{bmatrix} e_1(t+\tau) \\ e_2(t+\tau) \end{bmatrix} d\tau + \frac{1}{2}u(t)^T R u(t)$$

$$(6-40)$$

代入式(6-37)，由 $\partial \Im / \partial u = 0$ 求解，得：

$$\int_0^h \left[ e_1(t+\tau)T_1 \frac{\partial e_1(t+\tau)}{\partial u} + e_2(t+\tau)\tau^2 T_2 \frac{\partial e_2(t+\tau)}{\partial u} \right] d\tau + Ru(t)$$

$$= \int_0^h \left\{ e_1(t+\tau)T_1 \left[ \frac{\tau^2}{2}g(x) \right] + e_2(t+\tau)\tau^2 T_2 [\tau \cdot g(x)] \right\} d\tau + Ru(t)$$

$$= \int_0^h \left\{ e_1(t) + \tau \cdot \dot{e}_1(t) + \frac{\tau^2}{2!}[f(x) - \ddot{x}_{\text{ref1}}] + \frac{\tau^2}{2!}g(x)u(t) \right] \cdot T_1 \left[ \frac{\tau^2}{2}g(x) \right] \right\} d\tau +$$

$$\int_0^h \left\{ e_2(t) + \tau \cdot [f(x) - \dot{x}_{\text{ref2}}] + \tau \cdot g(x)u(t) \right\} \tau^2 T_2 [\tau \cdot g(x)] d\tau + Ru(t)$$

$$= \left\{ \frac{1}{6}e_1(t)h^3 + \frac{1}{8}\dot{e}_1(t)h^4 + \frac{1}{20}[f(x) - \ddot{x}_{\text{ref1}}]h^5 + \frac{1}{20}g(x)u(t)h^5 \right\} T_1 g(x) +$$

$$\left\{ \frac{1}{4}e_2(t)h^4 + \frac{1}{5}[f(x) - \dot{x}_{\text{ref2}}]h^5 + \frac{1}{5}g(x)u(t)h^5 \right\} T_2 g(x) + Ru(t)$$

$$= \left\{ \frac{1}{6}e_1(t)h^3 + \frac{1}{8}\dot{e}_1(t)h^4 + \frac{1}{20}[f(x) - \ddot{x}_{\text{ref1}}]h^5 \right\} T_1 g(x) + \frac{1}{20}g(x)u(t)h^5 T_1 g(x) +$$

$$\left\{ \frac{1}{4}e_2(t)h^4 + \frac{1}{5}[f(x) - \dot{x}_{\text{ref2}}]h^5 \right\} T_2 g(x) + \frac{1}{5}g(x)u(t)h^5 T_2 g(x) + Ru(t)$$

$$= 0 \tag{6-41}$$

整理，得：

$$\frac{h^5}{20}g(x)u(t)(T_1 + 4T_2)g(x) + Ru(t)$$

$$= -\left\{ \frac{1}{6}e_1(t)h^3 + \frac{1}{8}\dot{e}_1(t)h^4 + \frac{1}{20}[f(x) - \ddot{x}_{\text{ref1}}]h^5 \right\} T_1 g(x) - \tag{6-42}$$

$$\left\{ \frac{1}{4}e_2(t)h^4 + \frac{1}{5}[f(x) - \dot{x}_{\text{ref2}}]h^5 \right\} T_2 g(x)$$

设 $g(x)$ 是非奇异的，即设其广义逆存在，记为 $M(x) = g^{-1}(x)$，记：

$$P = \frac{h^5}{20}(T_1 + 4T_2) + M(x)RM(x) \tag{6-43}$$

整理得：

$$u_o(t) = -M(x)P^{-1}\left\{ \frac{h^3}{6}T_1 e_1(t) + \frac{h^4}{8}T_1 \dot{e}_1(t) + \frac{h^5}{20}T_1[f(x) - \ddot{x}_{\text{ref1}}] \right.$$

$$\left. + \frac{h^4}{8}2T_2 e_2(t) + \frac{h^5}{20}4T_2[f(x) - \dot{x}_{\text{ref2}}] \right\} \tag{6-44}$$

考虑到状态方程 $\dot{x}_1 = x_2$，$\dot{e}_1 = e_2$，参考轨迹满足 $\ddot{x}_{\text{ref1}} = \dot{x}_{\text{ref2}}$，整理得优化控制律为：

$$u_o(t) = -M(x)P^{-1}\left\{ \frac{h^3}{6}T_1 e_1(t) + \frac{h^4}{8}(T_1 + 2T_2)e_2(t) + \frac{h^5}{20}(T_1 + 4T_2)[f(x) - \dot{x}_{\text{ref2}}] \right\}$$

$$\tag{6-45}$$

由系统状态方程式(6-35)和误差定义式(6-36)，可得 $t$ 时刻的跟踪误差方程为：

$$\begin{cases} \dot{e}_1 = e_2 \\ \dot{e}_2 = \dot{x}_2 - \dot{x}_{\text{ref2}} = f(x) - \dot{x}_{\text{ref2}} + g(x)u_o(t) \end{cases} \tag{6-46}$$

代入优化结果式(6-45)，整理，得：

$$\begin{cases} \dot{e}_1 = e_2 \\ \dot{e}_2 = f(x) - \dot{x}_{\text{ref2}} - g(x)M(x)P^{-1}\left[\dfrac{h^3}{6}T_1 e_1(t) + \dfrac{h^4}{8}(T_1+2T_2)e_2(t) + \right. \\ \left. \dfrac{h^5}{20}(T_1+4T_2)(f(x)-\dot{x}_{\text{ref2}})\right] \\ = -P^{-1}\left[\dfrac{h^3}{6}T_1 e_1(t) + \dfrac{h^4}{8}(T_1+2T_2)e_2(t)\right] \\ -P^{-1}\dfrac{h^5}{20}(T_1+4T_2)\left[f(x)-\dot{x}_{\text{ref2}}\right] + f(x) - \dot{x}_{\text{ref2}} \end{cases} \tag{6-47}$$

如果取控制输入加权矩阵 $R=0$，则式(6-43)可改写为：

$$P = \frac{h^5}{20}(T_1+4T_2) \tag{6-48}$$

跟踪误差方程式(6-47)，则为：

$$\begin{cases} \dot{e}_1 = e_2 \\ \dot{e}_2 = -\dfrac{h^3}{6}P^{-1}T_1 e_1(t) - \dfrac{h^4}{8}P^{-1}(T_1+2T_2)e_2(t) \end{cases} \tag{6-49}$$

其矩阵形式为：

$$\dot{e} = \begin{bmatrix} 0 & I \\ -\dfrac{h^3 t_1}{6}P^{-1} & -\dfrac{h^4(t_1+2t_2)}{8}P^{-1} \end{bmatrix} e \tag{6-50}$$

记：

$$A = \begin{bmatrix} 0 & I \\ -\dfrac{h^3 t_1}{6}P^{-1} & -\dfrac{h^4(t_1+2t_2)}{8}P^{-1} \end{bmatrix} \tag{6-51}$$

则有：

$$\dot{e} = Ae \tag{6-52}$$

因为矩阵 $T_1$、$T_2$ 是正定的，优化时域 $h>0$，故由式(6-48)所定义的矩阵 $P$ 也是正定的。由正定矩阵的性质，其逆矩阵 $P^{-1}$ 存在，且为正定的。记 $P^{-1}$ 的特征值为 $\lambda_P$，则有：

$$\lambda_P > 0 \tag{6-53}$$

记矩阵 $A$ 的特征值 $\lambda$ 为 $\lambda_1$、$\lambda_2$：

$$\lambda I - A = 0 \tag{6-54}$$

由上式得 $A$ 的特征方程为：

$$\lambda^2 + \frac{h^4(t_1 + 2t_2)}{8}\lambda_P \lambda + \frac{h^3 t_1}{6}\lambda_P = 0 \tag{6-55}$$

由一元二次方程的解与方程系数的关系，有：

$$\begin{cases} \lambda_1 + \lambda_2 = -\dfrac{h^4(t_1 + 2t_2)}{8}\lambda_P \\[3mm] \lambda_1 \lambda_2 = \dfrac{h^3 t_1}{6}\lambda_P \end{cases} \tag{6-56}$$

因为 $h$、$t_1$、$t_2$、$\lambda_P$ 均大于 0，故有：

$$\begin{cases} \lambda_1 + \lambda_2 < 0 \\ \lambda_1 \cdot \lambda_2 > 0 \end{cases} \tag{6-57}$$

因此，$\lambda_1$、$\lambda_2$ 必有负的实部。

故由系统稳定性判据可知：由误差方程式所描述的系统是一致渐近稳定的。

上述证明表明，描述的平台系统，当按照式（6-40）取性能函数优化求解，则预测控制的闭环系统是一致渐近稳定的。

# 第5节 稳定控制平台的控制模式切换

预测控制策略设计的一项重要内容是设计控制目标的参考轨迹。平台预测控制的参考轨迹设计需要考虑到平台的运动控制在不同工作状况下的不同控制目标要求，故有必要先对稳定控制平台的工作模式及其切换方案设计作出简单说明。

## 一、稳定控制平台的 4 种工作模式

旋转导向钻井井下导向工具系统有 4 种控制工作模式，分别是系统自诊断、匀速旋转运动控制、降速运动控制、"悬停"稳定控制。

4 种工作模式中，系统自诊断需要通过信号检测，或通过开环控制作用输出与信号检测的结合，来判断系统各主要功能模块的好坏。匀速运动控制以平台的旋转角速度作为被控变量，采用闭环控制实现平台的匀速旋转。降速运动控制是稳定控制模式中的一个子模式，它是以角速度作为被控变量，采用开环控制，在平台高速旋转时降低其旋转速度，然后再实现平台角度的稳定控制。"悬停"稳定控制以平台的角度作为被控变量，采用模型预测控制与前馈补偿、反馈线性化

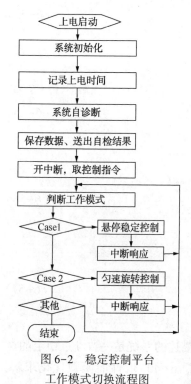

图 6-2　稳定控制平台
工作模式切换流程图

控制相结合的方法，克服各种扰动，将平台稳定地控制在某特定角度。

这4种工作模式，具有相同的系统硬件结构，其测控功能是通过不同的功能软件模块来实现的，工作模式的切换由软件调度完成，程序切换主框图如图6-2所示。

## 二、稳定控制平台的自诊断工作模式

导向钻井工具系统的自诊断工作模式用来自主检测导向钻井工具系统在钻井液驱动情况下的功能状况。

**1. 测控系统自诊断工作模式的必要性**

导向钻井工具系统的自诊断工作模式非常重要，这是因为一旦将近钻头的导向钻井工具放入井下(下钻)，要将数千米长的钻柱提出地面不仅费时费力，降低总的钻井效率，而且还可能带来井喷等意外风险。因此，必须在下钻前，在钻台上，将导向工具系统与钻井液循环系统连通并建立钻井液循环，通过系统的自诊断，检测导向工具系统的功能状况，并送出检测结果。此时，工具虽已装入钻铤但尚在地面，故可以通过设计在钻铤上的诊断检测接口来及时获得自诊断结果。如果有问题，可及时整改。

当导向钻井工具已经放入井下工作后，如果系统出现故障，也需要由自诊断程序判断其故障情况，并将故障信息传递到地面，以便及时起钻，处理故障，以保证钻井的井身质量。

**2. 自诊断的诊断内容与诊断流程**

稳定控制平台系统在放入井下时，地面启动钻井泵开始钻井液循环，井下涡轮电机的涡轮开始旋转，电机工作，达到一定电压后，电源模块有稳定的电压输出，MCU加电、开始工作，延时一定时间后(10~20s)，系统自动进入自诊断工作模式。在其他控制模式中，如果系统长时间处于"失控"状态，也会自动转入自诊断工作模式。

自诊断的内容包括上下电机检测，系统参数在线估计，寻找力矩平衡点，MCU通信等诊断功能，用来确定电机工作情况、平台旋转筒体的安装情况(系统工作参数和力矩平衡点)、MCU工作状况等系统的关键工作状况，自诊断的工作流程如图 6-3 所示。

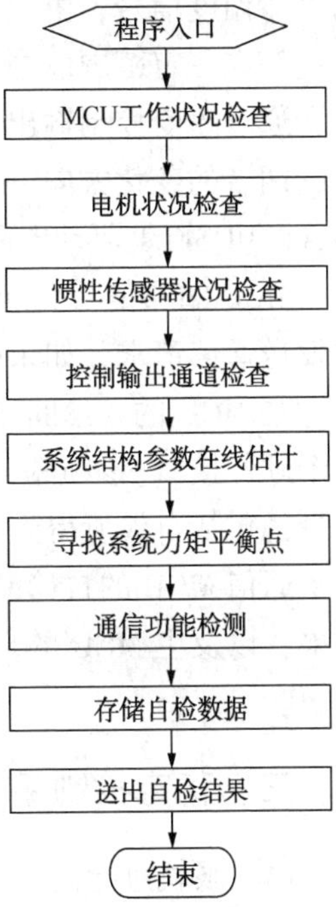

### 3. 上下电机状况检测

检测上、下电机的电压可确定电机的状况。在正常条件下，电机电压 $V$ 满足条件

$$V_{min} < V < V_{max} \qquad (6-58)$$

如果上电机电压小于 $V_{min}$，MCU 不工作，没有自检信号送出，MCU 也没有工作记录，电源模块也不会出现硬件破坏。系统所设计的井下电源是宽范围工作的，其 $V_{max}/V_{min} \approx 6$，即如果设电源模块有稳定直流电压输出的最低供电电压 $V_{min}$ 为 10VAC，则 MCU 可在电机电压为 10~60VAC 的大范围内正常工作。

上电机电压小于 $V_{min}$ 可能有下列 3 种异常情况：①电机-电源模块连线断路；②电机定子(平台主轴及其固连的线圈绕组)-电机转子(电机磁极对和涡轮)卡滞；③涡轮转速低(涡轮与外钻铤卡滞)。整个系统提出地面后打开电子舱可由线路检测和部件的磨损情况进一步判断故障原因。

图 6-3　井下测控系统
自诊断工作流程图

如果上电机电压大于 $V_{max}$，由于电机电压必定是从 0V 逐渐增大到超过电源工作电压上限的，MCU 必定会在工作一段时间后，才会由于电源破坏而停止工作，因此，虽然可能没有自检结果信号送出，但 MCU 会有工作记录，电源模块也会出现硬件的破坏。系统提出地面后，由 MCU 的工作记录回放和对电源模块硬件的破坏情况检查，可判断故障原因和故障部件。

### 4. 系统参数在线估计和力矩平衡点估计

如果系统自检找不到力矩平衡点，即无论控制作用如何变化，平台总不能停止旋转运动，而且一般是以基本恒定的速度旋转，则表明平台的机械结构出现了异常。一般是出现了卡死情况，使得平台被"强大"的外力矩拖动而高速旋转，控制失效，则需要将信息反馈至地面，提出井下系统，排除故障。

### 5. MCU 工作状况与通信状况诊断

测控系统中有 3 个 MCU，其中，2 个是互为冗余的主 MCU，或称控制 MCU，承担井下测控任务；另一个是完成钻井液脉冲下传通信和上传通信的通信 MCU。

主 MCU 工作状况自诊断内容有信号处理电路及 A/D 功能检测、D/A 及 MOSFET 驱动电路检测、通信状况检测等 3 项。

信号处理电路及 A/D 功能检测通过采集 3 组重力加速度计信号、速率陀螺信号、温度信号，由信号的值和信号的相关性来判断其工作状况，正常时它们的值应该在一定范围以内，解算得出的角度值应该满足相互之间的冗余关系。

通过改变控制输出的信号大小、然后与检测到的力矩电机的电流的大小作对比，两者的变化方向一致（信号增大、电流增大；信号减小、电流减小）则表明 D/A、MOSFET 驱动电路及下电机工作正常。

MCU 的通信状况通过主 MCU 和通信 MCU 之间的"握手"通信信号进行判断，即发送通信请求，如果收到响应，则为正常。

主 MCU 的自诊断结果以两种方式送出：①通过连接到钻铤外的耐压密封的一个硬件接口（诊断检测接口）送出自检信号；②通过通信端口，将自检的详细记录，包括自检所得到的系统参数估计，传送至通信 MCU，由通信 MCU 送出。

通信 MCU 的自诊断只有上、下电机电压检测和 MCU 通信状况两项，其自检结果，以及主 MCU 的自检结果，均可由通信 MCU、经 MWD 中继、然后传送至地面。

### 三、稳定控制平台的匀速旋转运动控制模式

由井眼轨迹导向原理，当导向工具执行机构的推靠巴掌均匀地在井壁的周向作用时，其统计意义上的作用结果是不改变井眼的方向，即保持井眼以原斜度钻进，谓之"稳斜"。

在接收到地面的稳斜指令或按照预置程序进入稳斜钻进阶段后，平台进入匀速旋转运动控制模式，以平台的旋转角速度为被控变量，控制平台匀速旋转。

稳斜控制中能得到的角速率检测信号有 4 组，分别是 3 组重力加速度计信号和 1 组速率陀螺信号。按照对井下姿态测量原理的说明，设 3 组加计测得的瞬时工具面角度信号分别为 $\theta_1$、$\theta_2$、$\theta_3$，则对角度信号的微分即为角速度，有：

$$\begin{cases} \omega_1(k) = (\theta_1(k) - \theta_1(k-1))/\Delta T \\ \omega_2(k) = (\theta_2(k) - \theta_2(k-1))/\Delta T \\ \omega_3(k) = (\theta_3(k) - \theta_3(k-1))/\Delta T \end{cases} \tag{6-59}$$

式中，$\Delta T$ 为采样周期。

记速率陀螺的信号为 $\omega_4(k)$，对它们进行平均值滤波计算，得平均速度为：

$$\overline{\omega}_i(k) = [\omega_i(k-n) + \omega_i(k-n+1) + \cdots + \omega_i(k+1) + \omega_i(k)]/n_i, \quad i = 1, 2, 3, 4 \tag{6-60}$$

式中，$n_i$ 为传感器 $i$ 的滤波时间（采样平均长度），时长取 30~60s。

匀速旋转运动控制需要从 4 个平均转速信号中得出 1 个有效测量信号，其选择算法为取中间二者平均算法（四-二取中平均），用符号"4-2/2"表示，算法可表述为：

$$\overline{\omega}(k) = \text{MID2}\left[\overline{\omega}_1(k),\ \overline{\omega}_2(k),\ \overline{\omega}_3(k),\ \overline{\omega}_4(k)\right]/2 \qquad (6\text{-}61)$$

或表述为：

$$\overline{\omega}(k) = \left[\overline{\omega}_1 + \overline{\omega}_2 + \overline{\omega}_3 + \overline{\omega}_4 - \min(\overline{\omega}_1,\ \overline{\omega}_2,\ \overline{\omega}_3,\ \overline{\omega}_4) - \max(\overline{\omega}_1,\ \overline{\omega}_2,\ \overline{\omega}_3,\ \overline{\omega}_4)\right]/2$$

$$(6\text{-}62)$$

如果 4 组传感器有 1 组传感器被"诊断"为故障状态，则采取 3 者取中算法。

由于水力冲击、摩擦扰动、偏心作用力矩等的影响，仿真分析和实际测量都表明，平台每旋转一周的瞬时运动速度是不均匀的，因此，匀速旋转运动只能是统计意义上的"匀速"，即较长时间内的平均旋转速度基本保持恒定。

匀速旋转运动控制的系统结构如图 6-4 所示，其控制算法采用简单的 PI 控制，而且，积分作用较弱，控制程序流程如图 6-5 所示。

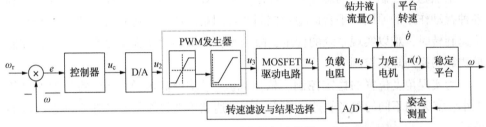

图 6-4　旋转导向稳定控制平台的匀速旋转运动控制方块图

钻井工艺对匀速旋转运动控制的要求较低，既不要求快速性，也不要求控制的精度，只要求平均旋转速度大致保持稳定即可，控制简单，试验测试获得的控制效果也较为满意。

匀速旋转运动控制的工作模式和设定值给定有预置程序设定和下传通信给定两种方式。

## 四、稳定控制平台的"悬停"稳定控制模式

稳定控制平台角度位置的给定值有如下 3 种设定方式：

（1）预置程序设定。即在导向工具下井之前，将需要导向钻进的方位（工具面角度）预先保存在控制单元的存储器中，达到某特定条件（例如钻达某一个井深）时，系统按照所设定的角度造斜钻进；或者是按照预置时间启动悬停控制程序导向钻进。

（2）下传通信给定。即由地面通过钻井液泥浆

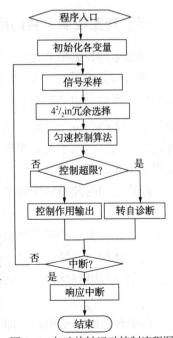

图 6-5　匀速旋转运动控制流程图

脉冲编码，井下工具系统接收、解码的下传通信方式，获得工作模式(稳斜或造斜)和给定值。

（3）自动以井下自主测量所获得的重力高边与工具高边的夹角为0°作为给定值。在垂直导向钻井时，重力高边的方位表征了井眼的偏斜方向，当井眼为垂直线时，重力高边就消失了，故控制目标就是消除重力高边。当由井下导向工具实际测量所得到的工具相对方位角为0°，即工具水眼中心连线与重力高边的夹角为0°时，推靠巴掌不断地在重力高边的方位位置推靠井壁，钻头向相反方向偏移钻进，纠正井眼轨迹的偏斜，使其成为垂直的直线轨迹井眼。

悬停稳定控制的要求可以总结为：允许存在瞬时误差，超调量不作限定，稳态误差小一些好，过渡过程时间不作明确要求，但时间短一些好。

虽然稳定控制平台的悬停稳定控制要求不算高，但由于系统的本质非线性和各种扰动作用的原因，平台的稳定控制非常困难。试验和仿真分析表明，当平台快速旋转时，难以实现系统的稳定，故当平台的旋转速率大于某设定值时，控制模式需切换为降速控制模式。

为实现角度位置的稳定控制，依据滤波(平均值滤波算法)后的角度误差的大小，需采用不同的参考轨迹设定方式，以达到角度误差与旋转速率渐近收敛的效果。

角度位置稳定控制的程序流程如图6-6所示。

## 五、稳定控制平台的降速运动控制模式

降速运动控制模式是"悬停"稳定控制模式中的一个子模式。

平台的实验研究和运动仿真分析表明，当平台高速旋转(旋转速度>100r/min)时，平台易进入旋转振荡状态，此时是难以实现稳定控制的。因此，当瞬时角速度 $\dot{\theta}(k)>100r/min$ 时，控制模式需要切换为降速运动控制，以降低平台的旋转速度，当平台的平均角速度降低至30r/min时，再切换回稳定控制模式，程序流程如图6-7所示。

降速运动的控制算法简单，采样时刻 $k$ 的控制作用可取：

$$u(k)=u(k-1)-\text{sign}(\overline{\omega}) \cdot u_{\mathrm{d}} \tag{6-63}$$

式中，$u_{\mathrm{d}}>0$，为一个固定的增量，$\overline{\omega}$ 为平台的平均角速度。

记控制作用的最大、最小容许值为 $u_{\max}$、$u_{\min}$，在降速运动控制的输出作用达到控制作用限制时，即如果：

$$u(k)>u_{\max} \text{或} u(k)<u_{\min} \tag{6-64}$$

而平台速度仍然很高，即：

$$\overline{\omega}>30 \tag{6-65}$$

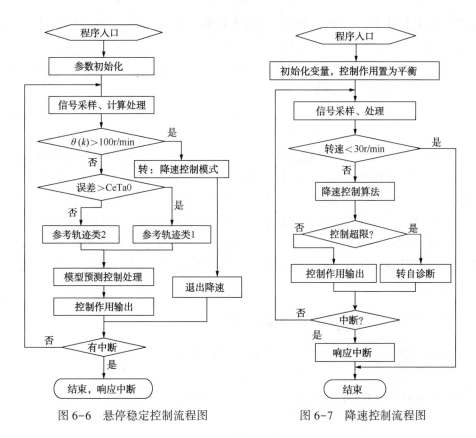

图 6-6　悬停稳定控制流程图　　　　图 6-7　降速控制流程图

则切换进入系统自诊断工作模式，启动寻找力矩平衡点程序，检测系统状况。

依据实验情况，固定控制增量 $u_d$ 按控制作用每秒增大(或减小)约2%取值是合适的，即按 $u_d = 0.02(u_{max} - u_{min})/n$ 取值，$n$ 为每秒的采样次数，旋转角速度的滤波时间可稍大一点，即：降速运动控制的控制作用弱一些，调整时间长一点，平台的速度变化慢一点，是有利的；否则，速度变化太快，反而容易误进入自诊断工作模式。

# 第6节　稳定控制平台模型预测控制的参考轨迹设计

参考轨迹是人为规划设计的从当前状态至期望状态的状态转移路径，也就是说，参考轨迹是从当前测量值到期望值的人为设定的光滑曲线。

## 一、参考轨迹设计

参考轨迹设计问题可作如下描述。记系统在某时刻 $t$ 的当前状态为 $x(t)$、当前期望的目标状态为 $x_r(t)$，设计一个状态转移泛函 $\Phi(x, x_r, \tau)$，使得到 $t+\tau$ 时刻时，系统的目的状态(参考轨迹) $x_{ref}(t)$ 为：

$$x_{ref}(t+\tau) = \Phi(x, x_r, \tau) \tag{6-66}$$

且到 $t+T_{ref}$ 时刻时，满足：

$$x_{ref}(t+T_{ref}) = \Phi(x, x_r, T_{ref}) = x_r(t) \tag{6-67}$$

式中，$T_{ref}>0$，为参考轨迹的时间长度，也是一个需要设计确定的参数。

引入参考轨迹是模型预测控制的主要特征之一，给控制系统性能调整带来很大方便。但由于模型预测控制器的非最小化形式，因而对模型预测控制系统进行闭环分析很困难，一般条件下，很难获得控制器参数与闭环系统特性之间的解析关系，参考轨迹对系统性能的影响和影响机理的研究，仍有待理论突破。所以，参考轨迹的设计一般是基于先验经验和一些直观的理解，目前参考轨迹的设计方法主要有前置滤波器、单调光滑轨迹、基于输出反馈或状态反馈的参考轨迹优化设计等方法。

## 二、前置滤波器参考轨迹设计方法

前置滤波器参考轨迹设计方法可简单地表述为：

$$x_{ref}(t+\tau) = (1-\beta)x_r(t) + \beta \cdot x(t) \tag{6-68}$$

式中，$\beta$ 为衰减系数矩阵，$0<\beta<1$。

或者，对于 SISO 的输出：

$$y_{ref}(t+\tau) = (1-\xi)y_r(t) + \xi \cdot y(t) \tag{6-69}$$

式中，$\xi$ 为衰减系数，$0<\xi<1$。

其隐含的前提性假设是在 $t+T_{ref}$ 时刻，有 $y(t+T_{ref})=y_r(t)$，即控制到达期望目标。

## 三、单调曲线参考轨迹设计方法

J. Levine 等提出的单调轨迹设计方法采用二次多项式，描述为：设初始条件为 $x_{ref}(t)=0$，$\dot{x}_{ref}(t)=0$，最终条件(期望)为 $x_{ref}(t+T_{ref})=x_r(t)$ 及 $\dot{x}_{ref}(t+T_{ref})=0$；则 $t+\tau$ 时刻的参考轨迹为：

$$x_{ref}(t+\tau) = x_r(t)\left[\left(\frac{\tau}{T_{ref}}\right)^2 - \left(3-2\frac{\tau}{T_{ref}}\right)\right] \tag{6-70}$$

单调轨迹设计的其他方法如 Eckhard Arnold 等的基于模型状态方程积分法：记参考轨迹的初始条件为当前状态，即 $x_{ref}(t)=x(t)$，由系统状态方程 $\dot{x}=f(x, u, t)$，得：

$$\dot{x}_{ref} = f(x_{ref}, u_{ref}, t+\tau) \tag{6-71}$$

滚动数值积分，可解得 $x_{ref}(t+\tau)$；由 $y=h(x)$，得输出量的参考轨迹为：

$$y_{ref}(t+\tau) = h[x_{ref}(t+\tau)] \tag{6-72}$$

此外，J. A. De Doń等的设计方法则是利用系统模型和测量信息优化参考轨迹。

关于参考轨迹时间长度 $T_{ref}$ 的设计，Maalouf 认为 $T_{ref}$ 可影响闭环系统的稳定性，且认为增大 $T_{ref}$ 有利于提高系统对模型适配和扰动的鲁棒性。

上述研究成果对设计稳定控制平台模型预测控制的参考轨迹是有参考意义的。

### 四、稳定控制平台运动参考轨迹设计需要考虑的因素

按照平台的运动特性和稳定控制要求，在进行稳定控制平台预测控制参考轨迹的设计时，应当考虑以下几个特殊因素：

（1）在瞬时扰动作用下，尤其是水力冲击扰动和上下盘阀导流孔交变切换动摩擦力矩的扰动作用下，平台必定会产生角度偏差。但如果平台的作用力矩是平衡的，则交替扰动作用的结果是平台又能自动回复到平衡点，此时，增大或减小控制作用，反而会出现被控变量的波动。

（2）被控变量越接近期望值，则旋转的速度应该越小，其稳态应该是角度误差为 0，角速度为 0，即过渡过程应该是渐近收敛的。

（3）考虑调节的时间长度，当误差较大时，应快速调节，以缩短调节时间，故控制作用增量要大，以实现快速收敛；而当误差较小时，则控制作用增量要小，以保持平台的镇定。

（4）平台快速旋转时，难以实现稳定控制；平台不旋转时，控制作用累积增大至能克服摩擦死区的存在时，如果控制作用力矩偏离力矩平衡点很远，平台也会产生加速旋转，易导致控制振荡失稳。

### 五、稳定平台运动参考轨迹的设计

根据以上分析，取参考轨迹具有 $e^{-t}$ 的指数收敛形式，参考轨迹设计为：

$$\theta_{ref}(t+\tau) = \theta_r(1-e^{-\alpha\tau}) + \bar{\theta}_0(t)e^{-\alpha\tau} \tag{6-73}$$

式中，$\bar{\theta}_0(t)$ 为滤波后的当前角度；$\alpha$ 为收敛速度系数；$\tau>0$。

### 六、收敛速度系数的取值方法

收敛速度系数（$\alpha$）依据角度误差大小和旋转速度大小适当选取，取值规则如表 6-1 所示，表中，$T$ 为系统采用周期。

表 6-1  收敛速度系数取值表

| 取值逻辑条件 | 取值说明 | $\alpha$ |
|---|---|---|
| $\theta(k)-\theta_r>e_{omax}$ | 如果当前瞬时误差较大，快速逼近 | $1/T$ |
| $\bar{\theta}_0-\theta_r>e_{om}$ | 如果滤波后误差较大，快速逼近 | $1/T$ |
| $e_{ol}<\bar{\theta}_0-\theta_r<e_{om}$ | 如果滤波后误差较小，正常逼近 | $0.5/T$ |
| $\bar{\theta}_0-\theta_r<e_{ol}$ 及 $\bar{\omega}>\omega_m$ | 滤波后误差虽小，较快旋转，正常逼近 | $0.5/T$ |
| $\bar{\theta}_0-\theta_r<e_{ol}$ 及 $\bar{\omega}<\omega_m$ | 滤波后误差小，旋转慢，慢速逼近 | $0.25/T$ |
| $\bar{\theta}_0-\theta_r<e_{omin}$ 及 $\bar{\omega}<\omega_{min}$ | 滤波后误差很小，旋转很慢，不加控制增量 | $0$ |

计算中，角度误差 $e_{omax}$ 取 45°，$e_{om}$ 取 15°，$e_{ol}$ 取 8°，$e_{omin}$ 取 3°；旋转速率 $\omega_m$ 取 15r/min，$\omega_{min}$ 取 5r/min，角度滤波时间取 $0.3\sim1s$，角速度滤波时间取 $1\sim2s$，采样时间约 $0.05\sim0.1s$。

## 七、冗余信号的三者取中算法与均值滤波算法

设由 3 组加计信号解算得到的瞬时工具面角度分别为 $\theta_1$、$\theta_2$、$\theta_3$，采用三者取中算法，得到当前瞬时角度，记为：

$$\theta(k)=\text{MID}(\theta_1,\ \theta_2,\ \theta_3) \tag{6-74}$$

然后，由均值滤波算法，得到当前角度 $\bar{\theta}_0$，计算方法以"伪"代码形式说明如下：

```
----------θ(k)=MID(θ1, θ2, θ3)-----三者取中算法------
if(θ1>θ2)
then    if(θ1>θ3)   // θ1 最大
        then    if(θ2>θ3)
                thenθ=θ2;
                elseθ=θ3;
        else    θ=θ1;
else    if(θ1>θ3)
        then    θ=θ1;
        else    if(θ2>θ3)   // θ1 最小
                thenθ=θ2;
                elseθ=θ3;
end
----------均值滤波
```

$$\bar{\theta}_0 = \sum_{i=0}^{k_1} \theta(i)/k_1; \quad //\text{均值滤波，滤波长度取 } 0.3 \sim 1s，\text{例如取 } k_1 = 10。$$

### 八、用当前误差和期望描述的参考轨迹

定义当前时刻的控制误差为

$$e_{o0} = \theta_r - \bar{\theta}_0 \qquad (6-75)$$

则式(6-73)可改写为：

$$\theta_{\text{ref}}(t+\tau) = \theta_r - e^{-\alpha\tau} e_{o0} \qquad (6-76)$$

设系统采样时间为 $T$，则未来第 $i$ 步的参考轨迹可表述为：

$$\theta_{\text{ref}}(i) = \theta_r - e^{-iT\alpha} e_{o0}, \quad i = 1, 2, \cdots \qquad (6-77)$$

在编程实现时，因为 $e^{-4} = 0.0183$，$e^{-5} = 0.0067$，故参考轨迹取到 $i \cdot \alpha > 4$ 即可，再往后可简单取 $\theta_{\text{ref}} = \theta_r$；即在离散形式下的具体计算时，当 $\alpha = 0.25/T$ 时，取到第 16 步；$\alpha = 0.5/T$ 时，取到第 8 步即可。

# 第 7 节　稳定控制平台非线性预测控制算法

将稳定控制平台动力学方程式写为状态方程形式：

$$\begin{cases} \dot{x} = f(x) + g(x)u(t) \\ y = h(x) \end{cases} \qquad (6-78)$$

式中，$x = \begin{bmatrix} x_1 & x_2 \end{bmatrix}^T$

$$f(x) = \begin{bmatrix} x_2 \\ -K_{1D}/J \cdot x_2 - K_P/J \cdot x_1 + \Delta f/J \cdot \sin x_1 \end{bmatrix}$$

$$g(x) = \begin{bmatrix} 0 \\ 1/J \end{bmatrix}$$

$$h(x) = \begin{bmatrix} 1 & 0 \end{bmatrix} x$$

系统输出预测采用泰勒级数展开近似，则 $t+\tau$ 时刻的一般形式为：

$$y(t+\tau) = y(t) + \tau\dot{y}(t) + \frac{\tau^2}{2!}\ddot{y}(t) + \cdots + \frac{\tau^r}{r!}y^{(r)}(t) + \frac{\tau^r}{r!}\frac{\partial}{\partial x}y^{(r-1)}(t)g(x)$$

$$= h(x) + \tau L_f h(x) + \frac{\tau^2}{2!}L_f^2 h(x) + \cdots + \frac{\tau^r}{r!}L_f^r h(x) + \frac{\tau^r}{r!}L_g L_f^{r-1} h(x)u(t)$$

$$(6-79)$$

式中，$L_f^r \ell$ 为函数 $\ell$ 对向量 $f$ 的 $r$ 阶李导数；阶数 $r$ 为输出 $y$ 的李导数至出现控制作用 $u(t)$ 的阶次，故 $r = 2$；$y$ 的各次导数列写如下：

$$\begin{cases} y = L_f^0 h(x) = h(x) = x_1 \\ \dot{y} = L_f h(x) = x_2 \\ \ddot{y} = L_f^2 h(x) = -K_{1D}/J \cdot x_2 - K_p/J \cdot x_1 + \Delta f/J \cdot \sin x_1 \end{cases} \quad (6-80)$$

$$L_g L_f h(x) = \frac{\partial [L_f h(x)]}{\partial x} g(x) = 1/J$$

故：

$$y(t+\tau) = x_1 + \tau x_2 + \frac{\tau^2}{2!}(-K_{1D}/J \cdot x_2 - K_p/J \cdot x_1 + \Delta f/J \cdot \sin x_1) + \frac{\tau^2}{2!} \cdot \frac{1}{J} u(t)$$

$$(6-81)$$

整理，得：

$$y(t+\tau) = \left(1 - \frac{K_p \tau^2}{2J}\right) x_1 + \left(\tau - \frac{K_{1D} \tau^2}{2J}\right) x_2 + \frac{\Delta f \cdot \tau^2}{2J} \sin x_1 + \frac{\tau^2}{2J} u(t) \quad (6-82)$$

定义被控变量的控制误差：

$$e_o(t+\tau) = y(t+\tau) - \theta_{ref}(t+\tau) \quad (6-83)$$

定义性能函数为：

$$\Im[e_o(t), u(t), h] = \frac{1}{2} \int_0^h e_o(t+\tau)^2 d\tau \quad (6-84)$$

将式(6-76)、式(6-82)代入式(6-83)，得：

$$\Im[e_o(t), u(t), h] = \frac{1}{2} \int_0^h [y(t+\tau) - \theta_{ref}(t+\tau)]^2 d\tau$$

$$= \frac{1}{2} \int_0^h \left[\left(1 - \frac{K_p \tau^2}{2J}\right) x_1 + \left(\tau - \frac{K_1 \tau^2}{2J}\right) x_2 + \frac{\Delta f \cdot \tau^2}{2J} \sin x_1 + \frac{\tau^2}{2J} u(t) - \theta_r + e^{-\alpha \tau} e_{o0}\right]^2 d\tau$$

$$(6-85)$$

由 $d\Im/du = 0$，得：

$$\int_0^h \left[\left(1 - \frac{K_p \tau^2}{2J}\right) x_1 + \left(\tau - \frac{K_1 \tau^2}{2J}\right) x_2 + \frac{\Delta f \cdot \tau^2}{2J} \sin x_1 + \frac{\tau^2}{2J} u - \theta_r + e^{-\alpha \tau} e_{o0}\right] \frac{\tau^2}{2J} \cdot d\tau = 0$$

$$(6-86)$$

整理，得：

$$\int_0^h \left[\frac{\tau^2}{2J}(x_1 - \theta_r) + \frac{\tau^3}{2J} x_2 + \frac{\tau^4}{4J^2}(-K_p x_1 - K_{1D} x_2 + \Delta f \sin x_1 + u) + \frac{\tau^2}{2J} e^{-\alpha \tau} e_{o0}\right] d\tau = 0$$

$$(6-87)$$

求积分，得：

$$\frac{h^3}{6J}[x_1 - \theta_r] + \frac{h^4}{8J} x_2 + \frac{h^5}{20J^2}[-K_p x_1 - K_{1D} x_2 + \Delta f \sin x_1 + u(t)]$$

$$-\left[\frac{2}{\alpha^2}+\frac{2}{\alpha}h+h^2\right]\cdot\frac{e_{o0}}{2J\alpha}e^{-\alpha h}+\frac{e_{o0}}{J\alpha^3}=0 \tag{6-88}$$

解方程，得优化控制作用为：

$$u_O(t)=-\frac{10J}{3h^2}(x_1-\theta_r)-\frac{5J}{2h}x_2+K_px_1+K_{1D}x_2-\Delta f\sin x_1+\frac{10Je_{o0}}{h^5\alpha}\left(\frac{2}{\alpha^2}+\frac{2}{\alpha}h+h^2\right)\cdot e^{-\alpha h}+\frac{20J\cdot e_{o0}}{h^5\alpha^3}$$

$$\tag{6-89}$$

设系统采样时间为 $T=0.1s$，定义预测控制的优化时域为 $h=nT=10T=1s$，分析收敛速度系数 $\alpha=1/T$ 的情况，参数取典型值，即平台转动惯量为 $J=0.0285$，水力摩擦系数 $K_1=0.0008$，PID 控制器的控制参数仍然取 $K_p=0.35$、$K_i=0.35$、$K_d=0.1$，即 $K_{1D}=0.1008$，偏心力矩估计误差取 $\Delta f=0.2$，得：

$$u_O(t)=-\frac{10J}{3n^2T^2}(x_1-\theta_r)-\frac{5J}{2nT}x_2+K_px_1+K_{1D}x_2-\Delta f\sin x_1$$

$$+\frac{10Je_{o0}}{n^5T^2}(2+2n+n^2)\cdot e^{-n}+\frac{20J\cdot e_{o0}}{n^5T^2} \tag{6-90}$$

代入参数及 $x_1=\theta$，$x_2=\dot{\theta}$，则得：

$$u_O(t)=0.095(\theta_r-\theta)-0.07125\dot{\theta}+0.35\theta+0.1008\dot{\theta}-0.2\sin\theta+0.0353e_{o0}$$

$$=0.095(\theta_r-\theta)+0.03\dot{\theta}+0.35\theta-0.2\sin\theta+0.03534(\theta_r-\bar{\theta}) \tag{6-91}$$

# 第 8 节　稳定控制平台非线性预测控制仿真

按照稳定平台工具面角度模型预测控制系统结构建立仿真分析系统。建立仿真分析的模型预测控制器，预测控制器的输出线性叠加至整个系统的控制输出端（PWM 产生之前），系统的机械结构参数、反馈线性化与电机电压前馈补偿控制器结构与参数同前。

通过设定不同的扰动作用形式、大小，不同的控制要求（设定值形式）、不同的模型失配情形，对系统的动态响应过程、稳态过程、鲁棒性等进行了仿真分析。

## 一、强扰动作用下的设定值跟踪响应特性仿真

取系统扰动参数为最不利的工作情况，即取脉冲扰动幅值为 $M_d=0.46$，扰动周期 1/30 秒，脉冲宽度为 1 个周期的 1/6；周期性余弦扰动幅度 $B=0.4$，扰动周期 $5\pi$；随机扰动幅度 $A=0.45$。

在钻井液流量为 $Q=36$、固定偏置作用力矩 $M_0=-0.8$、设定值为 $0°\sim90°$ 的

周期脉冲形式等条件下，对系统进行仿真，所得到的 300~600s 的动态响应曲线如图 6-8 所示。在 300s 时设定值从 90°跳变为 0°与在 450s 时设定值从 0°跳变为90°时的动态曲线(局部放大)如图 6-8 所示，线性化后系统对设定值的跟踪动态如图 6-9 所示。

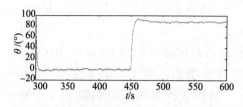 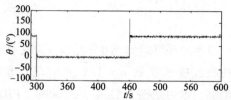

图 6-8　预测控制对设定值的跟踪动态　　图 6-9　线性化后系统对设定值的跟踪动态

模型预测控制下系统对设定值跟踪的动态响应过程(局部)以及线性化后系统对设定值跟踪的动态响应过程(局部)，如图 6-10 和图 6-11 所示。对比分析后可得出如下结论：

(1)加入模型预测控制后，系统的阶跃响应过程由振荡收敛变为渐近逼近收敛，超调量很小，最大偏差没有超出 10°。

(2)稳态过程振荡幅度和振荡频率变小，在相同的扰动作用下，稳态振荡幅度由约±10°缩小为不到±5°。

(3)过渡过程时间有所增大，采用模型预测控制后，系统输出从 90°跳变为0°和从 0°跳变为 90°时的动态响应过程约为 6~8s，响应时间虽有所增大，但满足性能要求。

(4)系统对设定值的跟踪性能很好。

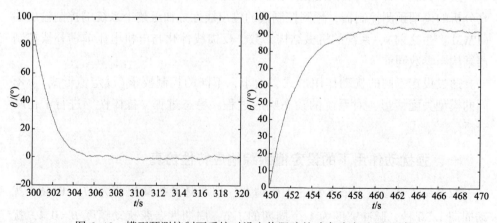

图 6-10　模型预测控制下系统对设定值跟踪的动态响应过程(局部)

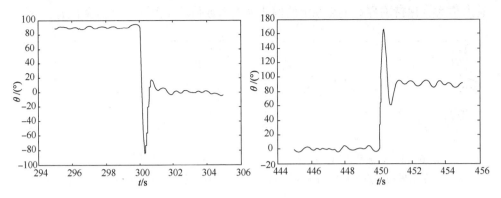

图 6-11　线性化后系统对设定值跟踪的动态响应过程（局部）

## 二、临界稳定点的稳定特性仿真

当工具面角度的设定值等于平台的质量偏心角时，稳定控制平台的稳定控制特别困难，这个点就如同在扰动作用下要求单摆稳定控制在角度 180°时的情况一样，是临界稳定的，故称之为临界稳定点，将临界稳定点的小的邻域（$\pi \pm 0.2\pi$）称为亚临界稳定域。

在强扰动条件下，即取固定偏置作用力矩 $M_0 = -0.8$；脉冲扰动幅值为 $M_d = 0.36$，周期性余弦扰动幅度 $B = 0.4$，随机扰动幅度 $A = 0.45$，钻井液流量为 $Q = 36$ 的仿真条件下，设定值为 $\theta_r = 1.0\pi(180°)$ 时的系统稳态曲线如图 6-12 所示。

从图 6-12 可见，在扰动作用下，系统在 180°的临界稳定点是稳定的，但振荡幅度较大，最大振荡幅度约为±22°，基本满足控制要求。

改变扰动幅度，将脉冲扰动幅值增大到 $M_d = 0.46$，其他仿真参数不变，系统将出现更大幅度的振荡，表明脉冲扰动幅值对临界点的控制性能影响较大。

改变钻井液黏滞摩擦系数的大小，分别取 0.0001、0.0028、0.10 进行仿真，系统在临界稳定点是稳定的，表明黏滞摩擦系数对临界稳定点的控制性能影响较小。

改变偏曲力矩系数 $f$，取控制参数中的估计值为 $\hat{f} = 0.5$ 而仿真分析对象的 $f = 0.55$ 时，系统在临界稳定点是稳定的（图 6-13），但稳态时的振荡幅度有增大，最大摆幅达到了 30°。进一步增大估计误差，取估计值为 $\hat{f} = 0.5$ 而 $f = 0.6$ 时，系统在临界稳定点是宽幅振荡的，出现了振荡摆动现象。

仿真分析表明偏曲力矩系数对系统在临界稳定点的稳定性影响显著，因此需要尽可能准确地估计偏曲力矩系数（$f$）以消除估计误差的影响，才能保证系统在临界稳定点的稳定性。

改变钻井液流量，分别取 $Q = 16$，$Q = 48$，$Q = 64$ 进行仿真，得到了几乎相同的仿真结果，表明电压前馈补偿是有效的。但当流量增大时，系统的稳态摆幅会有所增大，保持临界稳定点稳定的偏曲力矩系数估计误差允许范围会收窄。

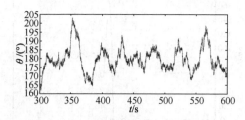 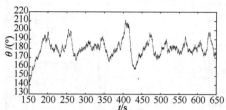

图 6-12　强扰动作用下系统
在临界稳定点的镇定情况

图 6-13　强扰动作用下且存在模型
误差时系统在临界稳定点的镇定情况

总之，仿真分析表明，采用预测控制策略时，系统在临界稳定点的控制性能有很大改进。在无模型失配和模型失配较小（失配幅度小于 10%）时，可以实现在强扰动作用下的稳定控制。在模型失配较大（失配幅度小于 20%）时，可以实现小扰动作用下的稳定控制。

## 三、强扰动作用下模型失配的适应性仿真

仍然取最不利的扰动情况，设定值为 $0° \sim 144°(0.8\pi)$ 的周期脉冲形式，对系统进行仿真。没有模型失配的情况下，所得到的 $300 \sim 800s$ 的动态响应曲线如图 6-14 所示。

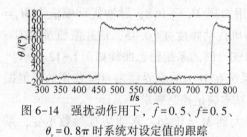

图 6-14　强扰动作用下，$\hat{f}=0.5$、$f=0.5$、
$\theta_r = 0.8\pi$ 时系统对设定值的跟踪

改变系统模型的转动惯量系数，分别取 $J=0.06$、$J=0.285$ 进行仿真，系统对设定值的跟踪性能没有明显变化。

改变系统模型的水力摩擦系数，分别取 $K_1=0.0016$、$K_1=0.008$ 进行仿真，系统对设定值的跟踪性能亦无明显变化。

改变钻井液流量，分别取 $Q=16$，$Q=48$，$Q=64$ 进行仿真，系统对设定值的跟踪性能亦无明显变化。

改变偏曲力矩系数 $f$，取估计值 $\hat{f}=0.5$，仿真模型 $f=0.8$ 时系统对设定值的跟踪响应如图 6-15 所示，系统的跟踪性能满足要求。

进一步增大估计误差，取 $\hat{f}=0.5$、$f=1.0$ 时的响应曲线如图 6-16 所示，此时系统对 $0.8\pi$ 的跟踪性能有所劣化，过渡过程时间增长。

取估计值 $\hat{f}=1.0$、$f=1.5$ 时的跟踪响应曲线如图 6-17 所示；$\hat{f}=1.0$、$f=2.0$ 时的跟踪响应曲线如图 6-18 所示，跟踪响应可以满足要求。

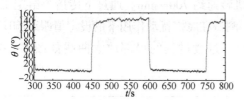

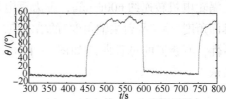

图 6-15　强扰动作用下$\hat{f}=0.5$、
$f=0.8$、$\theta_r=0.8\pi$ 时系统对设定值的跟踪

图 6-16　强扰动作用下，$\hat{f}=0.5$、
$f=1.0$、$\theta_r=0.8\pi$ 时系统对设定值的跟踪

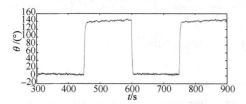

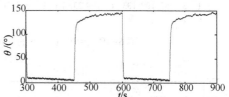

图 6-17　强扰动作用下，$\hat{f}=1.0$、
$f=1.5$、$\theta_r=0.8\pi$ 时系统对设定值的跟踪

图 6-18　强扰动作用下，$\hat{f}=1.0$、
$f=2.0$、$\theta_r=0.8\pi$ 时系统对设定值的跟踪

模型失配的适应性仿真实验表明，在预测控制策略的控制下，即使在最不利的扰动作用情况下，稳定控制平台在亚临界稳定域内也是稳定的。平台的转动惯量系数、水力摩擦系数和钻井液流量的变化，对系统的控制性能几乎没有影响；偏曲力矩系数 $f$ 的估计误差影响控制精度、响应时间和系统的稳态振荡幅度，但系统具有适应该参数较大范围变化的良好适应性，说明所提出的预测控制方法具有好的鲁棒性和较强的抗扰动性能。

## 第9节　稳定控制平台非线性预测控制的机械驱动测试

按照稳定控制平台工具面角度模型预测控制系统结构，设计出基于 MCU（Micro Chip Controller）的测控系统，其模型预测控制器采用软件实现，模型预测控制输出信号与线性化信号、电机电压前馈补偿控制信号求和后施加在整个系统的控制输出端（PWM 信号产生之前）。

系统软硬件联调结束后，机械驱动测试试验装置上对系统的模型预测控制方法的控制效果进行了机械驱动性能测试试验。

### 一、扰动作用下的设定值跟踪响应特性测试

设定模拟摩擦力矩为约 $2.0 N\cdot m$（液压压力 $2.0 MPa$），下盘阀转速 $60 r/min$，

上涡轮电机转速约 600r/min，下力矩电机转速约 700r/min。通过下传指令给定工具面角度(稳定平台主轴角度)的给定值，测试在摩擦扰动作用下的设定值跟踪响应特性，所获得的过程曲线如图 6-19 所示，过渡过程的局部放大曲线如图 6-20 所示。

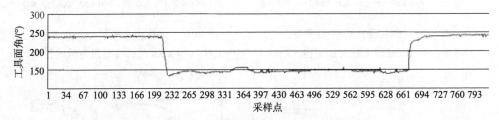

图 6-19　台架驱动下的 240°~150°设定值响应特性曲线

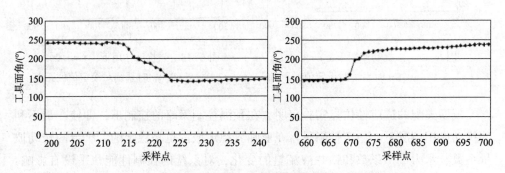

图 6-20　台架驱动下的 240°~150°设定值响应-过渡过程局部

控制采样周期约为 0.2s，数据采样记录周期约为 0.9s。由于串行 EEPROM 的读写响应时间的限制和通信解码的要求，数据采集与控制分别由两个独立的 MCU 实现，故具有不同的采样周期。

如图可见，在 240°和 150°系统稳态都是稳定的，振荡幅度约±5°；系统从 240°跳变为 150°和从 150°跳变为 240°时的过渡过程是渐近逼近的，过程时间约为 9s，最大超调量约为 15°。

对比反馈线性化控制方法和单纯 PID 控制方法，非线性预测控制方法的过渡过程平稳、超调小，系统稳定性能改善明显。

## 二、强制扰动下的稳定性能测试

稳定控制平台在水力驱动情况下，由于泥沙可能会进入电机转子(外壳)与电机定子(主轴)之间的支承轴承内，导致轴承摩擦阻力矩异常增大，平台出现卡滞现象。为模拟这种现象下控制方法的有效性，特进行了强制扰动下的稳定性能测试。

测试方法是用手抓住电子舱的外筒，人为地将平台扭转至某角度（模拟砂卡），维持数秒时间，然后突然释放（模拟砂粒脱离），以测试控制方法的适应性。

某次强制扰动下的稳定性能测试，其测试条件与设定值跟踪响应特性测试的基本相同，在240°给定值的稳态情况下，分别施加了2次强制扰动，测试过程记录如图6-21所示。

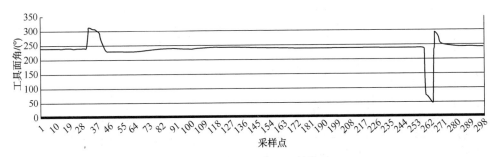

图6-21　强制扰动下的稳定性能测试

第一次强制扰动在32采样点时将平台从241°扭转至约310°，在40采样点时突然释放，系统进入动态过程，经过约8s的响应过程回复到约235°，然后再缓慢回复至240°的稳态。

第二次强制扰动在260采样点时将平台从237°扭转至73°、然后扭转至约48°，在269采样点、平台角度55°时突然释放，系统反冲至约294°，然后渐近收敛于240°，响应时间约11s。

测试表明，在正常扰动作用和一般工况下，系统对强制扰动的响应性能快速，在去除强制作用力矩后平台能在10s左右回复稳态，在强制力矩去除时可能会产生过冲现象，响应过程为渐近收敛。

### 三、不利工况下的设定值跟踪响应特性测试

稳定控制平台的动力学分析和运动分析，说明平台的偏心作用力矩、盘阀摩擦片的偏磨和动态交变力矩是导致系统不稳定的3个主要原因。

为考察预测控制方法对这些不利情况的适应性，在机械驱动条件下进行了多次测试。

偏心作用力矩对控制性能影响的测试是通过外加质量体的方法来实现的。具体做法是：在一般工况下完成程序调试和偏心力矩的在线估计，得到偏心力矩系数的估计值 $\hat{f}$，然后修改程序，停止执行参数在线估计功能，程序中的偏心力矩系数以常数 $\hat{f}$ 代替。在此条件下，在平台外筒上偏心捆绑质量体（测试试验中采

用捆绑钢棒的方法)以人为制造出较大的偏心力矩估计误差。同时，将上下盘阀的材质改为铝合金材料，以增大贴合面的摩擦和摩擦的扰动幅度。

某次测试的条件为设定模拟摩擦力矩约为 3.0N·m(液压压力 2.0MPa)，下盘阀转速 65r/min，上涡轮电机转速约 650r/min，下力矩电机转速约 700r/min，下盘阀为铝合金，筒外偏心捆绑钢棒约 5.5kg，给定值顺序为 80°、240°、340°、240°，测试所获得的记录曲线如图 6-22 所示。

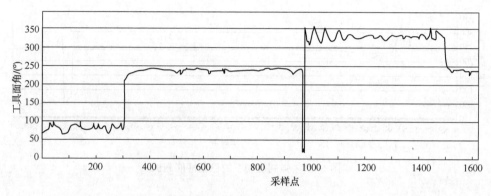

图 6-22　机械驱动下不利工况时的设定值响应曲线

测试试验表明在存在较大偏心力矩估计误差的情况下，预测控制方法仍然可以实现在强扰动作用情况下对不同给定值的稳定跟踪控制，系统的终态基本稳定，但稳态振荡幅度较大，过渡过程短暂，大致呈现渐近收敛形式；在 240° 切换到 340° 时存在较大的短时超调，最大超调约 30°(超出 360° 后被记录为小的角度，即应该为约 390°)；在 340° 时摆动幅度较大且摆动较频繁，稳态的摆动幅度约为 ±17°。这种情况与强扰动作用下存在模型失配时的仿真分析情况是相似的。

多次的测试试验验证了预测控制方法对于模型失配和强扰动作用具有好的鲁棒性和很强的抗扰动性能。

## 四、台架驱动下的其他性能测试

### 1. 电机转速变化的适应性测试

在台架驱动条件下，设定液压压力 2.0MPa，下盘阀转速 60r/min，上涡轮电机转速 600r/min，通过手动操作改变变频控制器的输出，频率从 13Hz 改变至 50Hz，以改变下力矩电机的驱动电机的转速，使得力矩电机转子转速在约 450~1400r/min 之间变化，相应地，下电机输出电压在 22~63V 之间变化，测试试验表明系统对设定值变化的跟踪响应特性未见明显变化，验证了系统电压前馈补偿方法的有效性。

2. 电源工作范围测试

在台架驱动条件下，手动改变变频控制器的输出，使上涡轮电机的转速在 400~1500r/min 之间变化，测试表明在转速低于 430r/min、上电机电压低于 11V 的情况下，系统的直流稳压电源工作不稳定，系统不工作；在转速为 1500r/min、电压约 72V 时，系统能正常工作。测试得系统实际的工作电压范围为 12~72V，具有 6 倍的宽输入电压范围。

3. 系统可控边界测试

在台架驱动条件下，改变模拟摩擦器的液压压力。当液压压力低于 0.8MPa、模拟摩擦力矩小于约 0.7N·m 时，此时下力矩电机的机械摩擦力矩和电磁作用力矩将拖动系统单向旋转，系统不受控制。当液压压力大于 5.0MPa、模拟摩擦力矩大于约 5N·m 时，上、下盘阀间的摩擦力矩过大，下盘阀拖动系统单向旋转，系统不受控制。测试可得上、下盘阀摩擦力矩在 0.7~5.0N·m 范围内时，系统是可控的。

上述测试试验明确了系统工作的边界，测试结果表明测控系统对钻井液排量及上、下盘阀压紧力等参数的变化具有很宽范围的适应能力。

稳定控制平台的机械驱动测试试验表明，结合电压前馈补偿、反馈线性化后的预测控制方法可实现在涡轮电机转速大范围变动、存在模型失配和强扰动作用时系统对给定角度位置的稳定跟踪控制。

# 第 10 节　稳定控制平台非线性预测控制的水力驱动测试

全流量水力驱动试验是一种对实际钻井工况的模拟测试试验。将整个导向钻井工具按设计装配，通过高压泵组提供相应的钻井液流量和压力，以驱动上下涡轮发电机旋转，使稳定平台以近似于井下的条件工作，用来测试试验导向钻井井下导向工具的功能和性能。

## 一、全流量水力驱动实验装置

旋转导向钻井系统测试试验所使用的全流量水力驱动实验装置（系统）前后用过 3 种。

第一种是大港油田集团钻采工艺研究院中心试验室的全自动离心式水力泵驱动的清水水力驱动试验系统，MRST 导向钻井工具在该系统上做过 3 轮测试试验。

第二种是胜利油田公司某电驱动深井钻井队的实际在役的往复式钻井泵驱动的钻井液水力驱动试验系统（图 6-23），MRST 在此做过两轮测试试验。

图 6-23　MRST 的水力驱动测试试验

第三种是宝鸡石油机械厂试验井场电驱动钻机的往复式钻井泵驱动的清水水力驱动试验系统，MRST 在此也做过两轮测试试验。

3 种水力驱动测试系统的原理结构是相似的，试验系统均由储水箱（钻井液泥浆池）、水力泵（往复式钻井泵或离心式水力泵）、管路系统、流量测量、外钻铤旋转驱动装置（液力大钳或齿轮驱动装置）、旋转连接头、被测试导向钻井工具等所组成，原理结构如图 6-24 所示。

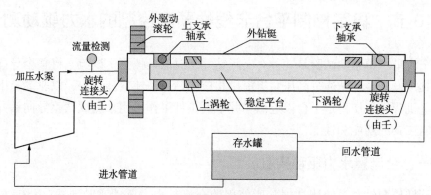

图 6-24　水力驱动测试系统原理结构示意图

## 二、非线性预测控制的水力驱动测试

稳定控制平台非线性预测控制系统完成设计、调试与机械驱动测试试验后，进行了井场水力驱动测试试验。

某次水力驱动测试在试验井场采用 6000m 电驱动钻机、单台三缸往复式钻井泵水力循环驱动；钻井泵冲数在 20~120 冲/min 范围内连续可调(变频调速)，缸径 Φ150mm；导向工具上端与钻杆相连，钻杆上端与顶驱、鹅颈管、水龙头等相连，接至钻井泵出口；钻杆连同导向工具的外钻铤由钻机顶驱变频电机带动旋转，旋转速率为 60r/min；导向工具下端接旋转连接头、回水管，然后接至钻井泥浆池。

测试试验的控制程序采用预置程序工作模式，预置的工作模式为工具面角度控制，工具面角度设定值分别为 330°、80°、160°、220°，各约 8min，然后循环。测试过程中，钻井泵流量大部分时间都稳定在约 24(L/s)，但中间穿插进行了一次三降三升的下传通信测试，对应的流量改为约 18L/s、22L/s，流量由手动记录的泵冲数计算得出。

测试数据由导向工具内部的测控系统自动记录，回放后得到的其中一个控制循环的记录如图 6-25 所示，可得出如下基本结论：

（1）稳定控制平台预测控制方法能实现给定值的稳定跟踪控制。

预测控制方法能实现不同给定值的稳定跟踪控制。其中，330°、80° 的稳态较为稳定，160° 的稳态基本稳定，中间在 1452 时间点有一次较大波动，220° 的稳态大部分稳定，但在 1761~1870 区间段有摆动振荡。

从 330° 切换到 80° 的过渡过程时间短，约为 8s，但出现了较大超调，超调量约 60°。考虑到控制器的采样周期约为 200ms，滞后时间较大，且在从 330° 切换到 80° 的过渡过程起点位置为 350°，有约 20° 的正偏差，故出现 60° 的较大超调应该属于正常。

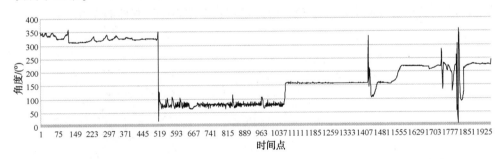

图 6-25　某次水力驱动的给定值跟踪控制测试试验的工具面角度-时间曲线

从 80° 切换到 160° 的动态过程平缓，渐近收敛，过渡过程时间约 11s，时间较短，无超调。从 160° 切换到 220° 的动态过程平缓，渐近收敛，过渡过程时间稍长，约为 17s，无超调。进行统计计算，可得出给定值为 330°、80°、160°、220° 的 4 个区间的平均误差分别为 -4.394°、-0.99453°、-3.2048°、-7.9877°，按照 3.5 节的悬停稳定控制性能指标，性能分别为良好、优良、良好、合格，表明预测控制方法能实现给定值的稳定跟踪控制。

对比分析单纯 PID 控制方法和非线性预测控制方法，在给定值为 220°时前者是反复振荡不稳定的；后者满足控制性能要求，控制效果改善明显。

（2）钻井液流量变动不影响控制效果。

在控制测试过程中穿插进行的流量三降三升变化，从图 6-25 看不出明显的变化痕迹，表明电机电压前馈补偿处理方法有效消除了流量波动对控制的影响。

（3）综合控制方法有利于提高系统控制稳定性。

对比于 PID 方法和反馈线性化方法的平台角度旋转振荡；采用反馈线性化和预测控制方法控制时，稳定控制平台在四个象限均未见有明显的周期性振荡旋转状况发生，表明在水力驱动条件下，该方法对克服偏心作用力矩的不利影响是有效的。

（4）摩擦异动易导致平台的振荡甚至不稳定。

在图 6-25 中，第 1452 时间点附近有短时跳变，在 1761 至 1870 区间段有摆动振荡的情况出现。从测试试验结束后对平台机械结构的检查情况看，电机定子—转子轴承滚珠之间存在有铁屑和泥沙，应该是因为电机定子—转子之间要流过钻井液，轴承滚珠间的固体颗粒导致了摩擦作用力矩的异常变化，该因素很可能是导致第 1452 时间点附近短时跳变及图中时间点 1761~1870 区间段控制振荡的原因。另外，上下盘阀之间如果进入铁屑或泥沙，产生偏摩，也会导致这种情况的发生。

总体而言，水力驱动测试表明采用"电压前馈补偿+反馈线性化控制+非线性预测控制"的综合控制方法能实现平台的悬停稳定控制，控制性能良好。

# 第7章 稳定控制平台的智能控制

## 第1节 模糊控制基本原理

模糊控制是以模糊集理论、模糊语言变量和模糊逻辑推理为基础的一种智能控制方法，它从行为上模仿人的模糊推理和决策过程。模糊控制的基本原理是讲操作人员或专家经验编成模糊规则，然后对来自传感器的实时信号进行模糊化，再将模糊化后的信号作为模糊规则的输入，完成模糊推理，最后将推理后得到的输出量加到执行器上。

模糊控制系统的原理结构如图7-1所示。其中，模糊控制器由模糊化、知识库、推理机和模糊判决接口4个基本单元组成。

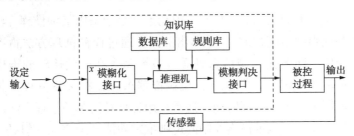

图 7-1 模糊控制的原理结构图

## 一、模糊化接口

模糊化就是通过在控制器的输入、输出论域上定义语言变量，将精确的输入、输出值转换为模糊的语言值。模糊化接口的设计步骤就是定义语言变量的过程，主要包括：①语言变量的确定，针对模糊控制器每个输入和输出空间，各自定义一个语言变量；②语言变量论域的设计，通常把语言变量的论域定义为有限整数的离散论域；③定义各语言变量的语言值，在语言变量的论域上，将其划分为有限的几档，档级越多，规则制定灵活；④定义个语言值的隶属函数，正泰分布型、三角形或梯形等。

## 二、知识库

知识库涉及应用领域和控制目标的相关知识，主要由数据库和语言控制规则库组成。

### 1. 数据库

数据库为语言控制规则的论域离散化和隶属函数提供必要的定义，所有输入、输出变量所对应的论域以及这些论文上所定义的规则库中所使用的全部模糊子集的定义都存放在数据库中。数据库还提供模糊推理必要的数据、模糊化接口和模糊判决接口相关论域的必要数据，包含语言控制规则论域的离散化、量化以及输入空间的分区、隶属函数的定义等。

### 2. 规则库

模糊控制器的规则是基于专家知识或手动操作人员长期积累的经验，它是按照人的直觉推理的一种语言表述形式。模糊规则通常由一系列的关系词连接而成，如 if-then、else、also、end 等。规则库用来存放全部模糊控制规则，由若干控制规则组成，在推理时为推理机提供控制规则。

## 三、模糊推理机

模糊推理机是模糊控制器的核心。模糊推理是指采用某种推理方法，由采样时刻的输入和规则库中蕴含的输入/输出关系，通过模糊推理方法得到模糊控制器的输出模糊值，即模糊控制信息可通过模糊蕴含和模糊逻辑的推理规则来获取。根据模糊输入和模糊控制规则，模糊推理求解模糊关系方程，获得模糊输出。在模糊控制中，考虑推理时间，通常采用运算较简单的推理方法。

推理结果的获得，表示模糊控制的规则推理功能已经完成。但是，至此所获得的结果仍是一个模糊矢量，不能直接用来作为控制量，再采用模糊判决方法进行解模糊将模糊信号转换为精确的控制量输出信号。综上所述，模糊控制器实际上就是依靠计算机或中央处理器来构成的，绝大部分是由计算机程序完成。

# 第2节　导向钻井工具稳定平台的模糊控制

## 一、导向钻井工具稳定平台的模糊控制原理

旋转导向钻井工具导向执行机构的不同导向控制方式，直接决定了钻井工具导向能力的差异性。其中，稳定平台是旋转导向钻井工具的核心，只有对稳定平台进行精准的闭环控制，才能使钻井工具在动态工作状态下，为系统提供稳定并

可控的造斜方位和导向力。稳定平台由旋转外套、电机、双偏心环等组成。在导向钻井工具旋转钻进作业时，只有使偏心环相对于大地保持不动，才能保证钻井工具向某一固定方位进行旋转钻进，起到定向和造斜的作用。

钻井工具稳定平台包括执行机构、控制单元和测量单元，其原理框图如图7-2所示。利用偏心环位置测量单元测量当前的偏心位移矢量，控制单元根据其测量结果调整电机的钻速，进而达到对偏心位移矢量进行控制的目的。

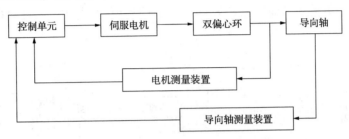

图 7-2 钻井工具稳定平台组成框图

旋转导向钻井工具稳定平台的下盘阀固定在偏置驱动机构单元本体内，随钻头旋转，方向不变，记这一方向为反向。当稳定平台的输出力矩远小于下盘阀作用在上盘阀的摩擦力矩时，稳定平台随下盘阀反向旋转。当稳定平台的输出力矩远大于下盘阀作用在上盘阀的摩擦力矩时，稳定平台正向旋转。

图7-3所示为动态指向式旋转导向钻井工具整体结构示意图。包括上部钻柱连接件、钻铤、稳定平台驱动电机、稳定平台及其数据测量模块、钻轴、钻压扭矩传递机构及指示器等部分。其中，原理样机的核心为稳定平台，稳定平台下端通过导向偏置机构与钻轴相连，上端与稳定平台驱动电机相连。稳定平台驱动电机的转速由旋转变压器测量，并通过解码板解码后进入主控制器用于稳定平台电机转速环的控制。稳定平台上安装陀螺仪传感器、姿态角传感器及数据处理模块，陀螺仪传感器测量稳定平台对地转速，姿态角传感器测量导向钻井工具工具面角，用于稳定平台位置环的控制。

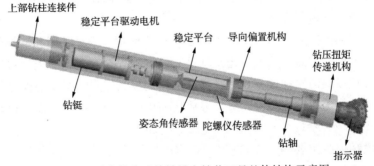

图 7-3 动态指向式旋转导向钻井工具整体结构示意图

图 7-4 所示为动态指向式旋转导向钻井工具测控系统整体结构图，包括稳定平台电机主控制模块、稳定平台数据采集模块、稳定平台电机和稳定平台。其中，稳定平台数据采集模块主要负责采集工具面角、稳定平台对地速率以及温度等数据，通过 CAN 总线把数据传输至主控制器。计算机发出地面指令，与主控制器通过 CAN 总线实现数据的双向传输。实际钻井过程中，代表地面监控系统的计算机与位于井下的旋转导向钻井工具系统，即稳定平台电机主控制模块与稳定平台数据采集模块，通过泥浆脉冲、泥浆排量变化等方式，实现数据的上、下行双向传输。

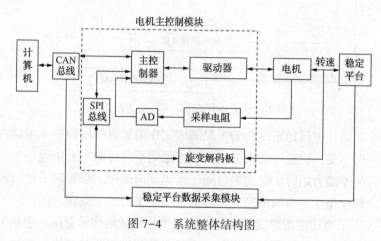

图 7-4　系统整体结构图

稳定平台的主要任务就是调节输出力矩，使得平台在下盘阀作用力矩下，相对地面保持静止，并能够稳定的指向给定工具面。旋转导向钻井工具稳定平台是非线性、难以精确建模的系统，目前能够解决该类型系统问题且被广泛应用的就是模糊控制。模糊控制理论是在 1965 年被美国自动控制理论专家 Zadeh 首次提出，它是一种以模糊集理论、模糊语言变量和模糊控制逻辑推理为基础的智能控制算法，模拟了人的思维方式，解决了难建模的对象控制问题，是智能化领域中最具有实际工程意义的一种非线性控制，被广泛地应用在工业控制领域、家用电器自动化领域和其他很多行业中。

模糊控制器的控制框图如图 7-5 所示，由模糊化、模糊推理和清晰化三部分模块组成。模糊控制器的输入和输出都是非模糊量，按照一定的规则将其转化为能为模糊推理接受的模糊量，利用已提取的模糊控制规则对接受的模糊量进行模糊推理和决策，求得输出的模糊量，最后将输出的模糊量按一定规则再转化为输出的精确量。

常规模糊控制主要由 5 个部分组成：定义变量、模糊化、建立模糊控制规则、模糊推理及解模糊化。

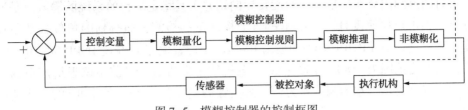

图 7-5　模糊控制器的控制框图

**1. 定义变量**

变量的定义占有相当重要的角色，对被控对象系统的性能有很大的影响。模糊控制器的语言变量可以选择被控对象系统的输出、输出变化量、输出误差、输出误差变化量及输出误差量总和等。通常情况下，输入变量有输出误差($E$)与输出误差之变化率($EC$)，输出控制变量为下一个状态之前的输入电压($U$)，其中，$E$、$EC$、$U$统称为模糊变量。

**2. 模糊化**

控制变量确定之后，需对模糊控制器的输入和输出变量空间做模糊分割。模糊分割时各领域间重叠的程度依照模拟和实验的调整决定分割方式，一般而言，模集合重叠的程度并没有明确的决定方法，重叠的部分意味着模糊控制规则间模糊的程度，因此模糊分割是模糊控制的重要特征。具体实现过程是将输入值以适当的比例转换到论域的数值，利用模糊子集合来描述测量物理量的过程，依适合的语言值求该值相对之隶属度，常见的隶属函数的类型有两种：三角形型、高斯型。

**3. 建立模糊控制规则**

建立模糊控制规则主要有两种方法经验归纳法和推理合成法。经验归纳法是根据工程人员的控制经验和直觉进行推理，通过对获取的信息整理、加工和提炼后构成模糊规则系统的方法。而推理合成法的主要思想是根据已有的输入输出数据对应关系，通过模糊推理合成求取被控系统的模糊控制规则。

**4. 模糊推理**

模仿人类判断时的模糊概念，运用模糊逻辑和模糊推论法进行推论，而得到模糊控制讯号。此部分是模糊控制器的精髓所在，主要的方法有 MIN-MAX 法、代数积—加法法及函数型推理法等。

**5. 解模糊化**

模糊推理后的值是模糊量，需要换为明确的控制讯号，才能用于被控对象。目前常用解模糊化方法有加权平均法、最大隶属度法及中位数法。

常规的双输入单输出模糊控制系统为误差及误差变化率，误差变化率只是在一定时间范围内对误差求导，而旋转导向钻井工具稳定平台的系统的输入量是通过对三轴正交加速度计、速度陀螺两个物理量的检测，而得到的角位置及角速度，输出量为 DSPIC30F5011 的输出 PWM。角位置偏差 $E$ 经过 DSPIC30F5011 解算，其变化范围为 $-180° \sim 180°$；从上电机往下电机看，当前角位于给定角的右半侧时偏差为正，左半侧偏差为负。角位置偏差变化率 $EC$（角速度）的变化范围为 $0 \sim +5V$，$2.5V$ 表示平台相对地面是静止的；小于 $2.5V$ 时，稳定平台反向旋转，幅值越小反向转速越大；大于 $2.5V$ 时，稳定平台正向旋转，幅值越大正向转速越大。

常规双输入单输出模糊控制系统的输入必须通过模糊化处理，将精确值通过比例因子转化为模糊量，再把连续的输入量映射离散的基本论域内，论域往往采用等量划分方式。与常规双输入单输出模糊控制系统不同，在旋转导向钻井工具稳定平台的模糊控制中，采用清晰化输入，经过智能 PID 控制大量的试验，将 $E$ 分为 5 个模糊集：NB、NS、Z、PS 和 PB；将 $EC$ 分为 5 个模糊集：NB、NS、Z、PS 和 PB；将 $U$ 分为 11 个模糊集：NVB（反向极大）、NB 、NIB（反向较大）、NM、NS、Z、PS、PM、PIB（正向较大）、PB 和 PVB（正向极大）。

## 二、模糊控制策略

钻井工程里存在着许多复杂而不确定的诸多因素，所采集及获取到的信息往往都是不很十分精确的、不确定的、非数值化的、模糊的，这就需从人类的智能活动高度及思维来进行识别及判断，还要依靠专家经验和知识理论一起共同建立起智能模型，从而解决复杂的钻井工程里的模式识别以及综合解释等问题，最终实现多变量的智能控制。当前，钻井自动控制技术应该以智能传感器所采集的静态及动态信息为基础，充分发挥智能计算机其功能以此来有效运用宝贵的信息，再借助双向的通信传输技术来传送及反馈信息而形成闭环的信息流，最终达到闭环的自动控制这一目的。

稳定平台能根据预先设置的指令或下行指令来控制钻进方向，因而稳定平台主要控制工具面角这一重要参数。在造斜时，用钻井液驱动伸缩翼在指定方向展开来碰触井壁产生推力，使钻井工具向设计方向钻进；在打直时，伸缩翼均匀地依次展开接触井壁的合力相当于零。

上涡轮发电机实际上是系统电力的发生器，借助钻井液流动带动涡轮发电为井下工具提供电源，旋转方向是顺时针的。其产生的交流电通过整流、稳压和滤波处理，向整个平台里的电气电子设备提供电源。除供电外，上发电机还要做下行指令的接收装置，下行指令通过调整钻井液的流量送至井下，稳定平台的相关接收电路在检测上发电机的交流电压和频率变化后，就得到了下行控制指令。

下涡轮发电机实际上为扭矩发生器，旋转方向是逆时针的。用于产生相反于上发电机的力矩，控制电路可以使轴保持稳定在指定工具面角的位置。CPU 经 D/A 转换、合成、PWM 等处理后控制 MOS 管的电流，即下发电机的电流从而调整下发电机力矩。在上、下两个涡轮发电机间是密封的电子舱，里面主要是由电源、检测、通信及控制四大功能电路组成。电子舱里有速率陀螺用于检测稳定平台的角速度和转动趋势，在电子舱里还设有检测井斜角和工具面角三轴重力加速度计，还有下行信号接收器电路、短程通信以及控制电路等。

运行时，设工具面角为控制目标，首先用 A/D 转换陀螺和加速度计经调理后的信号，然后 CPU 算出转动角速度、井斜角和工具面角。如工具面角小于预置角度，CPU 通过控制方法后，由 D/A 输出相应电压再一系列变换后驱动 MOS 管来增大下发电机的电流，使其扭矩增大而使工具本身向逆时针方向旋转，更为接近预置工具面角便实现一次闭环的调节。这样就能让实测工具面角迅速地跟踪目标工具面角了，稳定平台控制的过程也就是调节下发电机电流的一个过程(图 7-6)。

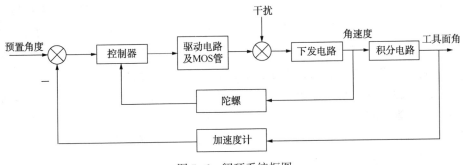

图 7-6 闭环系统框图

常规模糊控制算法往往应用于直行程的双输入单输出控制系统中，随着二维输入变量的变化，输出控制量呈单向变化，这对于旋转导向钻井工具稳定平台这一滚动大惯性伺服系统而言极为不利，主要表现在：

(1) 旋转导向钻井工具稳定平台上盘阀的高压孔与给定工具面的偏差为正，如果上下盘阀处于黏滞状态，即稳定平台静止。常规模糊控制势必大幅度增加控制轴的输出转矩来克服这一黏滞力，经过一段时间的积累，稳定平台会在以控制抽输出转矩为主导力矩的作用下迅速正向转动，很容易越过给定工具面位置，角位置偏差由正变化为负，不得不进入新一轮的调整。

(2) 旋转导向钻井工具稳定平台上盘阀的高压孔与给定工具面的偏差为正，如果稳定平台低速正向转动，即有减小误差的趋势。按照常规模糊控制规则，会继续增加控制轴的输出转矩来加快这一进程，相当于给不断地增加稳定平台正向转动的动力，也会发生越过给定工具面位置的问题，角位置偏差由正变化为负，进入新一轮的调整。

（3）旋转导向钻井工具稳定平台上盘阀的高压孔与给定工具面的偏差为负，如果上、下盘阀处于黏滞状态，即稳定平台静止。常规模糊控制势必大幅度减小控制轴的输出转矩，经过一段时间的积累，稳定平台会在以下盘阀的摩擦力矩为主导力矩的作用下迅速反向转动，很容易越过给定工具面位置，角位置偏差由负变化为正，又进入新一轮的调整。

（4）旋转导向钻井工具稳定平台上盘阀的高压孔与给定工具面的偏差为负，如果稳定平台低速反向转动，即有减小误差的趋势。按照常规模糊控制规则，会继续减小控制轴的输出转矩来加快这一进程，相当于给不断的减小稳定平台正向转动的动力，也会发生越过给定工具面位置的问题，角位置偏差由负变化为正，进入新一轮的调整。

综上而言，旋转导向钻井工具稳定平台采用常规模糊控制规则，极易发生旋转速度的突变，增加过冲的概率。针对以上的问题，以"先稳后控"为基本控制思想提出一种类似模糊控制的策略，与常规的模糊规则显著不同的主要有两点：

（1）分层控制，采用速度环与位置环相结合的方式，速度环大幅度改变控制轴的输出转矩，直至稳定平台相对地面呈低速旋转状态。位置环微调输出转矩，使得稳定平台末端的上盘阀高压孔稳定的指向给定工具面角。

（2）分段控制，利用稳定平台的转动惯性，使得稳定平台在接近目标位置时迅速减速或者不转动。与常规规则相比，表面上简化了，实质上在不同的阶段针对大惯性对象的运动特征和控制要求，采取了不同的控制策略，输出控制量更多、更精确，更有针对性，不存在随输入变量变化而呈单调性变化的趋势。

### 三、模糊控制规则

旋转导向钻井工具的稳定平台的惯性较大，运行过程中往往发生上、下盘阀黏滞造成稳定平台不转动，旋转导向钻井工具稳定平台模糊控制是利用惯性，破坏黏滞的分段控制策略。当稳定平台偏差较大，且正在向继续扩大误差的方向转动，DSPIC30F5011 瞬间大幅度改变输出占空比，为稳定平台提供强力逆向反转力矩，使得稳定平台低速逼近给定工具面角。

当稳定平台偏差较小，且正在向减小误差的方向转动，DSPIC30F5011 小幅度改变输出占空比，为稳定平台提供同向转动力矩，减少稳定平台到达目标位置的调整时间减缓调整力度。当稳定平台误差较大，且摆动停滞不前，DSPIC30F5011 较大幅度改变输出占空比，破坏黏滞状态，使得稳定平台旋转，利于判别和控制。与常规双输入单输出模糊控制系统不同，在旋转导向钻井工稳定平台的模糊控制中，采用清晰化输入，单模糊输出的方式。将角位置偏差 E 分为 5 个模糊集：NB（负大）、NS（负小）、Z（零）、PS（正小）、PB（正大）。将角位置偏差变化率 EC 分为 5 个模糊集：NB（负大）、NS（负小）、Z（零）、PS（正小）、PB（正大）。将输出电磁转矩的步进量 U 分为 11 个模糊集：NVB（负极大）、NB（负大）、NIB（负较大）、NM（负中）、NS（负小）、Z（零）、PS（正小）、PM（正中）、PIB（正较大）、PB（正大）和 PVB（正极大）。旋转导向钻井工具稳定平台的模糊控制规则标准如表 7-1 所示。

表 7-1  模糊控制规则

| EC | E | | | | |
|---|---|---|---|---|---|
| | NB | NS | Z | PS | PB |
| NB | | | NB | | |
| NS | NVB · | NVB | Z | PS | NM * |
| Z | NIB | NS | Z | PS | PIB |
| PS | PM * | NS | Z | PS | PVB |
| PB | | | PB | | |

注：*—输出量应特别注意，按照常规规则，其输出量恰好是相反的。

（1）旋转导向钻井工具稳定平台高速旋转或启动时，控制轴的输出转矩与下盘阀对上盘阀的摩擦力矩相差很大，DSPIC30F5011 以大步进量改变控制轴的输出电磁转矩，直至稳定平台处于低速旋转状态。

（2）旋转导向钻井工具稳定平台的工具面角偏差较大，且正在向继续增大的方向旋转，DSPIC30F5011 以极大的逆向步进量改变控制轴的输出电磁转矩，不仅遏制稳定平台的工具面角偏差继续增大的趋势，而且使稳定平台向减小正向偏差的方向旋转。

（3）旋转导向钻井工具稳定平台的工具面角偏差较大，受振动影响，控制轴摆动黏滞不动，DSPIC30F5011 检测到的速度陀螺的不稳定，难以判断稳定平台是否相对地面静止，DSPIC30F5011 以较大的步进量改变控制轴的输出电磁转矩，促使稳定平台快速进入速度可判别的调整过程。

（4）旋转导向钻井工具稳定平台偏差的工具面角偏差较大，正在向减小误差的方向旋转，DSPIC30F5011 以中等步进量逆向改变控制轴的输出电磁转矩，减缓逼近目标工具面角的力度及速度，提前克服旋转惯性造成的过冲。

（5）旋转导向钻井工具稳定平台的工具面角偏差较小，且稳定平台保持低速旋转，DSPIC30F5011 以小步进量改变控制轴的输出电磁转矩，继续减缓逼近目标工具面角的力度及速度，使得稳定平台慢速进入目标区域。

（6）旋转导向钻井工具稳定平台以较低速度正向或反向旋转，且与给定工具面的偏差在允许的范围内，考虑稳定平台本身旋转机械振动所造成的误差，DSPIC30F5011 保持当前控制轴的输出电磁转矩。

1. 启动和失速控制

当 $EC>3.0V$ 时，稳定平台高速正向旋转，以大步进量为 PB 增加输出电磁转矩，促进旋转减速，使稳定平台进入内环调整状态。

当 $EC<2.0V$ 时，稳定平台高速反向旋转，以大步进量为 NB 减小输出电磁转矩，直至稳定平台相对地面呈低速旋转状态，完成系统的失速控制。

2. 强力倒车控制

当 $2.7V<EC<3.0V$ 且 $E>20°$时，稳定平台正向偏差较大，且正快速正向旋转，正向偏差进一步扩大，以极大的步进量为 PVB 增加输出电磁转矩，产生较大的反向力进行提前刹车，克服惯性和死区，使稳定平台反向旋转，快速渡过死区。

当 $2.0V<EC<2.3V$ 且 $E<-20°$时，稳定平台反向偏差较大，且正快速反向旋转，反向偏差正在进一步扩大，以极大的步进量为 NVB 减小输出电磁转矩。

3. 预测减速控制

当 $2.0V<EC<2.3V$ 且 $E>20°$时，稳定平台正向偏差虽然较大，但已进入减小偏差的低速调整之中，以中等步进量为 NM 减小输出电磁转矩，减缓调整力度，提前克服旋转惯性滞后。

当 $2.7V<EC<3.0V$ 且 $E<-20°$时，稳定平台反向偏差虽然较大，但已进入减小偏差的低速调整之中，以中等步进量为 PM 增大输出电磁转矩。

与常规模糊控制不同的是，这里采用了步进量的逆向控制，目的在于减缓调整趋势，提前克服惯性；若采用同向步进量控制，其作用总是增大同一方向的力矩，将会继续促进已有的调整趋势，难以减缓调整趋势，达不到减速和提前克服惯性的目的。与强力反转控制的不同在于预测减速不改变现有的调整方向，只减缓调整速度。

4. 低速控制

当 $2.3V<EC<2.7V$ 且 $E>20°$时，稳定平台以较低速度正向或反向旋转或处于稳定，也可能是本身的机械振动，难以区别速度是否为 0，且与给定工具面存在较大的正向偏差，以较大的步进量为 PIB 增加输出电磁转矩，克服死区和惯性，使稳定平台反向旋转起来。

当 $2.3V<EC<2.7V$ 且 $E<-20°$时，以较大的步进量为 NIB 减小输出电磁转矩，使稳定平台正向旋转起来。

稳定平台机械旋转机构振动造成速度测量存在一定的波动，当位置偏差较大且速度难以判别时，不论速度正反，均给予一个较大的调整力量，使之向减小偏差的方向动起来，之后根据不同工况进行下一步调整，这与常规控制算法明显不同。

## 5. 近稳态微调

当 $2.0V<EC<3.0V$ 且 $5°<E<20°$ 时，稳定平台较低速正向或反向旋转，且与给定工具面存在较小的正向偏差，以小步进量为 PS 增加输出电磁转矩；由于步进量小，不会改变旋转方向，只起到慢速微调的作用，主要目的是减小稳态误差。当 $2.0V<EC<3.0V$ 且 $-20°<E<-5°$ 时，以小步进量为 NS 减小输出电磁转矩。

当 $2.0V<EC<3.0V$ 且 $|E|≤5°$ 时，稳定平台与给定工具面的偏差在允许的范围内，输出电磁转矩保持不变。

## 四、稳定平台性能分析

稳定平台是能够使被稳定对象在外部干扰作用下相对惯性空间保持方位不变，或在指令力矩作用下够按给定规律相对惯性空间转动的装置。作为原理样机的核心部件，稳定平台的动态性能和抗扰动性能决定了导向钻井工具的造斜能力，因此稳定平台的测控系统性能对导向钻井工具的整体性能至关重要。

由于稳定平台安装于导向钻井工具的内部，它要传递扭矩，还要承载来自轴向和横向的巨大冲击载荷，在这些复杂状况下，稳定平台便有以下主要特性：

（1）井下有很高的耐高温及抗振动的要求，动密封连接装置还要耐高压。

（2）要连续长时间供电工作，并且累计误差不能较大。

（3）电子舱内区域狭小而细长，因而对元器件的尺寸外形有要求。

（4）现有井下和地面间通信能力有限，地面对井下状态监控能力不足。

（5）因井眼轨迹变化相对工具作用角变化的灵敏度不高、响应时间也长，故稳定平台控制指标的要求也不是过高。

（6）稳定平台由固定轴承安装于导向工具内，沿钻柱轴向无控制要求，因而只有工具截面所处一个平面控制的要求。

钻井过程中，导向钻井工具主要有两种不同的工作状态，即造斜状态和稳斜状态。在造斜状态时，稳定平台需要对地保持静止，稳定平台以与钻挺等速反向的转速旋转，保证稳定平台角位置对地相对固定，进而保证工具面角不变。在稳斜状态时，稳定平台以不等于钻挺转速的速度匀速旋转，此时钻头指向固定以保证导向钻具以固定方向钻井。因此，动态指向式旋转导向钻井工具的控制系统既需要角位置控制，实现导向钻井工具工具面角保持不变，也需要角速度控制实现稳定平台对地静止或者匀速转动，实现导向钻井的稳斜和造斜功能。

综合考虑目前的导向方式以及偏置方式，能够全面且准确地把大部分旋转导向钻井系统的井下导向工具按其机械工作方式分为 3 种：静态偏置推靠式、动态偏置推靠式（即调制式）以及静态偏置指向式。它们的代表性商业系统分别是 BakerHughes Inteq 公司的 AutoTrak RCLS 产品和 Schlumberger Anadrill 公司的 PowerDrive SRD 以及 Halliburton Sperry-sun 公司的 Geo-Pilot 产品系统。这 3 种旋转导向钻井工具系统的对比如表 7-2 所示。

表 7-2　主流的 3 种工作方式导向钻井工具系统性能对比

| 工作方式 | 静态偏置推靠式 | 动态偏置推靠式 | 静态偏置指向式 |
|---|---|---|---|
| 代表系统 | AutoTrak RCLS | PowerDrive SRD | Geo-Pilot |
| 旋转程度 | 外筒不转 | 全旋转 | 外筒不转 |
| 造斜能力/(°/30m) | 6.5 | 8.5 | 5.5 |
| 位移延伸能力 | 低 | 高 | 中 |
| 螺旋井眼 | 存在 | 存在 | 消除 |
| 适应井眼尺寸/mm | 216~311 | 152~311 | 216~311 |

由上表可知，在当前较为成熟的 3 种主流旋转导向钻井系统中，以工作原理以及适应井下的工作环境方面来说，此 3 种工作方式的导向钻井系统都各有各自的特点。像是 Auto Trak 系统采用的是静态式工作原理，它主要靠钻具本身的偏置控制来变化钻头上的侧向力。此种系统其优点为能够利用成熟的控制技术去实现偏置距的控制问题，然而井下复杂的条件使得此种系统具有许多缺点，例如静止外套、位移工作方式、小型化能力差等，这些问题都会影响此种系统的发展。

AutoTrak eXact 系统提供了先进的定向控制技术，能钻出质量很好的井眼，能够帮助作业者钻出更复杂的 3D 定向井。AutoTrak eXact 系统将其本身的高造斜能力与先进的随钻测量(LWD)，能够优化完井质量、提高钻井效率，并将生产潜能最大化。AutoTrake eXact 系统采用了经过现场验证的闭路循环导向控制专利技术。所以，AutoTrak eXact 能够在各种状况下更为精确地定位井眼位置、提高井眼质量，进而简化套管下入流程。

AutoTrak eXact 系统的造斜率最高可达 120/100ft，而常规的旋转导向系统只能达到 $5^{60}/_{100}$ft。这样就能增大井筒与储层之间的接触面积，减少复杂地层的定向作业，降低成本。

Geo-Pilot 系统是一种指向式钻井钻具，是由 Halliburton 技术服务公司研制的，并已成功投入现场应用。该系统主要由系统联动传动轴、驱动轴设备、密封装置、主旋转体装置、上下轴承控制器、近钻头传控制器、偏心轮装置以及相应的辅助控制电路和传感器组成(图 7-7)。

当 Geo-Pilot 旋转导向工具运行时，导向轴通过不旋转外部套管和导向轴之间的一对偏置机构来进行控制构件被偏置和弯曲，使得钻头与钻孔轴线具有不一致的倾斜角度。这里的偏置机构是一种特殊的偏心偏置体，由外偏心环和内偏心环组成偏心轮，并且带有相应的驱动装置，主要通常包括连接器、减速机构等。

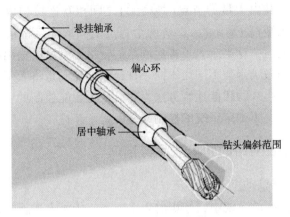

图 7-7　Geo-Pilot 系统

在偏心环旋转的过程中，恒定的偏置力被施加到钻柱弯曲，使得钻柱的轴线与井的轴线之间存在角度，以达到旋转引导。

Geo-Pilot 系统采用的是控制钻柱的弯曲特征去实现钻头轴线方向的有效导控机理，它的优点是造斜率由工具本身而确定，其不受钻进地层所处岩性的影响，它在软地层和不均质地层里的效果明显，其缺点为钻柱承受了高强度的交变应力，很容易发生疲劳而破坏；还有，高精度的加工是保证此种系统导向效果的关键因素。相对而言，动态偏置推靠式（即调制式）旋转导向钻井系统在结构的设计方面更为简单，其小型化趋势好，它以全旋转的工作方式会使钻柱相对于井壁没有静止点，这样可以保证此种系统更可以适合各类复杂环境，即钻井极限井深更深、钻进速度更快，会在三维多目标井、大位移井和其他高难度特殊工艺井领域更具有竞争力，然而其工作寿命还有待进一步地提高。

# 第3节　神经网络控制基本原理

## 一、人工神经网络原理

人工神经网络是模拟人脑思维方式的数学模型。它是在现代生物学研究人脑组织成果的基础上提出的，用来模拟人类大脑神经网络的结构和行为，从微观结构和功能上对人脑进行抽象和简化，是模拟人类智能的一条重要途径，反映了人脑功能并行信息处理、学习、联想和记忆等基本特征。随着大脑和计算机研究的进展，神经网络的研究目标已经从"似脑机器"变为"学习机器"。

人工神经网络是 20 世纪 80 年代以来人工智能领域兴起的研究热点，它从信息处理角度对人脑神经元网络进行抽象，建立某种简单模型，按不同的连接方式组成不同的网络，并由大量的节点（神经元）之间相互连接构成，每个节点代表一种特定的输出函数（激励函数）。每两个节点之间的连接都代表一个对于通过该连接信号的加权值，相当于人工神经网络的记忆。网络的输出则依据网络的连接方式、权重值和激励函数不同而不同。神经网络控制是将人工神经网络和控制理论相结合而发展起来的智能控制方法，它已成为智能控制的一个新的分支，为解决复杂的非线性、不确定系统的控制问题开辟了新途径。

## 二、基于神经网络的知识表示与推理

### 1. 基于神经网络的知识表示

在基于神经网络的系统中，知识的表示方法与传统人工智能系统中所用的方法（如产生式、框架、语义网络等）完全不同。神经网络中的知识表示是一种隐式的表示方法，例如，知识并不像产生式系统中那样独立的表示为每一条规则，而是将某一问题的若干知识在同一网络中表示。

### 2. 基于神经网络的知识推理

基于神经网络的推理是通过网络计算实现的。把用户提供的初始证据用作网络的输入，通过网络计算最终得到输出结果。基于神经网络的知识推理实际上在一个已经训练成熟网络的基础上对未知样本做出反应或者判断。神经网络的训练是网络对训练样本内在规律学习的过程，而对网络进行训练的目的主要是让网络模型对训练样本以外的数据具有正确的映射能力。

## 三、神经网络的分类

目前神经网络模型的种类相当丰富，约有 40 余种，其中典型的有多层前向传播网络、Hopfield 网络、Blotzman 机网络等。根据神经网络的连接方式，神经网络可分为以下 3 种形式。

### 1. 前向网络

神经元分层排列，组成输入层、隐含层和输出层。每一层的神经元只接收前一层神经元的输入。输入模式经过各层的顺次变换后，由输出层输出。在各神经元之间不存在反馈。感知器和误差反向传播网络采用前向网络形式。其网络实现信号从输入空间到输出空间的变换，它的信息处理能力来自简单非线性函数的多次复合。BP 网络就是一种典型的前向网络。

### 2. 反馈网络

反馈网络结构在输出层到输入层存在反馈，即每一个输入节点都有可能接收来自外部的输入和来自输出神经元的反馈。但是该神经网络需要工作一段时间才能达到稳定，Hopfield 神经网络是反馈网络中最简单且应用最广泛的模型，且具有联想记忆功能。

3. 自组织网络

当神经网络在接受外界输入时，网络将会分成不同的区域，不同区域具有不同的响应特征，即不同的神经元以最佳方式响应不同性质的信号激励，从而形成一种拓扑意义上的特征图，实际上是一种非线性映射。这种映射是通过无监督的自适应过程完成的，Kohonen网络是最典型的自组织网络。

# 第4节　导向钻井工具稳定平台的神经网络控制

## 一、BP神经网络PID控制器设计

人工神经网络在过去20多年中得到大力研究并取得了重要进展，成为动态系统辨识、建模和控制的一种新型的和令人感兴趣的工具。在阶层型神经网络的研究中，打开了一条希望的通路，这就是目前应用最广、基本思想最直观、最容易理解的多阶层神经网络及误差逆传播学习方法。为了方便，把这一网络简称为BP网络。目前，在人工神经网络的实际应用中，绝大部分的神经网络模型都采用BP网络和它的变化形式，它也是多层前馈神经网络的核心部分，并体现了人工神经网络最精华的部分。

BP网络主要用于：模式识别、图像处理、系统辨识、函数拟合、优化计算、最优预测和自适应控制等领域。

旋转导向钻井工具稳定平台具有非线性、时变不确定性和纯滞后性等特点，控制过程机理较复杂。采用常规PID控制，会导致运行效果不理想，参数整定很困难。稳定平台的上下盘阀之间的作用力会随时间和工作环境的变化而变化，导致了过程参数甚至模型结构具有时变不确定性，尤其是在噪声、负载力矩扰动等因素的影响下，这一状况体现得更加明显。

智能PID控制将智能控制与传统的PID控制相结合，其设计思想是利用专家系统、模糊控制和神经网络技术，以非线性控制方式将人工智能引入到控制器中，与传统PID控制相比，系统的运行控制性能更好。旋转导向钻井工具稳定平台可尝试的采用这种不依赖系统精确数学模型和控制器参数，具有在线自动调整的智能PID控制，使得系统较好的适应参数变化的干扰。智能PID控制主要有三种形式：专家PID控制器、模糊PID控制器和基于神经网络的PID控制。专家PID控制器利用调试过程中积累的知识与经验来解决问题。它采用规则PID控制形式，通过在线调整PID三个参数，使得被控对象的响应曲线趋于稳定。

PID控制的核心思想是根据设定值与反馈值之间的差值调节控制量，进而实现被控对象的控制，控制被控对象的某一个参数达到设定值。一般，模拟 PID 控制器的控制规律为：

$$u(t) = K_p \left[ e(t) + \frac{1}{T_i} \int_0^t e(t) \mathrm{d}t + T_d \frac{\mathrm{d}e(t)}{\mathrm{d}t} \right] \qquad (7-1)$$

式中，$K_p$ 为比例系数，$T_i$ 为积分时间常数，$T_d$ 为微分时间常数。

离散化处理的增量式 PID 控制算式：

$$\Delta u(k) = Ae(k) - Be(k-1) + Ce(k-2) \qquad (7-2)$$

式中，$A = K_p \left( 1 + \frac{T}{T_i} + \frac{T_d}{T} \right)$；$B = K_p \left( 1 + \frac{2T_d}{T} \right)$；$C = K_p \frac{T_d}{T}$；$T$ 为采样周期。确定 $A$、$B$、$C$ 后，将 3 次的目标偏差值代入式 (7-2)，即可求出控制量。

简单说来，PID 控制器各校正环节的主要控制作用如下：

（1）比例环节。比例控制是用常数乘以误差信号，偏差信号 $e(t)$ 一旦产生，控制器即产生作用，以减少偏差。比例控制器实质是一个具有可调增益的放大器，信号变换过程中，比例控制器只是改变信号的增益而不影响其相位。

（2）积分环节。主要用于消除系统稳态误差，只要有足够的时间，积分控制将能完全消除误差，使系统误差为零积分作用的强弱取决于积分常数，$T_i$ 越大，积分作用越弱，反之则越强。

（3）微分环节。能反应输入信号的变化趋势，产生有效的早期修正信号，从而加快系统的动作速度，减少调节时间，有助于系统动态性能的改善。

高精度伺服定位系统中，PID 等反馈控制方法难以同时满足伺服定位的高精度、快速性以及对位置的无超调或超调很小，主要原因在于：反馈控制是在系统误差形成之后才起作用，当被控对象存在时延或外界扰动时，反馈控制的作用效果不佳。作为经典的控制算法，PID 控制器结构简单，参数容易整定且有较完整的计算过程，可获得较好的稳态性能和快速性能，应用于原理样机控制系统中，作为其他算法控制结果的参考。

要使 PID 控制取得更好的控制效果，就必须对比例、积分和微分三种控制作用进行调整以形成相互配合又相互制约的关系，但这种关系并不一定要是简单的"线性组合"，而是从变化无穷的非线性组合中找出最佳的关系。BP 神经网络，它具有很强的逼近任意非线性函数的能力，并且结构和学习算法简单明确。BP 神经网络可以通过学习，从而找到某一最优控制律下的 P、I、D 参数。基于 BP 神经网络的 PID 控制系统结构如图 7-8 所示。

由图 7-8 可以看出，控制器由两部分组成：

（1）经典的 PID 控制器。它直接对被控对象实施闭环控制，并且 $K_p$、$K_i$、$K_D$ 3 个参数为在线整定。

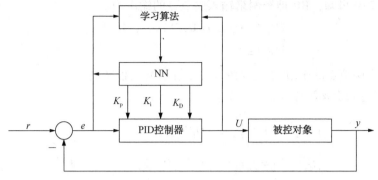

图 7-8　BP 神经网络 PID 控制系统结构

（2）BP 神经网络。根据系统的运行状态，调节 PID 控制器的 3 个参数 $K_p$、$K_i$、$K_D$，从而使其稳定状态对应于某种最优控制律下的 PID 控制器参数。

经典 PID 的控制算法为：

$$u(k) = u(k-1) + K_p \Delta e(k) + K_i e(k) + K_D \Delta^2 e(k) \qquad (7-3)$$

式中，$K_p$、$K_i$、$K_D$ 分别为比例、积分、微分系数。将 $K_p$、$K_i$、$K_D$ 看为依赖于系统运行状态的可调系数时，可将式（7-5）描述为：

$$u(k) = f[u(k-1), K_p, K_i, K_D, e(k), \Delta^2 e(k)] \qquad (7-4)$$

式中，$f[\,\cdot\,]$ 是与 $u(k-1)$，$K_p$、$K_i$、$K_D$，$y(k)$ 等有关的非线性函数，可以用 BP 神经网络通过训练和学习来找出一个最佳控制规律。

设有一个 3 层 BP 网络，其结构如图 7-9 所示。其中，输入节点个数为 $M$，隐层节点个数为 $Q$、输出节点个数为 3，分别对应控制器的 3 个可调参数 $K_p$、$K_i$、$K_D$。励函数为 sigmoid 函数。

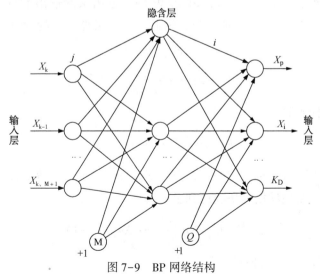

图 7-9　BP 网络结构

从图 7-9 可知，BP 神经网络输入层节点的输出为：

$$\begin{cases} O_j^{(1)} = x_{k-1}, \ j = 0, \ 1, \ \cdots, \ M-1 \\ O_M^{(1)} = 1 \end{cases} \tag{7-5}$$

式中，输入层节点的个数 $M$ 主要由被控系统的复杂程度决定。

BP 网络的隐含层输入、输出为：

$$\begin{cases} \mathrm{net}_i^{(2)}(k) = \sum_{j=0}^{M} w_{ij}^{(2)} O_j^{(1)}(k) \\ O_i^{(2)}(k) = f[\mathrm{net}_i^{(2)}], \ i = 0, \ 1, \ \cdots, \ Q-1 \\ O_Q^{(2)}(k) = 1 \end{cases} \tag{7-6}$$

式中，$w_{ij}^{(2)}$ 是隐含层权系数；$f[\ \cdot\ ] = \dfrac{e^x - e^{-x}}{e^x + e^{-x}}$ 是激励函数；上角标(1)、(2)分别表示为输入层、隐含层。

BP 网络的输出层的输入、输出为：

$$\begin{cases} \mathrm{net}_1^{(3)}(k) = \sum_{i=0}^{Q} w_{li}^{(3)} O_i^{(2)}(k) \\ O_1^{(3)}(k) = g[\mathrm{net}_l^{(3)}(k)], \ l = 0, \ 1, \ 2 \\ O_0^{(3)}(k) = K_{\mathrm{p}} \\ O_0^{(3)}(k) = K_{\mathrm{p}} \\ O_1^{(3)}(k) = K_{\mathrm{I}} \\ O_2^{(3)}(k) = K_{\mathrm{D}} \end{cases} \tag{7-7}$$

式中，$w_{lj}^{(3)}$ 是网络输出层权系数，由于 BP 网络输出层的输出节点分别对应着 3 个可调参数 $K_{\mathrm{p}}$、$K_{\mathrm{I}}$、$K_{\mathrm{D}}$ 且不能为负，因此，输出层神经元的激励函数取非负的 sigmoid 函数：

$$g[\ \cdot\ ] = \frac{e^x}{e^x + e^{-x}}$$

取性能指标函数：

$$E(k) = \frac{1}{2}[r(k) - y(k)]^2 \tag{7-8}$$

根据梯度下降法来修正网络权系数，即是按照对加权系数负梯度方向搜索来调整，并增加一惯性项使其快速达到全局极小。

$$\Delta w_{li}^{(3)}(k) = -\eta \frac{\partial E}{\partial w_{li}^{(3)}} + \alpha \Delta w_{li}^{(3)}(k-1) \tag{7-9}$$

式中，$\eta$ 是学习率，$\alpha$ 是惯性系数。

$$\frac{\partial E}{\partial w_{li}^{(3)}} = \frac{\partial E}{\partial y(k)} \cdot \frac{\partial y(k)}{\partial \Delta u(k)} \cdot \frac{\partial \Delta u(k)}{\partial O_l^{(3)}} \cdot \frac{\partial O_l^{(3)}}{\partial net_l^{(3)}(k)} \cdot \frac{\partial net_l^{(3)}(k)}{\partial w_{li}^{(3)}(k)}$$

式中，$\dfrac{\partial E}{\partial y(k)} = -[rin(t) - yout(t)] = -error(t)$；$\dfrac{\partial y(k)}{\partial \Delta u(k)}$ 未知，此时可以用符号函数 $\text{sgn}\left[\dfrac{\partial y(k)}{\partial \Delta u(k)}\right]$ 代替，可以通过调整学习率 $\eta$ 来补偿计算过程中的不精确影响。

由式(7-3)和式(7-4)可得：

$$\frac{\partial \Delta u(k)}{\partial O_1^{(3)}(k)} = error(k) - error(k-1)$$

$$\frac{\partial \Delta u(k)}{\partial O_2^{(3)}(k)} = error(k)$$

$$\frac{\partial \Delta u(k)}{\partial O_3^{(3)}(k)} = error(k) - 2error(k-1) + error(k-2)$$

$$\frac{\partial O_l^{(3)}(k)}{\partial net_l^{(3)}(k)} = \dot{g}\left[net_l^{(3)}(k)\right]$$

$$\frac{\partial net_l^{(3)}(k)}{\partial w_{li}^{(3)}(k)} = O_i^{(2)}(k)$$

由上述分析可得 BP 网络 NN 输出层的权系数为：

$$\begin{cases} \Delta w_{ij}^{(3)}(k) = \eta \delta_l^{(3)} O_i^{(2)}(k) + \partial \Delta w_{li}^{(3)}(k-1) \\ \delta_l^{(3)} = error(k)\,\text{sgn}\left[\dfrac{\partial y(k)}{\partial u(k)}\right] \cdot \dfrac{\partial u(k)}{\partial O_L^{(3)}} g\left[net_l^{(3)}(k)\right] \\ l = 0,\ 1,\ 2 \end{cases} \tag{7-10}$$

同理可得隐层的权系数为：

$$\begin{cases} \Delta w_{ij}^{(2)}(k) = \eta \delta_l^{(2)} O_j^{(1)} + \alpha \Delta w_{li}^{(2)}(k-1) \\ \delta_l^{(2)} = \displaystyle\sum_{l=0}^{2} \delta_{li}^{(3)}(k) \cdot f\left[net_i^{(2)}(k)\right] \\ i = 0,\ 1,\ \cdots,\ Q-1 \end{cases} \tag{7-11}$$

$$\dot{g}[\ \cdot\ ] = g(x)[1 - g(x)] \tag{7-12}$$

式中，

$$\dot{f}[\ \cdot\ ] = \frac{[1 - f^2(x)]}{2}$$

根据以上公式，就可以通过调整 BP 网络权值来调整 PID 参数。

## 二、LuGre 摩擦模型参数辨识

LuGre 摩擦模型是 Canudas 等在 1995 年提出来，是一种能比较全面的描述摩擦静、动态特性的摩擦模型，它概括了实验所能观测到的大多数摩擦现象，包括 Stribeck 效应、Dahl 效应、黏-滑运动、滑前位移、滞后现象、静摩擦力的类弹簧特性以及变化的临界摩擦力，这是目前比较完善的摩擦模型。

在伺服系统中如何辨识非线性摩擦，这对于提高系统的控制精度有着至关重要的意义。由于 LuGre 摩擦模型为非线性系统，其内部状态变量 $z$ 的不可测且模型的静动态参数之间存在一定的耦合影响，因此，目前 LuGre 摩擦模型参数辨识还没有非常成熟的方法。

如何通过辨识的方法得到摩擦模型的参数，是广大研究人员关心的问题。通过对摩擦与速度的关系曲线进行曲线拟合，从而得出摩擦模型参数值，这在离线摩擦模型参数辨识中用得比较多。王中华、王英等都是在 LuGre 摩擦模型的基础上，采用离线辨识与在线观测相结合的办法来得到比较精确的摩擦模型。Madi 等提出了一种基于区间分析的有界误差参数辨识方法来辨识 LuGre 摩擦模型参数。吴子英等分别从时域和频域两个角度出发，提出了两种不同的摩擦模型参数辨识的方法，通过仿真结果表明这两种方法都能较好的辨识出库仑摩擦参数和黏性摩擦参数。

近年来，由于摩擦模型中存在着非线性参数，因此，将智能控制算法在系统辨识算法中的应用越来越多。刘强等通过对摩擦模型的动、静态参数应用两步进行辨识，且在辨识过程中全都采用遗传算法作为优化工具，并将待辨识的参数向量作为个体，从而可直接得到系统中的摩擦模型参数。段海滨等对于 LuGre 摩擦模型，采用了一种基于蚁群算法的摩擦模型参数辨识方法。张文静等采用粒子群算法来辨识伺服系统中的摩擦参数。王颖等提出一种采用自适应蚁群算法来辨识伺服系统中的摩擦模型参数。

若只考虑系统的输入输出值，而忽视了系统本身参数取值范围有限这一因素，这可能导致参数辨识结果离实际值很远。因为大部分辨识方法都是在整个数轴上搜寻符合条件的最优值，而实际系统的参数值可能是一个局部最优值，这样就可能产生辨识结果与真正系统参数值相差甚远。

考虑到上述情况，在神经网络基础上，提出一种基于权值边界问题的神经网络系统参数辨识方法。即在待辨识参数的上下界内，采用神经网络对其进行辨识，找到一组参数使它能实现对实际系统的最佳逼近，进而使系统在输入信号下能更好地复现实际系统的实际输出。

神经网络是由大量的神经元构成的，具有很好的容错性，对于个别数据的误差将不会对结果产生很大的影响。但是对于在非线性系统辨识中较常使用的 BP 网络，由于 BP 网络模型与所辨识系统的结构模型没有很明确的对应关系，因此 BP 网络的构造就具有随意性，如果使用一个与实际系统结构十分吻合的神经网络来进行系统参数的辨识，则会更加容易得到收敛的结果。所以首先要采用一种与实际的系统结构相联系的神经网络参数辨识模式，其次再根据以往的经验和实际工程或理论计算，确定系统中各参数值的上下界，并在这组界内选择辨识初值。这样就保证了在辨识过程中各值在上下界内，因此就可以使所得结果与真实系统一致。

含有 LuGre 模型的导向钻井稳定平台结构如图 7-10 所示。

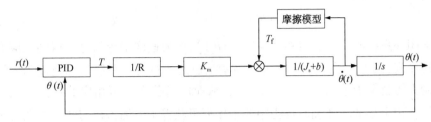

图 7-10　含有 LuGre 模型的导向钻井稳定平台

$r(t)$—指令信号；$\dot{\theta}(t)$—转速；$R$—电枢电阻；$K_\mathrm{m}$—电机力矩系数；

$J$—转动惯量；$T$—控制输入；$T_\mathrm{f}$—摩擦力矩

导向钻井稳定平台伺服系统，可以用下面的微分方程表示：

$$J\ddot{\theta} = T - T_\mathrm{f} \tag{7-13}$$

摩擦模型采用 LuGre 模型，其表达如下：

$$T_\mathrm{f} = \sigma_0 z + \sigma_1 \frac{\mathrm{d}z}{\mathrm{d}t} + B\dot{\theta} \tag{7-14}$$

$$\frac{\mathrm{d}z}{\mathrm{d}t} = \dot{\theta} - \frac{|\dot{\theta}|}{g(\dot{\theta})} z \tag{7-15}$$

$$\sigma_0 g(\dot{\theta}) = T_c + (T_s - T_c) e^{-\left(\frac{\theta}{\theta_s}\right)^2} \tag{7-16}$$

式中，静态参数：$T_c$ 为库伦摩擦力矩；$T_s$ 为最大静摩擦力；$B$ 为黏性摩擦系数；$\dot{\theta}_s$ 为 Stribeck 角速度；动态参数：$\sigma_0$ 为运动前的微观变量 $z$ 的刚性系数；$\sigma_1$ 为黏性阻尼系数。

对于 LuGre 模型的静态、动态参数，分两步进行辨识：首先用 Stribeck 曲线辨识出静态参数 $T_s$、$T_c$、$B$、$\dot{\theta}_S$；然后，再利用神经网络的方法辨识出动态参数 $\sigma_0$ 和 $\sigma_1$。

LuGre 的模型参数辨识分为静态和动态，静态参数辨识当系统恒速运动时，即 $\dfrac{\mathrm{d}z}{\mathrm{d}t} = 0$

$$T_\mathrm{ss} = \sigma_0 z_\mathrm{s} + \dot{B}\theta \tag{7-17}$$

$$Z_\mathrm{s} = \frac{\dot{\theta}}{|\dot{\theta}|} g(\dot{\theta}) = g(\dot{\theta})\,\mathrm{sgn}(\dot{\theta}) \tag{7-18}$$

将式(7-18)代入式(7-17)可以得到：

$$T_{ss} = \sigma_0 g(\dot{\theta}) \mathrm{sgn}(\dot{\theta}) + B\dot{\theta} \tag{7-19}$$

再将式(7-16)代入式(7-19)可以得到与稳态相对应的摩擦力距和角速度之间的关系：

$$T_{ss} = [T_c + (T_s - T_c) e^{-\left(\frac{\theta}{\theta_s}\right)^2}] \mathrm{sgn}(\dot{\theta}) + B\dot{\theta} \tag{7-20}$$

取闭环系统的一组恒定的转速序列$\{\dot{\theta}_i\}_{i=1}^{N}$作为速度指令信号，得到相应的控制力矩序列$\{T\}_{i=1}^{N}$，由式(7-1)可知当系统恒速运行时，系统角加速度为零，所以控制力矩就等于摩擦力矩，即$T = T_f$，从而可以获得一组相应的摩擦力矩序列$\{T_f\}_{i=1}^{N}$。由上述的转速和摩擦力矩两个序列可获得了摩擦力矩与转速之间的稳态对应关系。采用 PD 控制，使系统以一组恒定的转速运动，测出转速和摩擦力矩。转速与摩擦力矩之间的稳态对应关系如表 7-3 所示。

表 7-3　摩擦力距与转速之间的稳态对应关系

| 转速/(rad/s) | 摩擦力矩/Nm | 转速/(rad/s) | 摩擦力矩/Nm | 转速/(rad/s) | 摩擦力矩/Nm |
|---|---|---|---|---|---|
| 0.001 | 2.3858 | 1.5 | 0.6064 | 6.0 | 0.6318 |
| 0.005 | 2.1035 | 2.0 | 0.6145 | 7.0 | 0.6374 |
| 0.008 | 1.6781 | 2.5 | 0.6152 | 9.0 | 0.6423 |
| 0.01 | 1.2346 | 3.0 | 0.6168 | 11.0 | 0.6551 |
| 0.05 | 0.6018 | 3.5 | 0.6186 | 12.0 | 0.6573 |
| 0.1 | 0.6029 | 4.0 | 0.6213 | 15.0 | 0.6847 |
| 0.5 | 0.6040 | 4.5 | 0.6225 | 18.0 | 0.6915 |
| 1.0 | 0.6043 | 5.0 | 0.6261 | 21.0 | 0.7048 |

## 1. 线性最小二乘法辨识

此方法是将低速和高速阶段的点分别拟合成一条直线，低速直线与纵轴交点值为最大静摩擦力矩，高速直线与纵轴交点值为库仑摩擦力矩，其斜率为黏滞摩擦系数，低速直线与$y = T_c$。直线交点的横坐标值即为临界角速度(图 7-11)。

具体辨识步骤如下：

首先运用 MATLAB 进行低速阶段的曲线拟合，可得$y = -124.737x + 2.5989$，最大静摩擦力矩$T_s$为 2.5989N·m；然后，进行高速阶段的曲线拟合得到$y = 0.0061x + 0.6015$，库仑摩擦力矩$T_c$为 0.6015N·m。黏滞摩擦系数$B$为 0.0061N·m/(rad/s)，

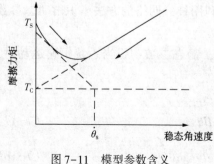

图 7-11　模型参数含义

临界速度 $\dot{\theta}_s$ 为 0.0172rad/s。

**2. 非线性最小二乘法辨识**

角速度 $\theta_i$ 及相对应的摩擦力矩 $T_{ssi}$，$i=1$，2，$\cdots$，24，且已经知道这组数据满足 $\hat{T}_{ss}=f(a,\theta_i)$，其中，$a$ 为待定系数向量，则最小二乘曲线拟合的目标就是求出一组待定系数的值，使得目标函数为最小。

$$J = \min_a \sum_i^N (T_{ssi} - \hat{T}_{ss})^2 = \min_a \sum_i^N [T_{ssi} - f(a,\theta_i)]^2 \qquad (7-21)$$

因此采用 MATLAB 提供的非线性最小二乘数据优化函数 lsqcurvefit(Fun，$a_0$，$x$，$y$)来实现参数的辨识。其中，函数中 Fun 为原函数的 MATLAB 表示，$a_0$ 为待辨识参数 $T_s$、$T_c$、$B$、$\dot{\theta}_s$ 的初值构成，$x$ 是由离散的角速度量组成的矩阵 $\theta_i$，矩阵 $y$ 是由与 $x$ 中的角速度量相对应的摩擦力矩 $T_{ssi}$ 组成。

根据非线性最小二乘法拟合的 Stribeck 曲线可以得到 LuGre 摩擦模型的 4 个静态参数 $T_s$、$T_c$、$\dot{\theta}_s$、$B$ 分别为 2.4440、0.5991、0.0103、0.0049。Stribeck 曲线可以得到 Lugre 摩擦模型的 4 个静态参数 2.4440、0.5991、0.0103、0.0049。

通过表 7-4 可以得出，采用线性最小二乘法，其参数辨识精度低于非线性最小二乘法，主要原因在于线性最小二乘法首先在辨识出 $B$ 和 $T_c$ 的基础上，再进一步辨识其他两个参数，这样误差累计就较大。

表 7-4　静态参数辨识结果

| 参数 | | 实际值 | 辨　识　值 | | 辨识值相对误差 |
|---|---|---|---|---|---|
| 静态 | $T_s$ | 2.4000 | 线性最小二乘法 | 2.5989 | 8.29% |
| | | | 非线性最小二乘法 | 2.4440 | 1.83% |
| | $T_c$ | 0.6000 | 线性最小二乘法 | 0.6015 | 0.25% |
| | | | 非线性最小二乘法 | 0.5991 | 0.15% |
| | $\dot{\theta}_s$ | 0.0100 | 线性最小二乘法 | 0.0172 | 72% |
| | | | 非线性最小二乘法 | 0.0103 | 3% |
| | $B$ | 0.0050 | 线性最小二乘法 | 0.0061 | 22% |
| | | | 非线性最小二乘法 | 0.0049 | 2% |

**3. 神经网络参数辨识**

当系统受到控制力，但仍处于静止状态，即还没有明显的运动时，可假设：$z=\theta$，$\frac{d\theta}{dt}\approx\dot{\theta}$，因此式(7-2)可近似写为：$T_f=\sigma_0\theta+\sigma_1\dot{\theta}+B\dot{\theta}$，此时的系统模型可以写为：

$$J\ddot{\theta}+(\sigma_1+B)\dot{\theta}+\sigma_0\theta=T \qquad (7-22)$$

对式(7-22)进行拉式变换可得：

$$\frac{\theta(s)}{T(s)} = \frac{1}{Js^2 + (\sigma_1 + B)s + \sigma_0} \tag{7-23}$$

将式(7-23)离散化，转换关系如式(7-24)所示：

$$s = \frac{1 - z^{-1}}{1 + z^{-1}} \tag{7-24}$$

将式(7-24)代入到(7-23)整理可以得到：

$$\begin{aligned}
T(k) &= -2T(k-1) - T(k-2) + \sigma_0[\theta(k) + 2\theta(k-1) + \theta(k-2)] + \sigma_1[\theta(k) \\
&\quad -\theta(k-2)] + J[\theta(k) - 2\theta(k-1)] + \theta(k-2) + B[\theta(k) - \theta(k-2)]
\end{aligned} \tag{7-25}$$

对于动态参数的辨识，采用基于权值边界问题的神经网络参数辨识法，且静态参数的取值为得到的静态参数辨识结果，并且取 $J = 1\mathrm{N} \cdot \mathrm{m}^2$。根据以往经验和理论计算，可以得到 $W_i$ 的范围。其中，$W_i$ 的最大值和最小值数分别为 $W_{\max} = [4, 2, 3, 4, 5, 2]$；$W_{\min} = [5, -3, -4, -2, -3, -2]$。使用神经网络作为系统参数辨识器 NNI，根据待辨识系数的上下界，并在界内选择一组初始值 $W(0)$，$W(0) = [-3, 1, 2, 2, 3, 1]$ 使其介于最大值与最小值之间。并建立该系统的神经网络模型如图 7-12 所示，神经网络的输入由系统输入 $\theta(k)$ 和系统输出 $T(k)$ 组成。最后根据总结的基于权值边界问题的神经网络参数辨识步骤对其参数 $W_i$ 进行辨识。

训练结束后的神经网络的权值为：$W = [-2.0053, -0.9974, 0.5103, 0.3818, 1.0048, 0.0073]$，此权值即为所要辨识的系统参数值。

**4. 非线性最小二乘法辨识**

当系统受到控制力，仍处于静止状态时，可近似为一个二阶阻尼系统。其系数可以近似计算出来，当运动停止时：

$$\sigma_{00} \approx T_c \mathrm{sgn}(\dot{\theta}) / \theta_s \tag{7-26}$$

式中，$\theta_s$ 为静摩擦区域的稳态角位移，根据静摩擦的辨识结果，输入一个很小的的阶跃信号，得到 $\theta_s$，从而得出 $\sigma_0$ 的初值 $\sigma_{00} = 0.46$。

对于 $J\ddot{\theta} + (\sigma_1 + B)\dot{\theta} + \sigma_0\theta = T$ 所表示的二阶系统，$\sigma_0 + B$ 描述了系统的阻尼，从经验可以知道阻尼系数取 $0.2 \sim 0.8$，取 $0.2$，则：

$$\sigma_{10} + B = 0.4\sqrt{J\sigma_{00}} \tag{7-27}$$

根据式(7-27)可以得出 $\sigma_1$ 的初值 $\sigma_{10} = 0.27$。

在已知 $\sigma_0$ 和 $\sigma_1$ 初值的情况下根据下式可以辨识出 $\sigma_0$，$\sigma_1$ 的值：

$$\min\{\theta, \theta_m; \hat{\sigma}_0, \hat{\sigma}_1\} = \sum_{i=0}^{N} (\theta - \theta_m)^2 \tag{7-28}$$

利用 MATLAB 中的非线性优化函数 fminbnd 进行寻优。fminbnd 的函数形式

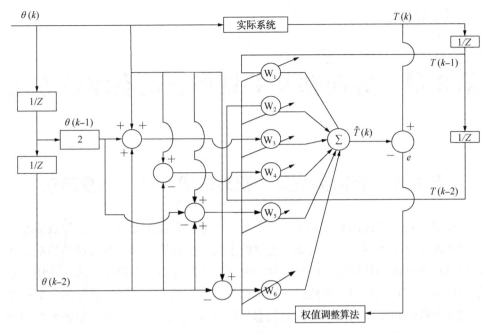

图 7-12　神经网络辨识模型

为：$x = \text{fminbnd}(\text{'fun'}, x_l, x_2, \text{options})$。其中，矩阵 $x_l$、$x_2$ 为初值；fun 为目标函数；options 为控制参数向量。取式（7-25）为目标函数，进行优化得到 $\sigma_0$，$\sigma_1$ 的辨识值，$\sigma_0 = 0.4766$，$\sigma_1 = 0.2701$。

通过表 7-5 可以看出，在动态参数辨识过程中，非线性最小二乘算法辨识相对误差较大。与其相比较神经网络参数辨识的精度要高很多，因此神经网络参数辨识更适合进行 LuGre 摩擦模型的参数辨识。至此，LuGer 模型的 4 个静态参数和 2 个动态参数就辨识完成。

表 7-5　动态参数辨识结果

| 参数 | | 实际值 | 辨　识　值 | | 辨识值相对误差 |
|---|---|---|---|---|---|
| 动态 | $\sigma_0$ | 0.5000 | 非线性最小二乘法 | 0.4766 | 4.68% |
| | | | 神经网络参数辨识 | 0.5103 | 0.21% |
| | $\sigma_1$ | 0.4000 | 非线性最小二乘法 | 0.2701 | 32.47% |
| | | | 神经网络参数辨识 | 0.3818 | 4.55% |

当稳定平台经过调试后装入钻铤，在井下工作时，随着复杂的井下环境，电机内阻与系统的黏性摩擦系数以及转动惯量都有可能会发生变化，并且是不确定的。当系统处于长时间工作时，电机绕组温度升高，电阻就会增大，因此内阻就会变大，黏性摩擦系数也会随环境温度和外部泥浆介质而改变。

# 第8章 导向钻井工具姿态动态测量方法

## 第1节 近钻头钻具多源动态姿态组合测量方法

在导向钻井系统的姿态测量过程中，由于近钻头强振动的影响，导致姿态参数测不准甚至不可测，为了消除有规律的干扰、振动等对测量准确性的影响，快速解算出准确的钻具姿态，提出一种新的多源动态姿态组合测量方法。采用三轴加速度计、三轴磁通门以及角速率陀螺仪等构成测量系统，建立基于四元数的姿态测量非线性模型，研究钻具运动状态与振动加速度之间的关系，根据模型及噪声特性，采用基于四元数的无迹卡尔曼滤波方法对振动干扰信号进行滤除。

### 一、近钻头钻具组合测量概述

在导向钻井工具系统中，由于近钻头井下钻具直接承受钻头破岩所产生的强烈振动及钻柱的横向振动，传感器的输出信号不可避免地混杂大量的干扰信号，导致姿态参数(方位角、井斜角和工具面角)测量不准确甚至不可测的问题。目前普遍采用随钻测量技术，虽然能得到准确的姿态参数，但要求姿态测量时必须停止钻进(即钻具不旋转、不振动)，存在时效低、成本高等问题。为了进一步提高钻井效率，实现钻井工具姿态参数(方位角、倾斜角和工具面向角)的连续、动态、实时测量，是目前急需解决的问题之一。国外各大油田服务公司主要采用稳定平台以保证被测量的工具不随钻具旋转和振动，从而得到满足精度需求的钻井工具姿态信息。但这类稳定平台井下钻具结构复杂、故障率高、制约了其在井下的有效工作时间。国外的旋转导向自动钻井系统，均致力于解决工程问题，但是由于技术保密等原因对姿态测量方法的理论研究公开较少。

为了进一步消除或削弱有规律的干扰、振动等对动态测量的不利影响，快速解算出实时准确的钻具动态姿态参数，提出一种新的近钻头多源动态姿态组合测量方法。采用三轴加速度计、三轴磁通门以及角速率陀螺仪等构成测量系统，建立基于四元数的姿态测量非线性模型，研究钻具运动状态与振动加速度之间的关系，根据模型及噪声特性，采用基于四元数的无迹卡尔曼滤波方法对振动干扰信号进行滤除。

## 二、基于四元数的非线性数学模型

### 1. 四元数

四元数可以定性描述刚体转动，作为定位参数可确定刚体的姿态和位置信息。以四元数为基础的旋转矩阵不仅可以解决欧拉角奇异问题，且运算效率明显优于欧拉方程，因此，基于四元数方法建立导向钻井工具姿态测量的非线性动态数学模型。

四元数定义为：

$$Q(q_0, q_1, q_2, q_3) = q_0 + q_1\boldsymbol{i} + q_2\boldsymbol{j} + q_3\boldsymbol{k} = q_0 + \boldsymbol{q} \tag{8-1}$$

式中，$q_0$、$q_1$、$q_2$、$q_3$ 为实数，$\boldsymbol{i}$、$\boldsymbol{j}$、$\boldsymbol{k}$ 为互相正交的单位向量。

四元数的大小可用范数 $\parallel Q \parallel = q_0^2 + q_1^2 + q_2^2 + q_3^2$ 来表示，若 $\parallel Q \parallel = 1$，则称 $Q$ 为规范化四元数。

根据欧拉定理，任何一个定点刚体运动可以等价为绕通过该定点的轴的转动。因此，一个绕单位轴 $I$，幅度为 $\gamma$ 的坐标系转动可以用单位四元数 $Q = \cos\dfrac{\gamma}{2}$ $+ I\sin\dfrac{\gamma}{2}$ 描述，$I$ 为单位旋转轴。这样就可以把三维空间和一个四维空间联系起来，用四维空间 $C^4$ 的四元数性质和运算规则研究三维空间中的刚体定点转动问题。

选取地理坐标系(东北天(ENU)坐标系)和钻具坐标系($xyz$ 坐标系)。在 $xyz$ 坐标系中安装三轴加速度计、三轴磁通门和角速率陀螺仪。根据三欧拉角与四元数的转换关系，旋转矩阵 $C$ 可变换为：

$$C(Q) = \begin{bmatrix} q_0^2 + q_1^2 - q_2^2 - q_3^2 & 2(q_1q_2 - q_0q_3) & 2(q_1q_3 + q_0q_2) \\ 2(q_1q_2 + q_0q_3) & q_0^2 - q_1^2 + q_2^2 - q_3^2 & 2(q_2q_3 - q_0q_1) \\ 2(q_1q_3 - q_0q_2) & 2(q_2q_3 + q_0q_1) & q_0^2 - q_1^2 - q_2^2 + q_3^2 \end{bmatrix} \tag{8-2}$$

### 2. 状态方程

状态方程为：

$$\dot{Q}(t) = A(t)Q(t) + w(t) \tag{8-3}$$

式中，$A(t)$ 为系数矩阵；$w(t)$ 为系统状态噪声。

$$A(t) = \begin{bmatrix} 0 & -\omega_x & -\omega_y & -\omega_z \\ \omega_x & 0 & \omega_z & -\omega_y \\ \omega_y & -\omega_z & 0 & \omega_x \\ \omega_z & \omega_y & -\omega_x & 0 \end{bmatrix} \tag{8-4}$$

式中,

$$\begin{bmatrix} \omega_x \\ \omega_y \\ \omega_z \end{bmatrix} = C(Q) \begin{bmatrix} \omega\cos\alpha \\ 0 \\ \omega\sin\alpha \end{bmatrix} \tag{8-5}$$

式中,$\omega$ 为地球自转角速度,rad/s;$\omega_x$、$\omega_y$、$\omega_z$ 分别为地球自转角速度在 $x$、$y$、$z$ 轴的分量,rad/s;$\alpha$ 为当地地理纬度。

忽略磁北极与地理北极间的差别,当地理坐标系通过旋转与钻具坐标系重合时,导向钻井工具姿态测量的三轴加速度计及三轴磁通门在采样时刻 $t$ 的量测输出分别为:

$$a(t) = \begin{bmatrix} a_x \\ a_y \\ a_z \end{bmatrix} = C(t) \begin{bmatrix} 0 \\ 0 \\ g \end{bmatrix} \tag{8-6}$$

式中,$a(t)$ 为 $t$ 时刻三轴加速度计的量测输出矩阵,m/s$^2$;$a_x$、$a_y$、$a_z$ 为 $a(t)$ 在 $x$、$y$、$z$ 轴的分量;$C(t)$ 为矩阵 $C$ 在 $t$ 时刻的值;$g$ 为重力加速度,m/s$^2$。

$$m(t) = \begin{bmatrix} m_x \\ m_y \\ m_z \end{bmatrix} = C(t) \begin{bmatrix} m_1 \\ 0 \\ m_2 \end{bmatrix} \tag{8-7}$$

式中,$m(t)$ 为 $t$ 时刻三轴磁通门的量测输出矩阵,$\mu T$;$m_1 = \lambda\cos\gamma$、$m_2 = \lambda\sin\gamma$ 分别为地理坐标系中地磁场北向分量和垂直分量的测量值,$\mu T$;$\gamma$ 为当地地磁倾角,(°);$\lambda$ 为地磁强度,$\mu T$。

3. 观测方程

观测方程为

$$y(t) = \begin{bmatrix} a_x & a_y & a_z & m_x & m_y & m_z \end{bmatrix}^T = H[Q(t)] + v(t) \tag{8-8}$$

式中,$Q(t)$ 为 $t$ 时刻 $q_0$、$q_1$、$q_2$、$q_3$ 的取值;$H(\cdot)$ 为非线性函数;$y(t)$ 为量测向量;$v(t)$ 为量测噪声。

## 三、近钻头振动信号消除方法

近钻头振动信号是一种幅值大、频率高、频带宽的噪声信号,可以近似等效为高斯白噪声。动态测量的动力学模型为典型的非线性模型。根据模型及噪声特性,采用无迹卡尔曼滤波对振动干扰信号进行滤除。

将三轴加速度信号、三轴磁通门信号、$z$ 轴角速率陀螺信号进行数据融合后,采用无迹卡尔曼滤波算法,得到最优姿态估计,动态解算出钻井工具的实时姿态参数,确保钻具姿态测量计算的精度,减少计算量。

对基于四元数的状态方程和量测方程进行离散化，得：

$$\begin{cases} \boldsymbol{Q}_{k+1} = (\boldsymbol{I} + t_s \boldsymbol{A}_k) \boldsymbol{Q}_k + w_k \\ \boldsymbol{Z}_{k+1} = H(\boldsymbol{Q}_k) + v_k \end{cases} \tag{8-9}$$

式中，$\boldsymbol{I}$ 为单位矩阵；$t_s$ 为采样周期；$w_k$ 为系统高斯白噪声；$v_k$ 为传感器观测噪声。

$$\begin{bmatrix} q_{0k+1} \\ q_{1k+1} \\ q_{2k+1} \\ q_{3k+1} \end{bmatrix} = [\boldsymbol{I} + t_s \boldsymbol{A}(k)] \begin{bmatrix} q_{0k} \\ q_{1k} \\ q_{2k} \\ q_{3k} \end{bmatrix} + w_k \tag{8-10}$$

式中，$\boldsymbol{A}(k)$ 为第 $k$ 步 $\boldsymbol{A}$ 矩阵的取值。

基于四元数的无迹卡尔曼滤波解算主要步骤如下：

（1）给定状态估计值 $\hat{\boldsymbol{Q}}_{k-1}$ 及其协方差阵 $\hat{\boldsymbol{P}}_{k-1}$。Sigma 点选取为：

$$\begin{cases} \boldsymbol{\chi}_0 = \hat{\boldsymbol{Q}}_{k-1} \\ \boldsymbol{\chi}_{i,k-1} = \hat{\boldsymbol{Q}}_{k-1} + \sqrt{(n+\lambda)\hat{\boldsymbol{P}}_{k-1\,i}} \quad i = 1, 2, \cdots, n \\ \boldsymbol{\chi}_{i,k-1} = \hat{\boldsymbol{Q}}_{k-1} - \sqrt{(n+\lambda)\hat{\boldsymbol{P}}_{k-1\,i}} \quad i = n+1, n+2, \cdots, 2n \end{cases} \tag{8-11}$$

式中，$n$ 为状态方程中状态变量的个数；$\lambda$ 为尺度参数。

（2）权值计算：

$$\begin{cases} \omega_o^m = \lambda/(n+\lambda) \\ \omega_i^c = \lambda/(n+\lambda) + (1-\tau^2+\gamma), \quad i = 1, 2, 3, \cdots, 2n \\ \omega_i^m = 1/[2(n+\lambda)], \quad i = 1, 2, 3, \cdots, 2n \end{cases} \tag{8-12}$$

式中，$\omega_i^m$ 为求一阶统计特性时的权系数；$\omega_i^c$ 为求二阶统计特性时的权系数；$\lambda$ 为尺度参数。

（3）时间更新。根据 UT 变换中 Sigma 点采样策略，经状态方程将 Sigma 点进行非线性传播：

$$\chi_i^a = [\boldsymbol{I} + t_s \boldsymbol{A}(k-1)] \boldsymbol{\chi}_i, \quad i = 0, 1, 2, \cdots, 2n \tag{8-13}$$

$$\overline{\boldsymbol{S}} = \sum_{i=0}^{2n} \omega_i^a \chi_i^a, \quad i = 0, 1, 2, 3, \cdots, 2n \tag{8-14}$$

预测协方差矩阵：

$$\overline{\boldsymbol{P}}_{k,\,k-1} = \sum_{i=0}^{2n} \omega_i^c (\chi_i^a - \overline{\boldsymbol{S}}_i^a)^{\mathrm{T}} + \boldsymbol{P}_{k-1}, \quad i = 0, 1, 2, \cdots, 2n \tag{8-15}$$

（4）量测更新：

$$Y_i^a = H(X_i^a), \quad i=0, 1, 2, \cdots, 2n \tag{8-16}$$

$$\overline{P}_z = \sum_{i=0}^{2n} \omega_i^c (Y_i^a - Z)(Y_i^a - Z)^{\mathrm{T}}, \quad i=0, 1, 2, \cdots, 2n \tag{8-17}$$

$$\overline{P}_{x,z} = \sum_{i=0}^{2n} \omega_i^c (Y_i^a - \overline{S})(Y_i^a - Z)^{\mathrm{T}}, \quad i=0, 1, 2, \cdots, 2n \tag{8-18}$$

（5）滤波更新：

$$K_k = \overline{P}_{x,z} \overline{P}_z^{-1} \tag{8-19}$$

$$Q_k = \overline{S} + K_k(\overline{Q}_k - Z) \tag{8-20}$$

$$P_k = \overline{P}_{k,k-1} - K_k \overline{P}_z K_k^{\mathrm{T}} \tag{8-21}$$

（6）将第 $k$ 步状态变量的滤波结果 $Q_k$ 进行钻具姿态解算，根据式（8-21）计算得到滤波后的钻具姿态参数。根据"东北天"坐标系到"地理坐标系"进行坐标转换后，井斜角 $\theta$ 和工具面角 $\varphi$ 计算公式如下：

$$\begin{cases} \theta = -\arctan(g_y / \sqrt{g_y^2 + g_z^2}) \\ \varphi = -\arctan(g_x / g_z) \end{cases} \tag{8-22}$$

（7）返回第（1）步，进行下一时刻解算。

## 四、工程试验及分析

为了验证提出的基于无迹卡尔曼滤波的导向钻井工具多源动态姿态组合测量方法的可行性和有效性，采用实钻井数据进行试验及分析。实验数据来源于2015年四川西部某井的实钻井过程中的某一段数据，钻压 10MPa，井下温度 40℃，泵压 6.6MPa，悬重 79KN，下井作业时长 75h，钻具转速 45m/h。钻进时导向工具处于稳直状态，井斜角控制在 4.5°左右。磁通门传感器选用 Honeywell 公司的型号为 HMC5983 的高精度传感器，加速度计选用中星测控研发的 CS-3LAS，该加速度计工艺独特，适应于井下钻井的特殊要求。加速度计采集到的数据每 20s 存储一次。

图 8-1 为实际钻井数据和基于四元数的无迹卡尔曼滤波后，经过解算得到的井斜角，图 8-2 为实际钻井数据和基于四元数的无迹卡尔曼滤波后，经过解算得到的工具面角。可以看出，导向工具在稳定的垂直段工作状态下，理论上井斜角应控制在 4.5°左右，但原始数据计算得到的井斜角曲线波动较大，基本为位于12°左右，误差达到 7.5°，最大的井斜角甚至达到 25°，显然误差太大。而采用提出的多源动态姿态组合测量方法，并经过基于四元数的无迹卡尔曼滤波后，井斜角基本上在 5.2°左右，误差明显减小。滤波后的工具面角与实钻工具面角相比，

误差明显减少，工具面角测量误差小于10°。显而易见，采用提出的算法明显提高了动态测量精度。

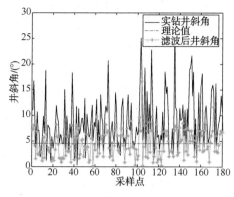

图8-1　实钻井数据滤波前后
井斜角对比曲线

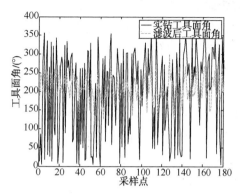

图8-2　实钻井数据滤波前后
工具面角对比曲线

# 第2节　抗差自适应滤波的导向钻具动态姿态测量方法

针对导向钻井工具动态测量受钻具振动的影响而导致测量不准确的问题，提出一种抗差自适应滤波的动态空间姿态测量方法。通过分析钻具振动对姿态测量的影响，并吸收抗差估计和自适应滤波的优点，利用抗差等价权矩阵自适应的确定量测信息，通过自适应因子调整状态模型信息对状态参数的整体贡献，从而消除钻具振动对动态姿态测量的影响，获得实时性强、精度高的姿态参数，提高钻井效率，降低钻井风险。

## 一、姿态动态测量系统

选取地理坐标系以"东北天（ENU 坐标系）"为顺序构成的右手直角坐标系，即 E 轴沿当地水平面指向东，N 轴沿当地水平面指向北，U 轴沿当地垂线指向上。再以钻具 3 个基本轴建立钻具坐标系（$xyz$ 坐标系），取 $z$ 轴和钻具的轴线方向一致，$x$ 轴和 $y$ 轴在同一水平面内且互相垂直，$z$ 轴跟二者垂直并构成右手直角坐标系。

在以上选取的坐标系下，各姿态角如图8-3所示。其中，$H$ 为水平面，$V$ 为钻孔弯曲

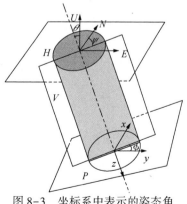

图8-3　坐标系中表示的姿态角

平面，P 代表钻具横截面。方位角 ψ 为磁北方向沿逆时针方向到 z 轴在水平面的投影间的夹角，其范围在 0°~360°之间，井斜角 θ 为钻进轴 z 轴与水平面所成的夹角，规定向下为正，反之为负，其范围为-90°~90°，工具面向角 φ 则为钻孔横截面内由钻孔高边到 Y 轴所成的角度，范围在 0°~360°之间。这样，我们就准确的定义了井下钻具的方位角 ψ、井斜角 θ 和工具面向角 φ，且角度的正向都符合右手系原则。由此可见，钻具在空间的任一姿态都可以用 ψ、θ 和 φ 唯一的表示。

根据导航理论中的欧拉定理，载体在空间中的姿态可用相对于地理坐标系有限次的转动来表示，每次转动的角度即为航向角、俯仰角和横滚角。同理，井下钻进过程中，钻具在空间的任一姿态都可以用相对于地理坐标系的一系列旋转来表示，旋转的角度为方位角、倾角和工具面向角，即为当前导向钻井工具的姿态。三轴重力加速度计、三轴磁力计和角速率陀螺仪的安装如图 8-4 所示。

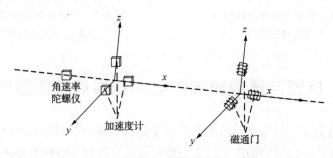

图 8-4 多源姿态传感器安装示意图

采用 3 个在维度上互相垂直的加速度计、3 个在维度上互相垂直的磁通门磁力计及一个角速率陀螺仪作为多源姿态传感器，选用测斜仪调校装置、姿态传感器、直流供电电源、多通道数据采集系统等，构建一套导向钻井工具姿态动态测量系统。

## 二、姿钻具振动特性分析

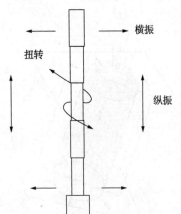

图 8-5 钻具的 3 种振动形式

钻头入岩过程中，由于钻头切削岩层、钻柱与井壁的碰撞等，使得旋转钻具的钻头受到很大的冲击动载荷和频繁的交变载荷，必然使钻具产生强烈横向振动、纵向振动和扭转振动等，这些振动严重影响了测量传感器输出信号的正确性。根据导向钻井工具振动产生的机理，分析振动特性，分别建立横向振动、纵向振动和扭转振动的动力学模型。钻具的 3 种振动形式如图 8-5 所示。

对于工程应用来说，对钻具振动的监测和分析，可实现对钻具(包括钻头、底部钻具总和、钻杆)运转情况进行监测等。采用钻具振动分析系统可以测量和显示钻具振动的幅频变化情况，实时反应由于钻井参数改变导致钻具振动情况的变化，可用于防止钻具疲劳和钻头意外磨损等情况的发生，并及时预报井下特殊情况，有效地保护下井工具，减少钻具故障，提高钻井效率，降低钻井成本。对于地质应用来讲，从钻具振动分析可以看出，不同的地层岩性变化时扭矩或振动曲线变化较明显，可以实现对岩性的识别。

## 三、钻具振动对姿态测量的影响

钻井振动与钻柱及其组成部分的动力特性相关，通过监测钻柱的动力特性，削弱振动对钻井测量的影响，可以有效提高钻井效率，降低钻井事故，因此，钻井的振动问题成为目前的研究热点之一。

在实际钻井过程中，钻头切削岩层、钻柱与井壁的碰撞等会使钻具产生横向振动、纵向振动和扭转振动等，这些振动严重影响了测量传感器输出信号的正确性。而横向振动又是石油钻井下部钻具(钻头及近钻头钻铤和钻杆)的主要振动形式之一。横向振动对钻具的损害大于纵向振动和扭转振动。采用常用的牙轮钻头进行钻进，钻具横向振动具有较强的随机性，其强度属于剧烈分区，近钻头横向振动强度随钻压、钻速增大而增大。钻头振动信号是一种非稳态连续随机振动，具有较宽的频带，影响因素复杂。

钻柱的横向振动的传播方程如下：

$$\rho A \frac{\partial^2 \omega}{\partial t^2} = -\frac{\partial S}{\partial z} + f_F \tag{8-23}$$

式中，$\rho$ 为钻柱质量密度；$A$ 为钻柱横截面积；$\omega$ 为钻柱微元偏离井眼轴线的横向位移；$z$ 为轴向坐标；$S$ 为源于 $x$ 方向的剪切力；$f_F$ 为外部力。

$$S = -\frac{\partial M}{\partial z} \tag{8-24}$$

式中，力矩 $M$ 为：

$$M = -EI \frac{\partial^2 \omega}{\partial z^2} \tag{8-25}$$

设弹性模量为 $E$，横截面积对中性轴的惯性矩为 $I$。

将式(8-24)和式(8-25)代入到式(8-23)中，得到关于横向振动的传播方程：

$$\rho A \frac{\partial^2 \omega}{\partial t^2} + EI \frac{\partial^4 \omega}{\partial z^4} - f_F = 0 \tag{8-26}$$

根据上述动力学方程即可对钻具横向振动的传播进行数值模拟。

在导向钻井系统的动态空间姿态测量时，由于三轴磁通门数据中包含磁干扰，三轴加速度计测量数据中包含大量的振动加速度，严重影响组合钻具井斜及方位姿态测量精度。为了研究井下振动对姿态测量信号的影响，通过分析横向振动信号特性，根据横向振动的传播方程，井下钻具横向振动加速度响应曲线如图8-6所示。

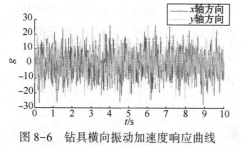

图8-6　钻具横向振动加速度响应曲线

## 四、抗差自适应滤波动态测量姿态解算

抗差自适应滤波的基本思想是当观测值存在异常时，对观测值采用抗差估计原则，能够控制观测异常的影响；当动力学模型存在异常误差时，将动力学模型信息作为一个整体，采用统一的自适应因子调整动力学模型信息对状态参数的整体贡献。

设 $G_x$、$G_y$ 和 $G_z$ 分别为地球重力加速度($g$)向钻具坐标系上投影：

$$\begin{bmatrix} G_x \\ G_y \\ G_z \end{bmatrix} = C_n^b \begin{bmatrix} 0 \\ 0 \\ g \end{bmatrix} = \begin{bmatrix} g\sin\theta\sin\lambda \\ g\sin\theta\cos\lambda \\ g\cos\theta \end{bmatrix} \tag{8-27}$$

其中，$g$ 为地球重力加速度，$g = \sqrt{G_x^2 + G_y^2}$。

由式(8-27)可以解算得到井斜角和工具面角为：

$$\theta = \arcsin\sqrt{G_x^2 + G_y^2}/g$$
$$\gamma = \arctan G_x/G_y \tag{8-28}$$

根据上述理论，建立导向钻井工具姿态测量的动态数学模型，给出状态方程和量测方程。

假定 $t_k$ 时刻的动力学模型方程为：

$$\dot{x}_k = \Phi_{k,k-1} x_{k-1} + w_k \tag{8-29}$$

式中，$x_k$ 和 $x_{k-1}$ 分别为 $t_k$ 和 $t_{k-1}$ 时刻的 $n$ 维状态参数向量；$\Phi_{k,k-1}$ 为 $n \times n$ 维状态转移矩阵，$w_k$ 为 $p$ 维动力学模型误差向量，其数学期望为0，协方差矩阵为：

$$\sum_{w_k w_i} = \begin{cases} \sum_{w_k} & k = i \\ 0 & k \neq i \end{cases} \tag{8-30}$$

式中，$w_k$ 为高斯白噪声序列。

设 $t_k$ 时刻的量测方程为：

$$y_k = H_k x_k + v_k \qquad (8\text{-}31)$$

式中，$y_k$ 为 $t_k$ 时刻的 $m$ 维观测向量；$H_k$ 为 $m\times n$ 维测量矩阵，也称为观测矩阵；$v_k$ 为 $m$ 维观测误差向量，其数学期望为 0，协方差矩阵为：

$$\sum_{v_k v_i} = \begin{cases} \sum_k, & k=i \\ 0, & k\neq i \end{cases} \qquad (8\text{-}32)$$

式中，$v_k$ 为高斯白噪声序列，在 $i=k$ 时，$w_k$ 和 $v_k$ 的协方差矩阵分别为 $\sum_{w_k}$ 和 $\sum_k$，这里 $w_k$、$w_i$、$v_k$、$v_i$ 互不相关。

状态向量为：

$$X = [\psi, \ \theta, \ \gamma]^T \qquad (8\text{-}33)$$

式 (8-31) 表明直接将钻具姿态参数作为状态向量，而非姿态误差作为状态。

当钻具坐标系相对地理坐标线加速度为零的情况下，三轴加速度计的输出记为 $y_a = [a_x \quad a_y \quad a_z]^T$，即此时钻具坐标系的加速度输出也就是地球的重力加速度 $g$ 在钻具坐标系上的投影。三轴磁通门的输出记为 $y_m = [M_x \quad M_y \quad M_z]^T$。

将加速度计、磁通门测量值与当地重力场、磁场强度在钻具坐标系下投影的差值作为量测，共六维，则量测方程如下：

$$Y_k = \begin{bmatrix} y_a - CG \\ y_m - CM \end{bmatrix}_{6\times 1} \qquad (8\text{-}34)$$

式中，$y_a$ 三轴加速度计测量时输出数据矩阵；$y_m$ 为磁强计测量值；$G$ 为重力场，$G = [0 \quad 0 \quad g]^T$；$M$ 为磁力场，$M = [M_1 \quad 0 \quad M_2]^T$，$M_1$ 和 $M_2$ 分别为地理坐标系中地磁场北向分量和垂直分量的测量值；$C$ 为姿态旋转矩阵；$M_1 = \xi\cos\theta$，$M_2 = \xi\sin\theta$，$\xi$ 为当地地磁强度。

采用抗差自适应滤波器实现各传感器数据融合，计算导向钻具工具姿态测量的框图如图 8-7 所示。其中，$\psi$、$\theta$ 和 $\gamma$ 分别为方位角、井斜角和工具面角。

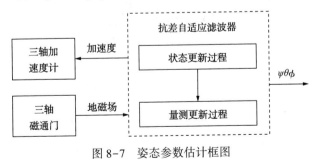

图 8-7　姿态参数估计框图

考虑模型式 (8-29) 和式 (8-31)，系统状态预测向量为：

$$\overline{X}_k = \Phi_{k,k-1} \hat{X}_{k-1} \tag{8-35}$$

其中，$\overline{X}_k$ 为 $t_k$ 历元状态预测向量；$\hat{X}_{k-1}$ 为 $t_{k-1}$ 历元状态估计向量。

设状态预测向量 $\overline{X}_k$ 的误差方程为：

$$V_{\overline{X}_k} = \hat{X}_k - \overline{X}_k = \hat{X}_k - \Phi_{k,k-1} \hat{X}_{k-1} \tag{8-36}$$

式中，$V_{\overline{X}_k}$ 为 $t_k$ 时刻状态预测向量 $\overline{X}_k$ 的残差向量。

残差向量和新息向量(也称为预测残差向量)分别为：

$$V_k = H_k \hat{X}_k - Y_k \tag{8-37}$$

$$\overline{V}_k = H_k \overline{X}_k - Y_k \tag{8-38}$$

式中，$V_k$ 为观测残差向量，$\overline{V}_k$ 为预测残差向量。

$V_k$ 和 $\overline{V}_k$ 的协方差矩阵分别为：

$$\sum\nolimits_{V_k} = \sum\nolimits_k - H_k \sum\nolimits_{\hat{X}_k} H_k^T \tag{8-39}$$

$$\sum\nolimits_{\overline{V}_k} = \sum\nolimits_k + H_k \sum\nolimits_{\overline{X}_k} H_k^T \tag{8-40}$$

合理的选择自适应因子不但能够自适应地平衡动力学模型预测信息与量测信息的权比，而且能够控制动力学模型扰动异常对滤波解的影响。基于预测残差误差判别统计量的抗差自适应因子函数为：

$$\alpha_k = \begin{cases} 1 & , \quad |\Delta X_k| \leqslant c_0 \\ \dfrac{c_0}{|\Delta X_k|} \dfrac{(c_1 - |\Delta X_k|)^2}{(c_1 - c_0)^2} & , \quad c_0 \leqslant |\Delta X_k| < c_1 \\ 0 & , \quad c_1 \leqslant |\Delta X_k| \end{cases} \tag{8-41}$$

式中，$c_0 \in (1, 1.5)$，$c_1 \in (3, 8)$，$tr(\cdot)$ 表示矩阵的迹。

$$\Delta X_k = \frac{\| \hat{X}_k - \overline{X}_k \|}{\sqrt{tr(\sum \overline{X}_k)}} \tag{8-42}$$

等价权矩阵为：

$$\overline{P}_k = \begin{cases} p_i & , \quad |V_k| \leqslant k_0 \\ p_k \dfrac{k_0}{|V_k|} \dfrac{(k_1 - |V_k|)^2}{(k_1 - k_0)^2} & , \quad k_0 \leqslant |V_k| < k_1 \\ 0 & , \quad k_1 \leqslant |V_k| \end{cases} \tag{8-43}$$

式中，$k_0 \in (1, 1.5)$，$k_1 \in (3, 8)$，$V_k$ 为观测值的残差向量。

由式(9-35)~式(9-37)和式(9-40)~式(9-42)可构造如下极值：

$$\boldsymbol{\Omega}_k = V_k^\mathrm{T} \overline{\boldsymbol{P}}_k V_k + \alpha_k V_{\overline{X}_k}^\mathrm{T} \boldsymbol{P}_{\overline{X}_k} V_{\overline{X}_k} = \min \qquad (8-44)$$

式中，$\overline{\boldsymbol{P}}_k$ 为观测向量的等价权矩阵；$\boldsymbol{P}_k = \sum_k^{-1}$，$\boldsymbol{P}_{\overline{X}_k} = \sum_{\overline{X}_k}^{-1}$，$\alpha_k \leqslant 1$。

对式（8-43）中的 $\hat{\boldsymbol{X}}_k$ 求导，并令其导数等于 0：

$$\frac{\partial \boldsymbol{\Omega}_k}{\partial \hat{\boldsymbol{X}}_k} = 2V_k^\mathrm{T} \overline{\boldsymbol{P}}_k H_k + 2\alpha_k V_{\overline{X}_k}^\mathrm{T} \boldsymbol{P}_{\overline{X}_k} = 0 \qquad (8-45)$$

得：

$$\hat{\boldsymbol{X}}_k = (\boldsymbol{H}_k^\mathrm{T} \overline{\boldsymbol{P}}_k \boldsymbol{H}_k + \alpha_k \boldsymbol{P}_{\overline{X}_k})^{-1} (\boldsymbol{H}_k^\mathrm{T} \overline{\boldsymbol{P}}_k Y_k + \alpha_k \boldsymbol{P}_{\overline{X}_k} \overline{\boldsymbol{X}}_k) \qquad (8-46)$$

式中，$\hat{\boldsymbol{X}}_k$ 为实际为状态预测向量与新的观测向量在自适应因子调节下的加权平均值。

令：

$$\boldsymbol{K}_k = (\boldsymbol{H}_k^\mathrm{T} \overline{\boldsymbol{P}}_k \boldsymbol{H}_k + \alpha_k \boldsymbol{P}_{\overline{X}_k})^{-1} \boldsymbol{H}_k^\mathrm{T} \overline{\boldsymbol{P}}_k \qquad (8-47)$$

$\hat{\boldsymbol{X}}_k$ 进一步写为：

$$\hat{\boldsymbol{X}}_k = \boldsymbol{K}_k [Y_k + (\boldsymbol{K}_k^{-1} - \boldsymbol{H}_k) \overline{\boldsymbol{X}}_k] = \boldsymbol{K}_k Y_k + \overline{\boldsymbol{X}}_k - \boldsymbol{K}_k \boldsymbol{H}_k \overline{\boldsymbol{X}}_k = \overline{\boldsymbol{X}}_k + \boldsymbol{K}_k (Y_k - \boldsymbol{H}_k \overline{\boldsymbol{X}}_k) \qquad (8-48)$$

式中，$\boldsymbol{K}_k$ 为增益矩阵，根据矩阵恒等式，可表示为：

$$\boldsymbol{K}_k = \alpha_k \boldsymbol{P}_{\overline{X}_k} \boldsymbol{H}_k^\mathrm{T} (\boldsymbol{H}_k \alpha_k \boldsymbol{P}_{\overline{X}_k} \boldsymbol{H}_k^\mathrm{T} + \overline{\boldsymbol{P}}_k)^{-1} \qquad (8-49)$$

对量测信息采用抗差估计，自适应的确定观测噪声协方差矩阵，并利用自适应因子调节状态噪声的协方差矩阵，因此，可以有效控制量测异常和动态模型噪声异常对空间状态参数估值的影响。

## 五、实验及分析

### 1. 数值计算仿真及分析

实验室地理条件为北纬 34.24°，东经 108.99°，地球自转角速度为 15°/h，磁倾角为 55.4°，磁场强度为 52.5$\mu T$，地球重力加速度为 9.8m/s$^2$。在实验室条件下，根据测斜校验装置测量得到一组理想的实验数据。根据钻柱的横向振动的传播方程，模拟井下导向钻井工具振动。将模拟振动试验中得到的三个加速度输出信号经过解算后送到抗差自适应滤波器中进行滤波处理，得到滤波前后的井斜角和工具面角对比曲线分别如图 8-8 和图 8-9 所示。

从图 8-8 和图 8-9 中可以非常直观地看到，经过抗差自适应滤波处理后的井斜角和工具面角波动范围明显变小，滤波后的数据曲线更加平滑，横向振动干扰信号基本滤除，滤波效果明显。

### 2. 实钻井数据试验及分析

为了进一步验证算法的有效性，采用实钻井数据进行试验和分析，分别对提出的抗差自适应滤波算法与卡尔曼滤波(KF)算法进行对比。

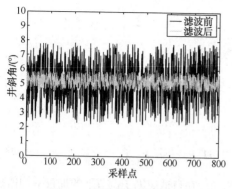

图8-8 数值计算滤波前后
井斜角对比曲线

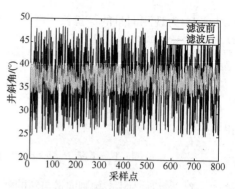

图8-9 数值计算滤波前后
工具面角对比曲线

实验数据来源于2012年陕北某井的实钻井过程中的某一段数据，钻井深度为1876m，钻速为45m/h，钻压1~10t，温度40℃。

从图8-10和图8-11可以看出，滤波前井斜角和工具面角波动较大，采用卡尔曼滤波器后井斜角误差仍较大，而经过抗差自适应滤波器后，井斜角控制在5.5°左右，与静态测量下测得的井斜角基本相同。工具面角经过滤波后曲线更加平滑，干扰信号基本滤除，工具面角误差小于6°。实验结果表明，提出的抗差自适应滤波能够抑制横向振动对导向钻井工具动态姿态测量的影响。

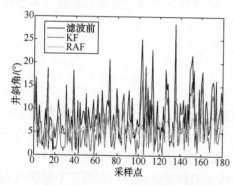

图8-10 实钻井数据滤波前后
井斜角对比曲线

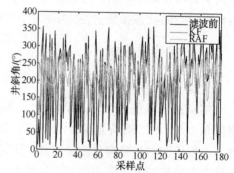

图8-11 实钻井数据滤波前后
工具面角对比曲线

# 第3节 导向钻井工具姿态动态测量的自适应滤波方法

导向钻井工具在近钻头振动和工具旋转的钻井工作状态下，工具姿态参数的动态测量存在测不准问题。对此，通过理论分析和数值仿真，提出了转速补偿的算法以消除工具旋转对测量的影响；采用 LMS 自适应滤波算法，可以有效滤除近钻头振动对测量的影响。数值仿真表明经过转速补偿和 LMS 自适应滤波后的井斜角测量误差可小于 0.1°，工具面角测量误差小于 6°，有效地提高了垂直导向钻井工具的动态测量精度。

## 一、导向工具姿态的动态测量问题

### 1. 旋转运动对姿态测量的影响

在实际钻井过程中，设导向工具绕其回转中心以转速 $\omega(\text{rad/s})$ 旋转，则重力加速度计的工作状态如图 8-12 所示，图中 $R$ 为加速度计中心 $O'$ 到工具回转中心 $O$ 的距离。

此时，$X$ 轴质量块（$X$ 轴重力加速度计等效质量）将会受到切向的附加惯性力作用，因此，作用在 $x$ 轴加速度计质量块的加速度 $a_x$ 不仅仅是重力加速度分量，还包括切向附加惯性力加速度。由加速度线性叠加原理，得：

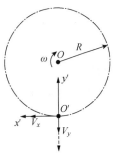

图 8-12　旋转时的加速度计工作状态示意

$$a_x = g_x + \omega_x = g\sin\theta\sin\partial + \frac{\mathrm{d}\omega}{\mathrm{d}t}R \qquad (8-50)$$

式中，$g_x$ 为 $x$ 轴质量块重力加速度分量；$\omega_x$ 为 $x$ 轴质量块所受到的切向附加惯性力加速度，它与转速 $\omega$ 的变化率成正比例。$y$ 轴重力加速度计质量块也会因旋转而受到离心力作用，其加速度 $a_y$ 为：

$$a_y = g_y + \omega_y = g\sin\theta\cos\partial + \omega^2 R \qquad (8-51)$$

式中，$g_y$ 为 $y$ 轴质量块重力加速度分量；$\omega_y$ 为质量块所受到的离心力加速度，它与转速平方成正比例。由式（8-49）和式（8-50）可知，当工具转速较高时，安装在导向工具上的重力加速度计在井眼的不同方位上将产生差异较大的测量信号，从而导致工具姿态的较大测量误差。

### 2. 近钻头振动对姿态测量的影响

在正常钻进过程中，因钻头切削岩石会使钻柱产生横向和纵向振动，且横向振动尤为明显。近钻头振动信号有三大特性：①牙轮钻头牙齿吃入岩石形成高频特性；②近钻头震源具有宽频性；③钻头牙齿、牙轮、与钻头整体复合运动具有随机性。近钻头振动信号其幅值一般在 10g 左右，最大可达到 30g。因此，近钻头的振动加速度一般远大于重力加速度，弱小的重力加速度信号将湮灭在振动加速度噪声中，导致工具姿态测量无效。根据近钻头横向振动信号特性，故采用幅值为 6g 的随机白噪声来模拟近钻头高频随机振动信号，信号特征如图 8-13 所示。

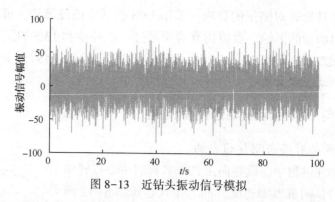

图 8-13　近钻头振动信号模拟

设仅考虑近钻头处的横向振动，其对 $x$、$y$ 轴向分解后分别记为 $A_x$、$A_y$，设 $A_x=K_xg$，$A_y=K_yg$；$K_x$、$K_y$ 为最大值为 10 的随机系数。假设近钻头振动、旋转运动以及重力加速度对加计的影响线性可加，则 $x$、$y$ 轴重力加速度计的测量信号为：

$$\hat{V}_x=V_x+V_{rx}+V_{px}=V_g\sin\theta\sin\varphi+V_g\frac{R}{g}\frac{\mathrm{d}\omega}{\mathrm{d}t}+K_xV_g \tag{8-52}$$

$$\hat{V}_y=V_y+V_{ry}+V_{py}=V_g\sin\theta\sin\varphi+V_g\frac{R}{g}\omega^2+K_yV_g \tag{8-53}$$

式中，$V_x$、$V_y$ 为加计的理想输出信号；$V_{rx}$、$V_{ry}$ 分别为 $x$、$y$ 轴加计的旋转附加信号；$V_{rx}$，$V_{ry}$ 为振动产生的附加信号。

## 二、导向工具姿态动态测量方法

### 1. 工具旋转转速补偿算法

考虑到工具旋转时的附加信号 $V_{rx}$、$V_{ry}$ 为转速 $\omega$ 的函数，因此，利用速率陀螺仪实时测出工具转速 $\omega$，则可进行误差校正。

设由速率陀螺仪测得导向工具转速为 $\hat{\omega}$（考虑速率陀螺仪的测量误差为 5%），可计算得工具旋转附加信号估计值为 $\hat{V}_{rx}$，$\hat{V}_{ry}$ 取校正计算公式：

$$\hat{V}_{x1}=\hat{V}_x-\hat{V}_{rx}\approx V_x+V_{px} \tag{8-54}$$

$$\hat{V}_{y1}=\hat{V}_y-\hat{V}_{ry}\approx V_y+V_{py} \tag{8-55}$$

### 2. 振动信号的自适应滤波

近钻头振动信号是一种宽带噪声信号，自适应滤波器利用其自动调节参数的优势，无须知道输入信号和噪声统计特性，自动跟踪噪声源，将噪声滤除。自适应滤波的基本思想是：对将振动信号干扰的信号与滤波估计出的参考信号进行抵消操作。

自适应滤波器由两路输入：一路为原始通道，其不仅接收加速度计测量信号 $V_x(k)$（将加速度传感器测量信号离散化），还接收到和信号 $V_x(k)$ 不相关的近钻头振动附加信号 $V_{rp_0}(k)$；另一路为参考输入通道，其接收与信号 $V_x(k)$ 不相关且与振动信号 $V_{rp_0}(k)$ 相关的振动信号 $V_{rp_1}$（图 8-14）。根据自适应滤波器的特性，振动信号 $V_{rp_1}(k)$ 经过 LMS 自适应滤波器自动调整输出后，得到 $V_{rp_1}(k)$ 的估计信号，即

$$y(k) = \hat{V}_{rp_1}(k) \tag{8-56}$$

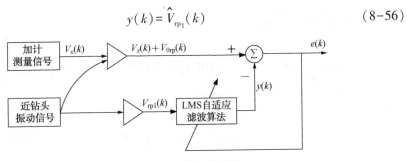

图 8-14　自适应滤波原理图

则自适应滤波器系统输出的误差信号 $e(k)$ 等于原始信号和参考输入信号的差值，表示为：

$$e(k) = V_x(k) + V_{rp_0}(k) - \hat{V}_{rp_1}(k) \tag{8-57}$$

将式（8-57）等号左右两边做平方运算，得到：

$$e^2(k) = V_x^2(k) + [V_{rp_0}(k) - V_{rp_1}(k)]^2 + 2V_x(k)[V_{rp}(k) - V_{rp_1}(k)] \tag{8-58}$$

对式（8-57）取均方误差可得：

$$E[e^2(k)] = E[V_x^2(k)] + E\{[V_{rp_0}(k) - V_{rp_1}(k)]^2\} + 2E\{V_x(k)[V_{rp}(k) - V_{rp_1}(k)]\} \tag{8-59}$$

自适应滤波过程就是自身调节权值 $W(k)$ 使得 $E[e^2(k)]$ 达到最小的过程。式（8-58）中，$E[e^2(k)]$ 表示功率信号，与 LMS 自适应滤波器的 $W(k)$ 无关，$V_x(k)$ 与 $V_{rp_1}(k)$ 无关，所以：$2E\{V_x(k)[V_{rp}(k) - V_{rp_1}(k)]\} = 0$。因此，均方误差 $E[e^2(k)]$ 最小，等价于 $E\{[V_{rp_0}(k) - V_{rp_1}(k)]^2\}$ 达到最小。

根据式（8-58），导出：

$$e(k) - V_x(k) = V_{rp_0}(k) - \hat{V}_{rp_1}(k) \tag{8-60}$$

所以，在 LMS 准则下，$E\{[e(k) - V_x(k)]^2\}$ 被最小化的同时，$E\{[V_{rp_0}(k) - V_{rp_1}(k)]^2\}$ 也被最小化了，即 LMS 自适应滤波器的输出 $y(k)$ 向 $V_{rp_1}(k)$ 逼近等效于 $e(k)$ 向 $V_x(k)$ 逼近，从而系统输出的是加速度计信号 $V_x(k)$ 的最佳估计。

### 三、自适应滤波的姿态测量数值仿真

**1. 数值仿真系统结构**

在导向工具姿态参数静态解算方程的基础上（考虑加速度计、陀螺仪的测量误差均为 5%），加入导向工具旋转与近钻头振动信号，并将导向工具工具面角反馈到前一时刻，其仿真系统结构如图 8-15 所示。

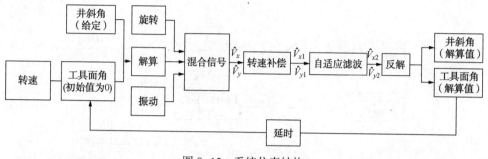

图 8-15　系统仿真结构

仿真结构中，给定工具旋转转速（$\omega$）、近钻头振动信号。设定井斜角为 $\theta = 0.3°$、初始工具面角 $\varphi_0 = 0°$，工具面角的递推计算公式为：

$$\varphi_{i+1} = \varphi_i + \omega T \tag{8-60}$$

设定工具姿态参数解算加速度传感器的理论输出信号 $V_x$、$V_y$，将旋转信号与振动信号加到信号 $V_x$、$V_y$ 中得到三轴加计估计值分别为 $\hat{V}_x$、$\hat{V}_y$，然后将加计估计值 $\hat{V}_x$、$\hat{V}_y$，依次经过转速补偿、LMS 自适应滤波后，得出 $\hat{V}_{x2}$、$\hat{V}_{y2}$，对工具姿态参数解算公式进行反解得出工具姿态参数的解算值 $\hat{\theta}$、$\hat{\varphi}$，将 $\hat{\varphi}$ 返回（延时 1s），由式（8-60）计算得出新的工具面角在进行下一轮的仿真分析。

**2. 数值仿真分析**

导向工具匀速旋转的条件下，工具姿态参数未进行转速补偿或滤波处理时，当井斜角 $\theta = 0.3°$、工具面角 $\varphi = 30°$ 时（设重力加速度计、速率陀螺仪的测量误差均为 5%），工具姿态参数的仿真结果如图 8-16、图 8-17 所示。

当轴加速度计估计值 $\hat{V}_x$、$\hat{V}_y$ 在未经转速补偿或自适应滤波时，井斜角仿真结果为 90°，其为错误的值，工具面角最大测量误差可达 15°。

在实际钻井过程中，导向工具转速一般为非匀速旋转。设工具非匀速旋转转速为 $\omega = \sin(0.05\pi t) + 2\pi$，仿真结果如图 8-18、图 8-19 所示。

由仿真结果可知，自适应滤波器大大改善了导向工具姿态参数测量精度。当工具匀速旋转时，工具转速在 $(1/3)\pi$rad/s 和 $3\pi$rad/s 时的测量误差较 $2\pi$rad/s

大，$\omega = 2\pi$ 时，井斜角测量误差小于 0.01°，工具面角的测量误差小于 1°；当工具转速为变量时，其井斜角最大测量误差为 0.1°，工具面角最大测量误差为 6°，较匀速旋转时的误差偏大。大量仿真结果表明，工具在匀速或变速的旋转条件下，工具姿态参数均满足测量要求，且其改善测量性能的效果显著。

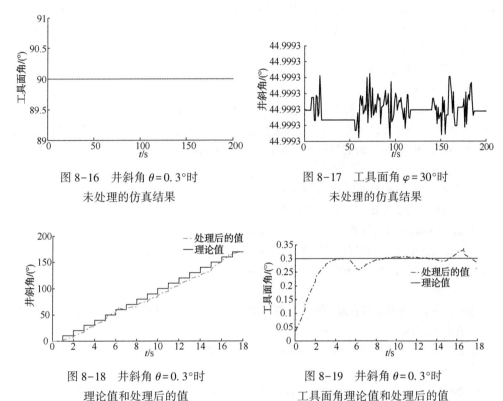

图 8-16　井斜角 $\theta = 0.3°$ 时
未处理的仿真结果

图 8-17　工具面角 $\varphi = 30°$ 时
未处理的仿真结果

图 8-18　井斜角 $\theta = 0.3°$ 时
理论值和处理后的值

图 8-19　井斜角 $\theta = 0.3°$ 时
工具面角理论值和处理后的值

# 参 考 文 献

[1] 郑华生，冯连勇，孙王敏，等. 21 世纪世界石油工业展望[J]. 中国石油大学学报：社会科学版，2006，22(4)：1-5.

[2] 黄洪春，汪海阁. 钻井关键技术现状与发展建议[J]. 石油钻采工艺，2009，31(4)：1-5.

[3] 张绍槐，张洁. 21 世纪中国石油钻井技术发展战略研究[J]. 探矿工程(岩土钻掘工程)，2001，(4)：1-5.

[4] 吴月先，钟水清，徐永高，等. 中国水平井技术实力现状及发展趋势[J]. 石油矿场机械，2008，37(3)：33-36.

[5] 史建刚. 大位移钻井技术的现状与发展趋势[J]. 石油钻采工艺，2008，31(3)：124-126.

[6] 王光颖. 多分支井钻井技术综述与最新进展[J]. 海洋石油，2006，26(3)：100-104.

[7] 张绍槐，张洁. 关于 21 世纪中国钻井技术发展对策的研究[J]. 石油钻探技术，2000，28(1)：4-7.

[8] 张绍槐. 现代导向钻井技术的新进展及发展方向[J]. 石油学报，2003，24(3)：82-89.

[9] 张绍槐. 多分支井钻井完井技术新进展[J]. 石油钻采工艺，2001，23(2)：1-5.

[10] 杨征. MRC 技术面面观[J]. 知识经济，2010(7)：93.

[11] 张绍槐，张洁. 21 世纪中国钻井技术发展与创新[J]. 石油学报，2001，22(6)：63-68.

[12] 尹邦勇，刘刚，陈红. 5 种定向井卡钻及预防措施[J]. 石油矿场机械，2010，39(11)：68-71.

[13] 李在胜，薄和秋，徐富修，等. 大位移海油陆采井井下事故的预防与处理[J]，石油钻探技术，2000，28(7)：14-16.

[14] 陈立人，马广蛇，刘晓峰. 国内外钻机技术的发展趋势与对策[J]. 石油天然气学报，2005，27(1)：284-287.

[15] 廖谟圣. 当今国外石油天然气技术装备的发展趋势[J]. 石油矿场机械，2002，32(1)：1-6.

[16] 汪海阁，郑新权. 中石油深井钻井技术现状与面临的挑战[J]. 石油钻采工艺，2005，27(2)：4-8.

[17] 符达良. 井下动力钻具的发展及其在推广应用中的问题[J]. 石油矿场机械，2002，32(1)：1-6.

[18] 刘春全，徐茂林，汤平汉. 井下电动钻具的现状及发展[J]. 钻采工艺，2008，31(5)：115-119.

[19] 杨世奇. 涡轮钻井技术的新进展[J]. 石油大学学报：自然科学版，2002，26(3)：128-132.

[20] 陈天成，白彬珍. 涡轮钻井技术适应性分析与应用探析[J]. 钻采工艺，2010，33(6)：1-5.

[21] 蒋世全. 大位移井钻井技术研究及在渤海油田的应用[J]. 石油学报，2003，24(2)：84-88.

[22] 刘修善，侯绪田，涂玉林，等. 电磁随钻测量技术现状及发展趋势[J]. 石油钻探技术，2006，34(5)：4-9.

[23] 王清江. 定向井井眼轨迹预测与控制技术[J]. 钻采工艺，2008，31(4)：150-152.

[24] 曹阳，王平，季锋，等. 三维多靶侧钻水平井轨迹控制技术[J]. 天然气技术，2010，4

（3）：23-26.

[25] 狄勤丰，高德利. 大位移井井眼轨迹控制技术方案的优化[J]. 天然气工业，2004，24（6）：74-76.

[26] 胡书勇. 现代钻井技术的发展与油气勘探开发的未来[J]. 天然气工业，2005，25（2）：93-96.

[27] 沈忠厚，王瑞和. 现代石油钻井技术 50 年进展和发展趋势[J]. 石油钻采工艺，2003，25（5）：1-6.

[28] 熊继有，温杰文，荣继光，等. 旋转导向钻井技术研究新进展[J]. 天然气工业，2010，30（4）：87-90.

[29] 杨雄文，周英操，方世良，等. 国内窄窗口钻井技术应用对策分析与实践[J]. 石油矿场机械，2010，39（8）：7-11.

[30] 涂茂川. 元坝地区超深含硫气井安全快速钻井难点及对策[J]. 天然气工业，2009，29（7）：48-51.

[31] 钱杰，沈泽俊，张卫平，等. 中国智能完井技术发展的机遇与挑战[J]. 石油地质与工程，2009，23（2）：76-79.

[32] 周延军，贾江鸿，李真祥，等. 复杂深探井井身结构设计方法及应用研究[J]. 石油机械，2010，38（4）：8-11.

[33] 张建兵，练章华，贾应林. 采用膨胀套管技术优化复杂深井超深井下部井身结构[J]. 石油钻采工艺，2008，30（4）：1-4.

[34] 张绍槐. 深井、超深井和复杂结构井垂直钻井技术[J]. 石油钻探技术，2005，33（5）：11-15.

[35] 艾贵成. 红山 1 井大断裂带钻井技术[J]. 石油钻探技术，2009，37（1）：98-100.

[36] 苏义脑，李松林，葛云华，等. 自动垂直钻井工具的设计及自动控制方法[J]. 石油学报，2001，22（4）：87-91.

[37] 廖谟圣. 当今国外石油天然气技术装备的发展趋势[J]. 石油矿场机械，2002，31（1）：1-6.

[38] 王进全，贾秉彦. 9 000 m 交流变频钻机的研制[J]. 石油机械，2007，35（9）：81-84.

[39] 王进全. 知难而进勇攀高峰 为国争光—— 12000m 钻机研制情况简介[J]. 石油科技论坛，2009（5）：24-26.

[40] 崔杰，饶蕾. 三维可视化技术在钻井工程中的应用[J]. 石油学报，2006，27（3）：104-107.

[41] 黄志强，田海，郑双进，等. 定向井实钻井眼轨迹三维可视化描述[J]. 西安石油大学学报：自然科学版，2009，24（4）：79-83.

[42] 张绍槐，何华灿，李琪，等. 石油钻井信息技术的智能化研究[J]. 石油学报，1996，17（4）：114-119.

[43] 苏义脑. 油气井工程中的一个新领域——井下控制工程学浅谈[J]. 地质科技情报，2005，24（增刊）：1-7.

[44] 苏义脑. 关于井眼轨道控制研究的新思考[J]. 石油学报，1993，14（4）：117-123.

[45] 苏义脑，窦修荣，王家进. 旋转导向钻井系统的功能、特性和典型结构[J]. 石油钻采工

艺，2003，25(4)：5-7.

[46] 李俊，倪学莉，张晓东. 动态指向式旋转导向钻井工具设计探讨[J]. 石油矿场机械，2009，38(2)：63-66.

[47] 韩来聚，孙铭新，狄勤丰. 调制式旋转导向钻井系统工作原理研究[J]. 石油机械，2002，30(3)：7-9.

[48] 杜建生，刘宝林，夏柏如. 静态推靠式旋转导向系统三支撑掌偏置机构控制方案[J]. 石油钻采工艺，2008，30(6)：5-10.

[49] 杨剑锋，张绍槐，旋转导向闭环钻井系统[J]. 石油钻采工艺，2003，25(1)：1-5.

[50] 刘白雁，苏义脑，陈新元，等. 自动垂直钻井中井斜动态测量理论与实验研究[J]. 石油学报，2006，27(4)105：109.

[51] 刘白雁，王新宇，杜勇刚，等. 井斜实时测量方法研究[J]. 中国测试技术，2007，33(4)：5-8.

[52] 李琪，彭元超，张绍槐，等. 旋转导向钻井信号井下传送技术研究[J]. 石油学报，2007，28(4)：108-111.

[53] 汤楠，霍爱清，汪跃龙，等. 旋转导向钻井系统下行通讯接收功能的开发[J]. 石油学报，2009，30(4)：108-111.

[54] Sandro P, Franco D, Joachim O, et al. Advanced tools for advanced wells：rotary closed-loop drilling system—results of prototype field testing[J]. Drilling & Completion，1998(6)：67-72 [Z].

[55] New 4¾″ rotary steerable system is combined with a performance drilling motor to reduce risks associated with rotary drilling with small diameter pipe. SPE 97422，2005(9).

[56] H. Wolter, K. Gjerding, M. Reeves, J. Macpherson, Ralf Zaeper. The First Offshore Use Of an Ultrahigh-speed Drillstring Telemetry Network Involving a Full LWD logging Suite and Rotary-steerable Drilling system[Z]. SPE110939，2007(11).

[57] M. A. Colebrook, S. R. Peach, F. M. Allen, G. Conran. Application of Steerable Rotary Drilling Technology to Drill Extended Reach Wells[Z]. SPE 39327，1998. 4.

[58] Stuart Schaaf, C. R. Mallary, Demos Pafitis. Point-the-Bit Rotary Steerable System：Theory and Field Results[Z]. SPE 63247，2000. 10.

[59] Stuart Schaaf, Demos Pafitis. Field Application of a Fully Rotating Point-the-bit Rotary Steerable System[Z]. SPE/IADC 67716，2001. 3.

[60] G. C. Downton, D. C. Carrington. Rotary Steerable Drilling System for the 6-in Hole[Z]. SPE 79922，2003. 2.

[61] K. Dhaher, C. R. Chia, K. Ai-Amri, R. Ahmad Bargawi. Ultraslim Rotary-Steerable System Gives Greater Reservoir Access in Saudi Arabia[Z]. SPE107597，2007. 10.

[62] http：//www. slb. com/services/drilling/directional_ drilling/powerdrive_ family. aspx

[63] T. Urayama, T. Yonezawa, A. Nakahara, A. Ikeda, T. Nakayama. Development of Remote Controlled Dynamic Orientating System[Z]. SPE 56443，1999(10).

［64］ T. Wong, et. al. Advanced Steerable Drilling System Raises Performance to New Levels［Z］. SPE77218, 2002(9).

［65］ David C. K. Chen. Integrated BHA Modeling Delivers Optimal BHA Design［Z］. SPE 106935, 2007(10).

［66］ J. A. Greenwood, M. Abdallah. Integration of Pore Pressure/Fracture Gradient Prediction Methods and real-time Annulus Pressure Measurements Optimizes in Deltaic Environments ［Z］. SPE109219, 2007(11).

［67］ http：//www. halliburton. com/ps/default. aspx

［68］ http：//www. alexa. com/siteinfo/smart-drilling. de

［69］ http：//www. aps-tech. com/drilling/rotary_ steerable_ motor. htm

［70］ Liu Yinghui, Su yinao. Automatic Inclination Controller-A New Inclination Controlling Tool for Rotary Drilling［Z］. SPE59259, 2000(2).

［71］ 苏义脑. 地质导向钻井技术概况及其在我国的研究进展［J］. 石油勘探与开发, 2005, 32 (1)：92-95.

［72］ CGDS-I 近钻头地质导向钻井系统［J］. 石油科技论坛, 2009(1)：72.

［73］ 近钻头地质导向系统现场试验成功［J］. 复杂油气藏, 2010(12)：42.

［74］ 林勇. CGDS 系统薄油层钻井首获成功［N］. 中国石油网, 2010-3-17.

［75］ 谢海明, 周静, 岳远瞩. 旋转导向钻井的导向动力系统研究［J］. 钻采工艺, 2010, 33 (4)：5-7.

［76］ 周静, 傅鑫生, 姚文斌. 旋转导向钻井偏心位移的测定方法［J］. 石油学报, 2007, 28 (5)：124-127.

［77］ 周静, 张伟强, 付浩. 井下无线短传系统的研究［J］. 石油仪器, 2010, 24(2)：3-5.

［78］ 胡金艳, 周静, 付鑫生. 用可控偏心器实现井眼轨迹的闭环控制［J］. 天然气工业, 2002, 22(6)：58-60.

［79］ 周静. 旋转导向钻井系统中振动加速度的消除方法［J］. 石油钻采工艺, 2010, 32(2)：19-22.

［80］ 张光伟, 付鑫生, 周静, 等. 井下闭环可变径稳定器［J］. 石油矿场机械, 2004, 33(4)：13-15.

［81］ 薛启龙, 韩来聚, 杨锦舟, 等. 旋转导向钻井稳定平台控制系统仿真研究［J］. 石油钻探技术, 2010, 38(4)：10-14.

［82］ 韩来聚, 王瑞和, 刘新华, 等. 调制式旋转导向钻井系统稳定平台控制原理及性能分析［J］. 石油大学学报：自然科学版, 2004, 28(5)：49-52.

［83］ 赵金海, 赵金洲, 韩来聚, 等. 推靠式旋转导向钻具力学性能研究［J］. 石油钻采工艺, 2004, 26(1)：13-15.

［84］ 赵金洲, 孙铭新. 旋转导向钻井系统的工作方式分析［J］. 石油机械, 2004, 32(64)：73-75.

［85］ 狄勤丰, 张绍槐, 周凤岐, 等. 旋转导向工具设计及其旋转导向机理研究［J］. 西北大学学报：自然科学版, 1998, 28(4)：299-303.

[86] 吕建国，刘宝林，李清涛. 指向式旋转导向钻井系统旋转轴力学模型[J]. 探矿工程(岩土钻掘工程)，2009，36(12)：29-32.

[87] 杜建生，刘宝林，夏柏如. 静态推靠式旋转导向系统三支撑掌偏置机构控制方案[J]. 石油钻采工艺，2008，30(6)：5-10.

[88] 韩来聚. 机械式自动垂直钻井工具的研制[J]. 石油学报，2008，29(5)：766-768.

[89] 杨春旭，韩来聚，步玉环，等. 自动垂直钻井系统 BHA 力学分析的一维模型[J]. 石油钻采工艺，2008，30(1)：19-24.

[90] 杨春旭，韩来聚，步玉环，等. 自动垂直钻井系统 BHA 力学分析的二维模型[J]. 石油钻采工艺，2010，32(1)：26-30.

[91] P. Pastusek, V. Brackin, P. Lutes. A. Fundamental Model for Prediction of Hole Curvature and Build Rates with Steerable Bottomhole Assemblies[Z]. SPE95546, 2005(10).

[92] 崔杰，饶蕾. 三维可视化技术在钻井工程中的应用[J]. 石油学报，2006，27(3)：104-107.

[93] 徐英卓，李琪. 地质导向钻井信息可视化与协同决策虚拟系统[J]. 系统仿真学报，2005，17(10)：2414-2417.

[94] 李琪，张绍槐，郭建明，等. 油气钻井智能信息综合集成系统[J]. 天然气工业，1997，17(2)：52-55.

[95] B. Looney, R. J. Alvarado, A. Essawi, M. Will. Real-Time Web-Based Data Delivery Imporves Efficency in Deepwater Thunder Horse-A Case Study[Z]. SPE79892, 2003(2).

[96] 石在虹，刘修善. 井筒中钻井信息的传输动态分析[J]. 天然气工业，2002，22(5)：68-71.

[97] 汤楠，霍爱清，汪跃龙，等. 旋转导向钻井系统下行通讯接收功能的开发[J]. 石油学报，2010，31(1)：156-160.

[98] Francis Neill, Brian Champion. Wireless telemetry can reduce high data costs[J]. DRILLING CONTRACTOR, 2005(7)：34-35.

[99] 卢建军，汪跃龙，魏娜. 低频电磁波感应通信系统的设计与仿真[J]. 现代电子技术，2008(9)：10-12.

[100] David Pat rick Murphy，潘宇等译. 2003 年随钻测井(MWD)和地层评价新进展[J]. 国外油田工程，20(3)：15-19.

[101] 李军，马哲，杨锦舟，等. 一种新型的 MWD 无线随钻测量系统[J]. 石油仪器，2006，20(2)：30-32.

[102] 邹德江，范宜仁，邓少贵. 随钻测井技术最新进展[J]. 石油仪器，2005，19(5)：1-4.

[103] 汤楠，穆向阳. 调制式旋转导向钻井工具稳定平台控制机构研究[J]. 石油钻采工艺，2003，25(3)：9-12.

[104] 汤楠，霍爱清，崔琪琳. 基于状态空间法的旋转导向钻井工具控制系统研究[J]. 石油学报，2004，25(2)：89-92.

[105] 霍爱清，汤楠. 全状态反馈电液伺服系统变增益模糊控制器的设计[J]. 机床与液压，2003(5)：171-173.

[106] 王艳丽，汤楠，霍爱清，等. 旋转导向钻井稳定平台模糊 PID 算法研究[J]. 石油仪器，

2009, 23(1): 84-87.

[107] 李耀东. 旋转导向钻井工具智能 PID 控制[J]. 石油机械, 2010, 38(8): 13-16.

[108] 王艳丽, 汤楠, 霍爱清, 等. 旋转导向钻井稳定平台前馈模糊算法研究[J]. 电子设计工程, 2009, 17(1): 76-78.

[109] 汤楠, 霍爱清, 汪跃龙, 等. 旋转导向钻井稳定平台控制对象动态特性研究[J]. 石油学报, 2009, 30(4): 598-602.

[110] 汤楠, 汪跃龙, 霍爱清, 等. 旋转体圆周角位置控制方法[J]. 信息与控制, 2009, 38(4): 496-500.

[111] 程为彬. Boost 型转矩控制器的稳定控制技术研究[J]. 石油学报, 2009, 30(6): 942-945.

[112] 程为彬. Boost 变换器中参数斜坡共振控制能力研究[J]. 物理学报, 2009, 58(7): 4439-4447.

[113] 程为彬. 功率因数校正 Boost 变换器中快时标不稳定的形成与参数动态共振[J]. 物理学报, 2011, 60(2): 020506-1-020506-8.

[114] 霍爱清, 贺昱曜, 汪跃龙, 等. 旋转导向钻井工具稳定平台模糊滑模控制研究[J]. 计算机仿真, 2010, 27(10): 152-155.

[115] 苏毅, 刘阳, 李晓琨, 等. 基于加速度计和磁强计的随钻姿态测量观测模型[J]. 传感器与微系统, 2013, 32(2): 20-26.

[116] 王瑞, 王伯雄, 康健, 等. 水平定向钻进随钻姿态测量及误差补偿[J]. 清华大学学报, 2010, 50(2): 215-218.

[117] 刘自理, 严卫生, 康思民, 等. 导向钻井工具冗余姿态测量与系统重构方法[J]. 石油学报, 2015, 36(11): 1433-1440.

[118] 汪跃龙, 费汪浩, 霍爱卿, 等. 旋转导向钻井工具涡轮电机电磁转动前馈控制[J]. 石油学报, 2014, 35(1): 141-145.

[119] 汪跃龙, 王海皎, 康思民, 等. 导向钻井稳定控制平台的反馈线性化控制[J]. 石油学报, 2014, 35(5): 952-957.

[120] 汪跃龙, 张璐, 汤楠, 等. 旋转导向钻井惯导平台动力学分析与运动研究[J]. 机械工程学报, 2012, 48(17): 65-69.

[121] Feng Sun, Qilong Xue. The calibration algorithm for installation error of the strap-down measurement-while-drilling system [J]. Electronic Journal of Geotechnical Engineering, 2013, 18(O): 3217-3228.

[122] Q. Xue, R. Wang and F. Sun. Study on lateral vibration of rotary steerable drilling system [J]. J. Vibroeng., 2014, 16(6): 2702 – 2711.

[123] Yang Quanjin. A new method for dynamic position measurement while drilling rotation[J]. Applied Mechanics and Materials, 2012, 152-154: 1102-1105.

[124] 程为彬, 潘萌, 汤楠, 等. 基于预置欧拉旋转的垂直姿态测量[J]. 仪器仪表学报, 2014, 35(8): 1817-1822.

［125］杨全进，徐宝昌，左信，等. 旋转导向钻具姿态的无迹卡尔曼滤波方法［J］. 石油学报，2013，34(6)：1168-1175.

［126］Qilong Xue, Henry Leung, Ruihe Wang, etc. Continuous real-time measurement of drilling trajectory with new state-space models of kalman filter［J］. IEEE Transactions on Instrumentation and Measurement, 2016, 65(1)：144-154.

［127］A. G. Ledroz, E. Pecht, D. Cramer, et al. FOG-based navigation in downhole environment during horizontal drilling utilizing a complete inertial measurement unit：directional measurement while drilling surveying［J］. IEEE Transactions on Instrumentation and Measurement, 2005, 54(5)：1997-2006.

［128］MAHMOUD Eigizawy, ABOELMAGD Noureldin, JACQUES Georgy. Wellbore surveying while drilling based on kalman filtering［J］. American Journal of Engineering and Applied Sciences, 2010, 3(2)：240-259.

［129］薛启龙，王瑞和，孙峰，等. 捷联式旋转导向井斜方位动态解算方法［J］. 中国石油大学学报：自然科学版，2012，36(3)：93-107.

［130］任春华，李兵，赵幸子，等. 全姿态光纤陀螺井眼轨迹连续测量仪研究［J］. 仪器仪表学报，2012，33(12)：2703-2708.

［131］徐涛. 水平定向钻进随钻测量方法及定位技术研究［D］. 长沙：国防科技技术大学，2006.

［132］汤楠，霍爱清，汪跃龙，等. 旋转导向钻井工具稳定平台控制功能试验研究［J］. 石油学报，2008，29(2)：284-287.

［133］闫文辉，彭勇，张绍槐. 旋转导向钻井工具的研制原理［J］. 石油学报，2005，26(5)：94-97.

［134］闫文辉，彭勇，张绍槐，等. 旋转导向钻井工具稳定平台单元机械系统的设计［J］. 钻采工艺，2006，29(4)：73-75.

［135］冯长青，彭勇. 旋转导向钻井工具 BHA 侧向力的有限元仿真［J］. 石油机械，2006，34(9)：14-16.

［136］李军强，彭勇，闫文辉. 旋转导向钻井工具稳定平台振动模态计算［J］. 石油机械，2006，34(9)：17-19.

［137］李军强，彭勇，张绍槐，等. 旋转导向钻井工具稳定平台静力学有限元计算［J］. 石油钻探技术，2006，34(5)：14-17.

［138］汪跃龙. 导向钻井稳定控制平台控制方法及测控技术［D］. 西安：西北工业大学出版社，2012.

［139］李少华，郭婷婷. 工程流体力学［M］. 成都：西南交通大学出版社，2007，77-124.

［140］闫文辉，彭勇，施红勋. 旋转导向钻井工具液压分配系统的设计［J］. 钻采工艺，2005，28(5)：69-72.

［141］苟文选. 材料力学Ⅱ［M］. 西安：西北工业大学出版社，2000.

［142］王淑芳. 电机驱动技术［M］. 北京：科学出版社，2008.

[143] 汪跃龙，吕锦省，霍爱清，等. 井下涡轮电机参数精密检测系统设计[J]. 微特电机，2010(11)：24-30.

[144] 丁伯明，于同信. 钻井泵阀运动对排量的影响[J]. 石油机械，1999，27(10)：42-43.

[145] 王艾萌，李和明. 永磁材料及温度对内置式永磁电机性能及转矩脉动的影响[J]. 华北电力大学学报，2008，135(13)：51-72.

[146] 王艳丽. 井下稳定平台控制方法研究[D]. 西安：西安石油大学，2010.

[147] 何松林，戴祖诚，黄焱. 弱阻尼非线性单摆的周期研究[J]. 大学物理，2009，28(8)：20-22.

[148] 蔡立锋. 有阻尼有驱动单摆系统的动力学行为[J]. 江西科学，2010，28(6)：752-754.

[149] 赵凯华. 从单摆到混沌[J]. 现代物理知识，1993(04)：12-14.

[150] 赵凯华. 从单摆到混沌[J]. 现代物理知识，1993(05)：25-28.

[151] 赵凯华. 从单摆到混沌[J]. 现代物理知识，1993(06)：22-24.

[152] 赵凯华. 从单摆到混沌[J]. 现代物理知识，1994(02)：42-45.

[153] 赵凯华. 从单摆到混沌[J]. 现代物理知识，1994(03)：22-24.

[154] 叶晓林. 非线性单摆的三级近似解[J]. 大学物理，1993，12(1)：26-27.

[155] 秦志林. 单摆非线性运动方程的微扰近似解法[J]. 南通工学院学报，1999，15(1)：10-13.

[156] 潘军廷，范梦慧，龚伦训. 非线性单摆的 Jacobi 椭圆函数解[J]. 大学物理，2006，25(11)：23-26.

[157] 戴同庆，程衍富. 非线性单摆周期的多尺度微扰解[J]. 中南民族大学学报：自然科学版，2009，28(3)：66-69.

[158] 汤楠，穆向阳. 计算机控制技术[M]. 西安：西安电子科技大学出版社，2009. 8，162-165.

[159] 贺昱曜，闫茂德. 非线性控制理论及应用[M]. 西安：西安电子科技大学出版社，2007. 4，105-148.

[160] Alberto Isidori. Nonlinear Control System[M]. Publishing House of Electronics Industry，2006(2)，107-171.

[161] 钱积新，赵均，徐祖华. 预测控制[M]. 北京：化学工业出版社，2007(7)，7-15.

[162] 诸静. 智能预测控制及其应用[M]. 杭州：浙江大学出版社，2002. 4，21-22.

[163] Cutler C. R and Ramaker B. L. Dynamic Matrix Control——A computer Control Algorithm [C]，Proceedings of the 1980 Jiont Automatic Control Conference，1980.

[164] Rouhani R. and Mehra R. K. Model Algorithm Control：Basic theoretical Property[J]. Automatica，1982，18(3)：401-414.

[165] Clark D. W. et al. Generalized Predictive Control[J]. Automatica，1987，23(2)：137-162.

[166] Lelic M. A，Tarrop M. B.. generalized predictive pole placement Self-tuning Controller[J]. Int. J. Control，1987，46(2)：547-568.

[167] Ydstie，B. E. Extended horizon adaptive control[C]. Proceedings of the IFAC World Congress，Budapest，Hungary，1984：133-137.

[168] De Keyser，R. M. C.，and A. R. von Cauwenberghe. Extended prediction self-adaptive

control[J]. Identification & System Parameter Estimation, 1985, 2(12): 1255-1260.

[169] Richalet J. et al. Model Predictive Heuristic control: Application to Industrial Process[J]. Automatica, 1978, 14(2): 413-428.

[170] Garcia, C. E. and M. Morari. Internal Model Control: Design procedure for multivariable systems[J]. Int. Eng. Chem. Process, 1980, 24(6): 472-484.

[171] M. Morari and J. H. Lee. Model Predictive Control : Past , Preset and Future [J]. Computers & Chemical Engineering, 1999, 23(6): 667-682.

[172] W. H. Kwon and D. G. Byun, Receding horizon tracking control as a predictive control and its stability properties[J]. Int. J. Control, 1989, 50(5): 1807-1824.

[173] Henson M. A. Nonlinear model predictive control – current status and future directions[J]. Computers and Chemical Engineering, 1998, 23(2): 187-202.

[174] Genceli H, Nikolaou M.. Design of robust constrained model – predictive controllers with Volterra series[J]. A I. Ch. E. J., 1995, 41(9): 2098-2107.

[175] Doyle F. J, Ogunnaike B. A., Pearson R. K.. Nonlinear model-based control using second-order Volterra models[J]. Automatica, 1995, 31(5): 697-714.

[176] K. P. Fruzzetti, A. Palazoğlu, K. A. McDonald. Nolinear model predictive control using Hammerstein models[J]. Journal of Process Control, 1997, 7(1): 31-41.

[177] R. Liutkevicius. Fuzzy Hammerstein Model of Nonlinear Plant [J]. Nonlinear Analysis: Modelling and Control, 2008, 13(2)201: 212.

[178] Samo GerkSic, Dani JuriciC, Stanko Strmcnik. Adaptive implementation of Wiener model based nonlinear predictive control[C]. ISIE'99-Bled, Slovenia, 1159-1164.

[179] Samo Gerksic, Dani Juricic, Stanko Strmcnik & Drago Matko. Wiener model based nonlinear predictive control[J]. Int. J. Systems Science, 2000, 31(2): 189-202.

[180] B. Picasso, C. Romani and R. Scattolini. Hierarchical Model Predictive Control of Wiener Models[M]. Nonlinear Model Predictive Control, LNCIS384, 2009, 139-152.

[181] Jairo Espinosa, Joos Vandewalle and Vincent Wertz. Robust Nonlinear Predictive Control Using Fuzzy Models [C]. Fuzzy Logic, Identification and Predictive Control, 2005, 195-206.

[182] Bernt M. A kesson, Hannu T. Toivonen. A neural network model predictive controller[J]. Journal of Process Control, 2006, 16(12): 937-946.

[183] L. Bai and D. Coca. Nonlinear Predictive Control based on NARMAX Models[C]. OPTIM 2008. 8, Brasov, 3-10.

[184] Zhejing Bao, Daoying Pi, Youxian Sun. Nonlinear Model Predictive Control Based on Support Vector Machine with Multi-kernel[J]. Chinese J. of Che. Eng., 2007, 15(5): 691-697.

[185] G. P. Liu, V. Kadirkamanathan and S. A. Billings. Nonlinear Predictive Control Via Neural Networks [C]. UKACC International Conference on CONTROL '96, 1996. 9: 746-751.

[186] Liu Xiaohua, Wang xiuhong. Generalized Predictive Control based on Error Correction Using

the Dynamic Neural Network[C]. Proceedings of the 3rd World Congress on Intelligent Control and Automation, 2000. 7: 1863–1865.

[187] Sven Leyffer. The Return of the Active Set Method[C]. ANL/MCS–P1277–0805, 2005, 1–3.

[188] Stephen J. Wright. Primal–Dual Interior–Point Methods[C]. Philadelphia: SIAM, 1997.

[189] Hande Yurttan Benson. Interior–point Methods For Nonlinear Second–order cone and Semidefinite Programing [C]. 2001. 7: 8–11.

[190] James Rawlings, Kenneth Muske. The stability of constrained receding horizon control[J]. IEEE Trans. Automat. Control, 1993, 38(6): 1512–1516.

[191] Eric C. Kerrigan and Jan M. Maciejowski. Soft Constrains and Exact Penalty Functions in Model Predictive Control[C]. UKACC International Conference on Control'2000, 2000, 1–6.

[192] James M. Kates. Constrained adaptation for feedback cancellation in hearing aids [J]. J. Acoust. Soc. Am., 1999, 106(2): 1010–1019.

[193] Kwon, W. H. and A. E. Pearson. A modied quadratic cost problem and feedback stabilization of a linear system[J]. IEEE Trans. Automatic Control , 1977, 22(5): 838–842.

[194] Kwon, W. H. and A. E. Pearson. On feedback stabilization of time–varying discrete linear systems[J]. IEEE Trans. Automatic Control, 1978, 23(3): 479–481.

[195] D. Q. Mayne, J. B. Rawlings, C. V. Rao, P. O. M. Scokaert. Constrained model predictive control: Stability and optimality[J]. Automatica, 2000, 36(3): 789–814.

[196] Rolf Findeisen, Lars Imsland , Frank Allgöwer, Bjarne A. Foss. State and Output Feedback Nonlinear Model Predictive Control: An Overview[J]. European J. of Control, 2003, 9(1): 179–195.

[197] Lars Imsland, Rolf Findeisen, Frank Allgower, Bjarne A. Foss. Output Feedback Stabilization with Nonlinear Predictive Control: Asymptotic properties[C]. Proceedings of the American Control Conference, 2003. 6, 4908–4913.

[198] Frank Allgöwer, Rolf Findeisen, and Zoltan K. Nagy. Nonlinear Model Predictive Control–From Theory to Application[J]. J. Chin. Inst. Chem. Engrs., 2004, 35(3): 299–315.

[199] Johan Löfberg. Nonlinear Receding Horizon Control: Stability without Stabilizing Constraints [C]. ECC2001, 2001. 6, 2356: 2361.

[200] B. J. P. Roset, et al. Stabilizing Output Feedback Nonlinear Model Predictive Control: An Extended Observer Approach[C]. Proceedings of the 17th International Symposium on Mathematical Theory of Networks and Systems, Kyoto , 2006.

[201] D. Q. Mayne, S. V. Rakovic, R. Findeisen, F. Allgöwer. Robust output feedback model predictive control of constrained linear systems [J]. Automatica , 2006, 42(5): 1217–1222.

[202] D. Limon, et al. Input–to–State Stability: A Unifying Framework for Robust Model Predictive Control[C]. Nonlinear Model Predictive Control--LNCIS 384, 2009, 1–26.

[203] 赵琦，霍爱清，汤楠. 基于井下涡轮电机的导向钻井工具下传指令接收软件设计[J]. 计算机测量与控制，2010, 18(12): 2898–2900.

[204] 霍爱清，贺昱曜，汪跃龙，等. 旋转导向钻井工具稳定平台模糊滑模控制研究[J]. 计算机仿真，2010，27(10)：152-155.

[205] R. HEDJAR, et al. Finite Horizon Nonlinear Predictive Control by the Taylor Approximation：Application to Robot Tracking Tracking Trajectory[J]. Int. J. Appl. Math. Comput. Sci., 2005, 15(4)：527-540.

[206] 刘昌红，刘瑞元. 关于向量求导的一些公式[J]. 青海大学学报：自然科学版，2004，22(3)：76-79.

[207] 邵东南，马鸿，张毅. 正定矩阵的性质及应用[J]. 沈阳大学学报，1999(2)：59-62.

[208] 程云鹏. 矩阵论[M]. 西安：西北工业大学出版社，1989. 6，391-401.

[209] 许自富，李嗣福，乐群. 参考轨线对 MPC 系统性能影响分析[J]. 控制理论与应用，2001，18(s1)：59-62.

[210] J. Levine. "Analysis and control of non-linear systems"-A Flatness based approach[M]. springer, 2009.

[211] Chinde Venkatesh, et al. Flatness-based Trajectory Generation and Tracking for a DC motor drives using MPC[C]. 16$^{th}$ National Power Systems Conference, 2010. 11, 658-663.

[212] Eckhard Arnold, et al. Anti-sway System for Boom Cranes Based on a Model Predictive Control Approach [C]. Proceedings of the IEEE Int. Conference on Mechatronics & Automation, 2005. 7, 1533-1538.

[213] J. A. De Doń, et al. A flatness-based iterative method for reference trajectory generation in constrained NMPC [C]. Int. Workshop on Assessment and Future Directions of NMPC, Pavia, Italy, September 5-9, 2008.

[214] 孔波，尚群立，高强. 参考轨迹自校正的广义预测算法[J]. 机械制造，2010，48(5)：5-7.

[215] Aline I. Maalouf. The Effect of the Time-Constant of the Reference Trajectory in Predictive Control on Closed-Loop Stability：A Perceptive Approach[C]. 5th Asian Control Conference, 2004. 7, 2, 850-856.

[216] Aline I. Maalouf.. The Effect of the Time-Constant of the Reference Trajectory in Predictive Control on Closed-Loop Stability：an Analytical Approach for a Particular Case [C]. 2006 American Control Conference, 2006. 6, 1563-1568.

[217] 蔡自兴. 智能控制原理与应用[M]. 北京：清华大学出版社，2019.

[218] 李耀东. 旋转导向钻井控制稳定平台控制理论与方法研究[D]. 西安：西安石油大学，2012.

[219] 蔡自兴. 中国智能控制 40 年[J]. 科技导报，2018，36(17)：23-39.

[220] 刘金坤. 智能控制理论基础、算法设计与应用[M]. 北京：清华大学出版社，2019.

[221] 葛蕾. 旋转导向钻井稳定平台控制对象的神经网络模型辨识研究[D]. 西安：西安石油大学，2010.

[222] 王喜明，刘红，高伟. 基于 LuGre 模型的摩擦力补偿的研究[J]. 科学技术与工程，

2007, 7(5): 731-734.

[223] 王中华, 王兴松, 王群. 新型摩擦模型的参数辨识及补偿实验研究明[J]. 制造业自动化, 2001, 23(6): 30-32.

[224] Richard Hawkins, Steve Jones, James O'Connor and Junichi Sugiura. Design, Development, and Field Testing of a High Dogleg Slim-Hole Rotary Steerable System[J]. SPE/IADC Drilling Conference and Exhibiton held in Amsterdam, The Netherlands, 5-7 March, 2013: 1-6.

[225] 胡志强, 祝效华, 郝军, 等. 钻柱-钻头-岩石系统动力学特性研究[J]. 石油机械, 2017, 45(12): 7-11.

[226] Dykstra, M. W.: "Non-Linear Drillstring Dynmaies", PhD-Dissertation, Universityof Tulsa, Oklahoma, 1996.

[227] 刘清友, 马德坤, 钟青. 钻柱扭转振动模型的建立及求解[J]. 石油学报, 2000, 21(2): 78-82.

[228] 祝效华, 刘清友. 牙轮钻头动力学特性仿真研究[J]. 石油学报, 2004, 25(4): 96-100.

[229] 祝效华, 童华, 刘清友. 钻柱动力学研究回顾及新思路的提出[J]. 海洋石油, 2007, 24(1): 84-87.

[230] 祝效华, 胡志强. 基于钻头破岩钻井的下部钻具横向振动特性研究[J]. 振动与冲击, 2014, 33(17): 90-93.

[231] 章扬烈. 钻柱运动学与动力学[M]. 北京: 石油工业出版社, 2001.

[232] 李子丰, 张永贵, 侯绪田等. 钻柱纵向和扭转振动分析[J]. 工程力学, 2004, 21(6): 203-210.

[233] 李子丰, 李志刚. 钻柱纵向振动分析[J]. 天然气工业, 2004, 24(6): 70-73, 10.

[234] 祝效华, 刘清友, 童华. 三维井眼全井钻柱系统动力学模型研究[J]. 石油学报, 2008, 29(2): 288-291.

[235] Zhu X, Li B, Liu Q, et al. New analysis theory and method for drag and torque based on full-hole system dynamics in highly deviated well[J]. Mathematical Problems in Engineering, 2015, Volume 2015, Article ID535830, 13 pages.

[236] Zhu X, Tang L, Yang Q. A literature review of approaches for stick-slip vibration suppression in oilwell drillstring[J]. Advances in Mechanical Engineering, 2014, 6: 967952.

[237] Zhu X, Lai C. Kinematics and Mechanical Properties Analyses on Vibration Converter of Intelligent Damper for Drill Strings[J]. Advances in Applied Mathematics and Mechanics, 2013, 5(05): 671-687.

[238] 高岩, 陈亚西, 郭学增. 钻柱振动信号采集系统及谱分析[J]. 录井技术, 1998, 9(3): 44-51.

[239] 王刚, 丁永伟, 石元会. 钻具振动分析方法与应用[J]. 江汉石油职工大学学报, 2006, 19(4): 72-74.

[240] Wang B, Ren Q, Deng Z, et al. A Self-Calibration Method for Nonorthogonal Angles Between Gimbals of Rotational Inertial Navigation System [J]. IEEE Transactions on Industrial

Electronics, 2015, 62(4): 2353-2362.

[241] 郭宏，姚爱国. 定向钻进姿态测量系统的设计及误差分析和补偿[J]. 仪表技术与传感器，2013(11)：88-90+94.

[242] Quadri S A, Sidek Othman. Error and noise analysis in an IMU using Kalman filter [J]. International Journal of Hybrid Information Technology, 2014, 7(3): 39-48.

[243] 龚大伟. 微惯性姿态测量系统的 MEMS 传感器校准与补偿算法研究[D]. 重庆：重庆邮电大学，2016.

[244] 王亚卓. 航磁补偿中的误差校正及数据采集关键技术研究[D]. 哈尔滨：哈尔滨工业大学，2014.

[245] Matheus J, Naganathan S. Automation of Directional Drilling—Novel Trajectory Control Algorithmsfor RSS [C]. IADC/SPE Drilling Conference and Exhibition 2010. Society of Petroleum Engineers. doi: 10. 2118/127925-MS.

[246] Heisig G, Macpherson J D, Mounzer F, et al. Bending Tool Face Measurement While Drilling Delivers New Directional Information, Improved Directional Control [C]. IADC/SPE Drilling Conference and Exhibition 2010. Society of Petroleum Engineers. 2010, 979-989.

[247] Sugiura, J, Bowler, A, & Lowdon, R. Improved Continuous Azimuth and Inclination Measurement byUse of a Rotary-Steerable System Enhances Downhole-Steering Automation and Kickoff Capabilities Near Vertical [C]. SPE Drilling and Completion 2014. Society of Petroleum Engineers. 2014, 226-235.

[248] 朱昀，董大群. 三轴磁强计对微弱磁信号的检测[J]. 仪器仪表学报，2001(S1)：19-20，34.

[249] 吴德会. 基于 SVR 的三轴磁通门传感器误差修正研究[J]. 传感器与微系统，2008(06)：43-46.

[250] Benso W E, Duplessis R M. Effect of Shipboased Inertial Navigation System Position and Azimuth Errors on Sea. Launched Missile Radial Miss[J]. IEEE Transactions on Millitary Electronic, 1963：46-56.

[251] Bona B E. Optimum Reset of Ship's Inertial Navigation System[J]. IEEE Transactions on Aerospace and Electronic Systems, 1963：409-414.

[252] 万德钧，房建成. 惯性导航初始对准[M]. 南京：东南大学出版社，1998.

[253] Zheng Z C, Han S L, Zheng K F. An eight-position self-calibration method for a dual-axis rotational Inertial Navigation System[J]. Sensors and Actuators, A: Physical, 2015, 232：39-48.

[254] Liu Z, Wang L, Li K, et al. An Improved Rotation Scheme for Dual-Axis Rotational Inertial Navigation System [J]. IEEE Sensors Journal, 2017, 17(13): 4189-4196.

[255] Larin V, Tunik A. Gyro-free accelerometer-based SINS: Algorithms and structures [C]. 2012 2nd International Conference Methods and Systems of Navigation and Motion Control, 18-26, October 9, 2012, Kiev, Ukraine.

[256] Creagh M A, Beasley P, Dimitrijevic I, et al. A Kalman-filter based inertial navigation system processor for the SCRAMSPACE 1 hypersonic flight experiment [C]. 18th AIAA/3AF International Space Planes and Hypersonic Systems and Technologies Conference 2012, September 24, 2012, Tours, France.

[257] LIiu B Y, Su Y N, Chen X Y, et al. Theoretical and experimental investigation on dynamic measurements of hole inclination in automatic vertical drilling process [J]. Acta Petrolei Sinica, 2006, 27(4): 105-109.

[258] 高怡, 程为彬, 汪跃龙. 近钻头钻具多源动态姿态组合测量方法研究[J]. 中国惯性技术学报, 2017, 25(2): 146-150.

[259] 高怡, 汪跃龙, 程为彬. 抗差自适应滤波的导向钻具动态姿态测量方法[J]. 中国惯性技术学报, 2016, 24(4): 437-442.

[260] 宿雪. 钻柱振动信号测量及处理技术研究[D]. 北京: 中国石油大学(北京), 2010.

[261] 祝效华, 胡志强. 基于钻头破岩钻进的下部钻具横向振动特性研究[J]. 振动与冲击, 2014, 17: 90-93.

[262] Dariusz Bismor. LMS algorithm stemp size adjustment for fast convergence[J]. Archives of Acoustics, 2012, 37(1): 31-40.

[263] 贺艳, 汪跃龙, 高怡, 等. 导向钻井工具姿态动态测量的自适应滤波方法[J]. 西安石油大学学报: 自然科学版, 2016, 31(6): 108-113.

[264] 杨金华, 李晓光, 孙乃达, 等. 未来十年极具发展潜力的 20 项油气勘探开发新技术[J]. 石油科技论坛, 2019, 38(1): 38-48.